雷达对抗辐射式仿真技术

肖本龙　刘海业　高军山
牛凤梁　傅亦源　戴幻尧　著

国防工业出版社
·北京·

内 容 简 介

雷达对抗辐射式仿真在微波暗室内构建待测设备面临的复杂电磁信号环境，既能够提供类似电磁信号在自由空间传播的理想测试条件，又能够屏蔽外界干扰与防止内部信号泄漏，具备半实物仿真样本量大、手段灵活、可知可控、效费比高等优点。同时，对设备整机（包含天线）进行测试，与数学仿真相比，具有更高的可信度，在雷达侦察、干扰、有源诱偏精确制导等设备的研制、测试过程中发挥越来越大的作用。本书围绕雷达对抗辐射式仿真技术展开论述，主要内容包括微波暗室设计、复杂电磁信号模拟、电磁辐射平台运动模拟、姿态运动模拟、仿真控制、精度分析及未来技术发展和展望等。

本书侧重于工程实现与应用，尽量减少理论分析与公式推导，可读性强，适用人群广，可作为雷达及雷达对抗半实物仿真领域科研技术人员、工程师等的参考书。

图书在版编目（CIP）数据

雷达对抗辐射式仿真技术 / 肖本龙等著. -- 北京：国防工业出版社，2025.3. -- ISBN 978-7-118-13599-2

I．TN974

中国国家版本馆 CIP 数据核字第 2025W4B935 号

※

国防工业出版社出版发行
（北京市海淀区紫竹院南路23号　邮政编码100048）
北京虎彩文化传播有限公司印刷
新华书店经售

开本 710×1000　1/16　印张 16¾　字数 306 千字
2025 年 3 月第 1 版第 1 次印刷　印数 1—1500 册　定价 128.00 元

（本书如有印装错误，我社负责调换）

国防书店：（010）88540777　　书店传真：（010）88540776
发行业务：（010）88540717　　发行传真：（010）88540762

前　言

半实物仿真技术在雷达及雷达对抗类装备的研制及测试过程中发挥着越来越重要的作用，而辐射式仿真是半实物仿真最重要的方式，能够将装备实体最大限度引入测试回路，整机测试装备的指标与性能，因此可信度较高。本书在编者团队多年的雷达对抗辐射式仿真条件建设与使用经验的基础上，结合当前技术发展，详细论述了雷达对抗辐射式仿真微波暗室设计、信号模拟、平台运动与姿态模拟、仿真控制、精度分析等关键技术，在编写过程中力求科学性、全面性和易读性。

第1章主要介绍了雷达对抗辐射式仿真的概念与发展现状，从建模与仿真的基本概念开始，沿着仿真→半实物仿真→射频仿真→雷达对抗辐射式仿真的概念路径，梳理了雷达对抗辐射式仿真的定义、基本任务、系统组成与发展现状。第2章介绍了微波暗室设计技术，作为雷达对抗辐射式仿真开展的必需场所条件，微波暗室的性能对仿真可信度有很大的影响，因此对微波暗室的设计要点、性能分析与测试进行论述。第3章介绍了电磁信号模拟技术，这是雷达对抗辐射式仿真技术的核心关键，对电磁信号模拟在仿真中的功能需求进行分析，结合实例介绍电磁信号模拟的设计实现与技术要点。第4章主要介绍电磁辐射平台运动模拟技术，在雷达对抗辐射式仿真中，主要采用射频天线阵列三元组合成的方式，进行射频信号的大视场角、高精度模拟，对天线阵列设计、馈电通道设计、标校、极化控制等关键技术进行了详细论述。第5章介绍了被测装备姿态运动模拟技术，对于机载或弹载装备，需要模拟其六自由度运动姿态，这主要依靠姿态运动模拟器（仿真转台）来实现，还介绍了转台的控制、指标设计、测试方法等。第6章介绍了仿真控制技术，雷达对抗辐射式仿真是计算机控制下的信号级交互仿真，首先分析了仿真控制在仿真测试中的功能需求，并对实现仿真控制的设计要点、技术要点进行分析，最后给出了仿真控制的典型应用实例。第7章对雷达对抗辐射式仿真精度进行分析，主要包括天线阵列与馈电控制误差、暗室多路径传输误差、待测品安装位置误差、转台动态误差。第8章对雷达对抗辐射式仿真的未来技术发展进行介绍，包括宽带信号模拟、数字化阵列、射频信号光传输与控制、多暗室协同联动等新技术。在编写过程中，赵明洋、李超、张喆玉、何勇刚、刘鹏军、赵宏宇、杨茂松、云雷等同志相继参加了部分内容的研讨作图和校对等工作，再次表示衷心感谢。本书是编写组全体成员集体智慧的结晶，编写工作得到了所在单位领导和机关以及有关单位和个人的大力支持和帮助，在此表示感谢。向被引用的有关参考文献的作者致谢。

  由于编者水平有限，错误之处在所难免，恳请读者批评指正。

著 者

2024 年 6 月

目 录

第1章 概述 ... 1
1.1 仿真、系统与建模 ... 1
1.1.1 仿真的基本概念 ... 1
1.1.2 连续系统和离散系统 ... 2
1.1.3 建模技术 ... 2
1.2 雷达对抗辐射式仿真 ... 6
1.2.1 辐射式仿真的基本任务 ... 8
1.2.2 辐射式仿真系统的典型组成 ... 10
1.2.3 国内外发展现状 ... 13

第2章 微波暗室设计 ... 20
2.1 微波暗室简介 ... 20
2.1.1 微波暗室的分类 ... 20
2.1.2 射频仿真暗室特点 ... 21
2.1.3 微波暗室的组成 ... 22
2.2 微波暗室技术要点 ... 22
2.2.1 暗室形状选择 ... 22
2.2.2 暗室尺寸的确定 ... 24
2.2.3 微波暗室屏蔽体 ... 25
2.2.4 微波暗室吸波材料分析与铺设 ... 26
2.3 暗室的静区性能 ... 30
2.3.1 静区性能指标 ... 30
2.3.2 反射电平的影响分析 ... 31
2.4 微波性能预估与测试 ... 39
2.4.1 暗室静区性能预估 ... 39
2.4.2 暗室静区性能测试 ... 41

第3章 复杂电磁信号模拟技术 … 44

3.1 复杂电磁信号模拟在雷达对抗辐射式仿真中的能力需求分析 … 44
3.1.1 复杂电磁信号模拟的主要内容 … 44
3.1.2 能力需求 … 47

3.2 复杂电磁信号环境模拟技术 … 48
3.2.1 概念与仿真模拟重点 … 48
3.2.2 典型实现方案 … 52
3.2.3 技术要点 … 52

3.3 雷达回波与干扰信号模拟技术 … 68
3.3.1 概念与仿真模拟要点 … 68
3.3.2 典型实现方案 … 74
3.3.3 技术要点 … 75

3.4 复杂电磁环境模拟中的模型实现 … 83
3.4.1 电磁信号传播路径模型 … 84
3.4.2 多路径模型 … 86
3.4.3 遮挡效应模型 … 89
3.4.4 坐标系和坐标系变换模型 … 90
3.4.5 方向图模型 … 98
3.4.6 目标特性模型 … 99
3.4.7 杂波信号模型 … 102
3.4.8 干扰信号模型 … 112

第4章 电磁辐射平台运动模拟技术 … 134

4.1 天线阵列技术 … 135
4.1.1 三元组间隔选择准则 … 136
4.1.2 三元组工作原理 … 137
4.1.3 天线阵元组件 … 143
4.1.4 天线阵面结构 … 144

4.2 馈电通道技术 … 146

4.3 电磁辐射平台运动模拟系统标校技术 … 147

4.4 近场效应修正技术 … 151

4.5 极化控制技术 … 153
4.5.1 不同极化的实现 … 154

4.5.2　影响极化因素分析 ··· 155

第5章　姿态运动模拟技术 ··· 158

5.1　概述 ··· 159
　　5.1.1　姿态运动模拟器发展状况 ··· 159
　　5.1.2　姿态运动模拟器控制方法研究现状 ································· 162

5.2　姿态运动模拟器 ··· 164
　　5.2.1　姿态运动模拟器的主要任务 ······································· 164
　　5.2.2　姿态运动模拟器的结构组成 ······································· 164
　　5.2.3　姿态运动模拟器的工作原理 ······································· 168

5.3　姿态运动模拟器伺服控制方法 ··· 169
　　5.3.1　姿态运动模拟器控制系统建模 ····································· 169
　　5.3.2　控制方法研究 ··· 172

5.4　姿态运动模拟器关键技术 ··· 185
　　5.4.1　高精度的实现 ··· 185
　　5.4.2　宽频带的实现 ··· 186
　　5.4.3　平稳性的实现 ··· 186

5.5　姿态运动模拟器性能指标测试方法 ····································· 187
　　5.5.1　检验内容 ··· 187
　　5.5.2　检验方法及合格判据 ··· 187

第6章　辐射式仿真控制技术 ··· 197

6.1　仿真控制在雷达对抗辐射式仿真中的功能需求 ··························· 197
6.2　设计要点 ··· 198
6.3　实现及技术要点 ··· 201
　　6.3.1　典型实现方案 ··· 201
　　6.3.2　技术要点 ··· 204

6.4　平台运动学模型 ··· 213
6.5　典型仿真应用实例 ··· 215
　　6.5.1　测试准备 ··· 215
　　6.5.2　测试运行 ··· 216
　　6.5.3　测试评估 ··· 218

第7章 辐射式仿真精度分析 ··· 219

- 7.1 精度影响因素 ··· 219
- 7.2 天线阵列与馈电控制误差因素分析 ··· 220
  - 7.2.1 通道幅相不平衡引起的误差分析 ··· 220
  - 7.2.2 衰减器最小可分辨率引起的误差分析 ··· 226
  - 7.2.3 天线阵列上天线位置误差分析 ··· 226
  - 7.2.4 天线阵列上天线电轴指向误差分析 ··· 228
  - 7.2.5 电磁泄漏引起的误差分析 ··· 230
- 7.3 暗室多路径传输误差因素分析 ··· 231
- 7.4 待测品天线与天线阵列不同心 ··· 233
- 7.5 转台动态精度分析 ··· 236
  - 7.5.1 转台传递函数模型的建立 ··· 236
  - 7.5.2 转台动态误差模型的建立 ··· 238
  - 7.5.3 基于频率特性的转台动态精度分析 ··· 239
  - 7.5.4 转台对反辐射武器作战性能测试精度影响分析 ··· 241

第8章 未来技术发展趋势和展望 ··· 245

- 8.1 宽带信号模拟技术 ··· 245
- 8.2 天线阵列数字化技术 ··· 249
- 8.3 射频信号光传输与控制技术 ··· 252
- 8.4 多暗室协同联动仿真测试技术 ··· 255

参考文献 ··· 259

第1章 概　　述

1.1 仿真、系统与建模

1.1.1 仿真的基本概念

仿真技术是以相似原理、模型理论、系统技术、信息技术以及应用领域的有关专业技术为基础，以计算机系统、与应用有关的物理效应设备及仿真器为工具，利用模型对系统（已有的或设想的）进行研究、分析、评估、决策或参与系统运行的一门多学科的综合性技术。仿真技术在计算机技术、网络技术、图形图像技术、多媒体技术、软件技术、信息处理技术、控制论、系统工程相关技术的支持、交叉、融合下，逐渐形成一门交叉科学，成为认识客观世界的除理论、实验技术之外的第三种方法。通常，将应用于军事领域的仿真技术称为军用仿真技术。

要实现仿真，其核心是要寻找所研究系统的"替身"，这个"替身"称为模型。模型是对某个系统、实体、现象或过程的一种物理的、数学的或逻辑的表述，它不是原型的复现，而是按研究的侧重面或实际需要对系统进行的简化提炼，以利于研究者抓住问题的本质或主要矛盾。仿真实质上是实现模型随时间推演的过程。

根据仿真采用的不同模型类型，可以将仿真分为以下三种：物理仿真、数学仿真和半实物仿真。以上三种方法根据其自身不同的特点被运用于不同的领域。

物理仿真就是用实物搭建仿真平台进行实验，按照真实系统的物理性质构造系统的物理模型。在计算机问世以前，基本上都是物理仿真，也称为"模拟"。物理仿真要求模型与原型有相同的物理属性，其优点是直观、形象，模型能更真实全面地体现原系统的特性；缺点是模型制作复杂、成本高、周期长，模型改变比较困难，实验限制多，投资较大。

数学仿真就是对实际系统进行抽象，并将其特性用数学关系加以描述得到系统的数学模型，将研究的对象全部用数学模型来代替，并把数学模型转化为仿真模型，在计算机上对研究对象进行研究。因此数学仿真也称为计算机仿真。数学仿真的缺点是受限于系统建模技术，即系统的数学模型不易建立。

半实物仿真是介于物理仿真和数学仿真之间的一种仿真技术，将一部分实物接在仿真实验回路中，用计算机和物理效应设备实现系统模型。对系统中比较简单的部分或对其规律比较清楚的部分建立数学模型，并在计算机上加以实现；而对系统中比较复杂的部分或其规律尚不十分清楚的系统，由于其数学模型的建立比较困难，则采用物理模型或实物。半实物仿真和数学仿真相比具有更高的置信度，但是由于系统中引入了实际物理系统与数学模型进行协同仿真，这就增加了系统的复杂性，对系统的实时性也提出了更高的要求。

1.1.2 连续系统和离散系统

"系统"泛指自然界的一切现象和过程。一个系统是指按照某些规律结合起来，互相作用、互相依存的所有实体的集合或总和。系统的范围很广，可谓包罗万象，大地、山川、河流、海洋、森林和生物组成了一个相互依存、制约且不断运动又保持平衡状态的整体，这就是自然系统。

随时间的改变，其状态的变化是连续的系统称为连续系统，如一架飞机在空中飞行，其位置和速度相对于时间是连续改变的。若系统状态随时间呈间断地改变或突然变化，则称为离散的。例如，一个计算机系统作业完成计算离开处理机，转到外围设备排队等待输出结果，这个系统就属于离散型的。

在实际中，完全是连续或离散的系统是很少见的，大多数系统中既有连续成分，也有离散成分，不过对于大多数系统来说，在某种变化类型占优势时，我们就把它归为这一类系统。

1.1.3 建模技术

在科学方法中，模型被界定为人们为了特定的研究目的而对认识对象所做的简化描述，按研究的侧重面或实际需要对原型进行了简化提炼，以利于研究者抓住问题的本质或主要矛盾。这种研究特别对预测问题及因种种原因不可能在原型系统上进行实验的问题尤为重要。

模型集中反映了系统的某些方面的信息，是系统的某种特定性能的一种抽象形式，实质上是一个由研究目的所确定的、关于系统某一方面本质属性的抽象和简化，并以某种表达形式来描述。模型可以描述系统的本质和内在的关系，通过对模型的分析研究，可以达到对原型系统的了解。模型的表达形式一般分为物理模型和数学模型两大类。物理模型与实际系统有相似的物理性质，这些模型可以是按比例缩小了的实物外形。数学模型则是用抽象的数学方程描述系统内部物理变量之间的关系而建立起来的模型，称为该系统的数学模型。

建模的基本方法可分为三种：机理分析、数据分析及计算机仿真。

机理分析是根据对客观事物特性的认识，找出反映内部机理的数学规律。建立数学模型所采用的数学工具有初等数学方法、图解法、比例法、代数方法、微分方程、组合、优化、线性规划等。

数据分析是通过对系统的输入、输出数据测量及统计推断，按照一定的准则对现实问题进行拟合，确定出对于数据拟合的最好的公式或曲线，由此得到数学模型。建立数学模型所采用的实现工具有回归分析法、时间序列法等。

计算机仿真是在计算机上模拟各种实际的运行过程，观察系统状态的变化，从而得到对系统的基本性能的估计和认识。当系统中存在众多随机因素，难以构造机理性的数学模型可以采用仿真的方法得到系统的动态特性，但不可能得到解。

无论用什么方法建立模型，都要遵循以下准则。

（1）清晰性。

一个大的系统由许多子系统组成，因此对应系统的模型也由许多子模型组成。在子模型和子模型之间，除了为实现研究目的所必需的信息联系外，相互耦合要尽可能少，结构要尽可能清晰。

（2）切题性。

模型只应该包括与研究目的有关的方面，即是与研究目的有关的方面，也是与研究目的有关的系统行为子集的特性的描述。对于同一个系统，模型不是唯一的，研究目的不同，模型也不同。例如，我们研究空中管制问题时，所关心的是飞机质心动力学与坐标动力学模型；研究飞机的稳定性与操纵性问题，则关心飞机绕质心动力学与驾驶动力学模型。

（3）精密性。

同一系统的模型按其精密程度要求可分为许多级，对不同的工程，精密度要求不一样，如用于飞行器系统研制全过程的工程仿真器要求模型精度高，甚至要求考虑到一些小参数对系统的影响，这样系统模型复杂对计算机要求高，但用于训练的飞行仿真器，要求模型精度相对就低，只要人感觉到"真"就行。

（4）集合性。

有时要尽量以一个大的实体考虑对一个系统实体的分割。对武器射击精度测试，我们并不十分关心每发的射击偏差，而着重讨论多发射击的统计特性。

（5）简洁性。

建模不仅要能反映问题的本质，还要做到简单明了，这样做不仅可以节省建模的时间和求解的时间，而且便于分析问题。此外，在人力和物力上都是有利的。

（6）适应性。

现实系统通过模型来描述，当系统由于某些具体条件发生变化时，要求模型具有一定的适应能力和适用范围。

可信性是系统仿真的关键，仿真模型的校验、验证与确认（VV&A）是可信度评估的基础，并且是伴随着建模与仿真全生命周期的一个循环往复的过程，目的是证实模型形式转化的过程具有足够的精度。模型形式的转化是在各种假设条件下进行的，所做假设最终体现在模型形式上，即所做的假设不同，导致模型的不同，从而对仿真结果的置信度的影响就越大。为了提高仿真的置信度，对大型复杂仿真系统仿真时的复杂假设进行检验是必不可少的，并成为置信度评估的重要组成部分，对提高仿真结果正确性和置信度具有重要意义。

VV&A 最初只是一些规范和常规的面向模型的数理验证方法，随着仿真技术的发展，VV&A 已经发展成为仿真技术的重要组成部分，VV&A 的含义按照美国国防部 5000.59 计划分别表述如下。

校核：确定模型与仿真（Model and Simulation，M&S）是否准确反映开发者的概念描述和技术规范的过程；

验证：从预期应用角度确定 M&S 再现真实世界的准确程度；

确认：权威机构对 M&S 相对于预期应用来说是否可接受的认可。

对 VV&A 的定义和相应规范已经在仿真界取得共识，在实际操作中得到仿真开发者、最终用户和确认代理的遵守。

VV&A 是贯穿整个仿真系统的立项、设计、开发、调试、应用、维护整个生命周期的一项重要活动，VV&A 工作自始至终都是围绕着保证和提高仿真可信度展开的。仿真可信性评估工作必须在 VV&A 的基础上才能展开。

仿真逼真度与仿真可信度具有紧密关系。仿真逼真度的定义可以做以下表述：仿真对仿真对象某个侧面或整体的外部状态和行为的复现程度。仿真不具备一定的仿真逼真度，仿真可信度就无从谈起，逼真度是系统外在特性的相似程度，仿真逼真度与仿真目的没有关系。对于系统仿真逼真度的评价，并不一定需要具备有关仿真的专业知识，经验评价即是一种较好的评价仿真逼真度的方法。系统仿真逼真度的提高对系统仿真可信度的提高具有积极作用。

分布式交互仿真（DIS）是一种面向复杂大系统研制、开发与人员培训的一种仿真技术，DIS 技术是通过计算机网络将分布在不同地点、不同部门、不同层次的武器装备体系与决策人员、武器系统总体设计与评估人员以及武器系统的使用和训练人员联系起来，构成一个时空一致性的虚拟仿真环境。

高层次体系结构（HLA）作为一种新的仿真技术框架，相较于 DIS 系统更具灵活性、可扩充性、互操作性和可重复性，能够分离出建立和运行动态仿真模型的公共功能，更大限度地提高建立仿真系统的效率，因此更适合建立大型复杂分布式交互仿真系统。

1983 年，美国国防高级研究计划局（DARPA）和陆军共同资助的 SIMNET 项目，标志着一种新兴的仿真技术——分布式交互仿真（DIS）的兴起。当时，传统的单项武器仿真已经不能够满足武器系统研制训练等需求，需要把不同的单项武器训练仿真系统整合到一个综合的体系中进行对抗仿真或进行作战人员的训练，以完成训练效果和作战效能的评估。

分布式交互仿真技术在近年来得到了快速的发展，一方面得益于现代网络通信技术，另一方面得益于分布式计算技术。分布式仿真技术和以前的仿真技术的差别主要在以下几个方面。

（1）体系结构：分布式仿真技术的体系结构是分布式、开放式、交互式的，这构成了能够实现仿真成员之间的互操作、可重用、可移植、扩展性强的协同仿真体系结构。而过去的仿真技术都是集中式的。

（2）构成仿真体系的成员：分布式仿真技术的仿真成员由数字仿真、实物仿真、半实物仿真中的一种或者几种构成综合的仿真环境。而过去的仿真系统都是只包括其中的一种仿真形式。

（3）功能方面：分布式仿真技术现在已经能够把物理上分布、不同平台的武器系统整合到一个综合的仿真环境中，以完成由多兵种、多武器系统协同的对抗仿真及人员训练。而过去的仿真系统中的武器系统比较单一，仿真效能也越来越不适应现代多兵种协同作战的发展。

（4）仿真效果：分布式仿真技术允许仿真效果评估人员参与到仿真系统当中，与系统进行交互，让评估人员产生强烈的沉浸感。而过去的仿真技术，只能从仿真系统的外部去观察分析仿真效果。

计算机技术的飞速发展和现代战争仿真对经济性、研制周期的要求，推动了分布式仿真技术的快速发展。分布式仿真技术的特点主要表现在：分布性、异构性、交互性、开放性。分布性是指在分布式仿真系统中，参与仿真的各个仿真成员在物理上是分布的，其计算能力同样也是分布的；它们可以分别独立运行仿真，完成各自的仿真任务，也可以通过网络连接起来交互运行，使得基于不同平台、不同操作系统的仿真成员可以在一个综合的仿真环境中共存。交互性是指人可以参与到仿真系统当中,与仿真系统当中的虚拟实体、计算机生成的构造实体和现实实体进行交互,而且参与仿真的各个实体之间也是可以交互的;开放性主要是由其开放式的体系结构决定的,参与仿真的节点可以随时加入或者离开整个仿真系统,而其中任意一个成员的加入或者离开并不会影响到系统其他成员的仿真。

虽然最初分布式仿真技术的出现,极大地推动了军事仿真在综合各兵种、海陆空部队的协同作战方面的应用。但是,到了20世纪90年代,战场环境仿真复杂程度越来越高,而当时的分布式交互仿真技术只支持仿真成员之间有限的互操作。基于DIS的分布式仿真系统的规模日趋庞大、结构越来越复杂,由此造成其开发成本不断提高,开发周期难以控制且随之而来的开发风险也不断上升。同时,系统的可扩展性、可靠性和可维护性却随着仿真规模的增大而迅速降低。

显然,基于DIS的仿真系统的实际仿真能力与军事仿真的现实需求之间的矛盾越来越大。人们也由此逐渐认识到由于其自身体系的局限性而产生的不可克服的缺陷:由于DIS采用的是实体对等的松散的体系结构,所有参与仿真的实体都必须同时承担自身仿真以及与其他成员之间的通信功能,这在很大程度上弱化了整个体系的层次概念。而在系统内部,逻辑和功能上的层次结构又是非常必要的。很明显,DIS体系结构已经无法有效地实现各种类型仿真系统之间的互操作及仿真部件的重用。

为了克服由于DIS体系本身特点而带来的问题,1995年,美国国防部发布的建模与仿真大纲中的第一个目标就是要开发建模与仿真通用技术框架,其主要目的就是要促进仿真应用的互操作与仿真资源的可重用性。1996年10月,美国国防部正式将HLA作为国防部范围内仿真项目的标准技术框架,并用其替换原有的DIS与ALSP标准。由此,HLA成为新一代分布式仿真技术发展的方向。HLA已经被公认为解决跨平台分布式交互仿真的最佳选择。

1.2 雷达对抗辐射式仿真

射频辐射式仿真有外场辐射式和内场辐射式两种。通常,开展雷达系统测试时,对测试参数的保密性有一定的要求。射频辐射式仿真测试一般在微波暗室内进行,一方面防止了信号的辐射泄漏,满足保密要求;另一方面不会被外界环境、电磁信号干扰等影响仿真的可靠性。因此,依托微波暗室的射频辐射式仿真技术在雷达系统研制的过程中，受到世界各国的高度重视和广泛研究。

国外的辐射式仿真技术始于20世纪50~60年代。早期的辐射式仿真普遍采用机械式射频目标仿真器，通过伺服系统驱动目标信号的辐射单元机械运动，得到目标与导弹导引头之间的空间角度运动，优点是简单、成本低，但精度不高。随着机电混合式射频目标仿真器和微波阵列式射频目标仿真器的出现，国外先后建立了功能不同、规模不一的辐射式仿真实验室。主要有美国的陆军高级仿真中心（Advanced Simulation Center，ASC）、波音公司的雷达末端制导仿真实验室、雷声（Raytheon）公司的"爱国者"制导测试与仿真系统以及主动式寻的导弹的辐射式仿真系统，英国的RAE导弹制导仿真实验室，日本防卫厅第三研究所的仿真实验室等。这些先进辐射式仿真实验室的建立，推动了辐射式仿真技术进一步发展。

20世纪90年代，辐射式仿真技术进入快速发展，比较有代表性的是美国陆军高级仿真中心于1994年建成的第二个毫米波仿真实验室。随后，辐射式仿真扩展到多模仿真及雷达电子对抗仿真等方面，各国建立的辐射式仿真实验系统更加完善、种类更加多样。美国林肯实验室的天线与目标测量系统、陆军导弹司令部的激光雷达检测与测距半实物仿真系统，如图1-1所示。

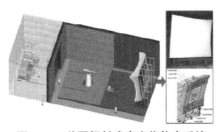

图1-1 美国辐射式半实物仿真系统

在国内，辐射式仿真技术的研究始于20世纪80年代，建立了各具特点的辐射式仿真实验室，用于雷达系统、寻的制导武器等的研制和测试。另外，国内不少高校也开展了辐射式仿真技术领域的研究。例如，北京航空航天大学的目标RCS特性、进动散射特性目标测量系统；南京航空航天大学的雷达气象回波射频辐射式仿真系统；西北工业大学目标RCS测量仿真系统和国防科技大学雷达目标微动特性测量射频仿真系统。

开展雷达及雷达对抗装备、导引头等测试的相关辐射式仿真系统，往往具备较为复杂的功能与较高的技术指标，集中体现了射频辐射式仿真的技术水平与发展方向。我们将此类仿真任务称为"雷达对抗辐射式仿真"，本书将重点对该领域的相关技术开展研究与介绍。

1.2.1 辐射式仿真的基本任务

雷达对抗辐射式仿真是在微波暗室内进行的对抗装备实验测试。微波暗室的作用是提供一个内部无反射、外部无干扰的电磁波自由传播空间，以保证测试环境能够尽可能接近真实空间环境。被测设备（雷达侦察装备、反辐射武器、雷达装备、雷达干扰装备等）架设于平台或转台上，信号模拟系统模拟产生能够反映实际电磁环境中距离、时间、空间几何关系、平台运动、电波传输、天线扫描以及其他因素影响的真实射频信号（雷达、目标、干扰、杂波、背景信号等），并通过天线阵列向被测设备辐射，辐射位置的变化可以模拟真实射频信号所在平台的空间运动，仿真转台模拟被测设备平台的三维空间运动姿态。被测设备对天线阵列辐射的射频信号进行接收。

雷达对抗辐射式仿真，是应用仿真技术，模拟产生雷达对抗装备接近实战条件下电磁环境，进而进行测试评估的一套内场测试设备或设施。辐射式是指模拟的电磁信号与被试雷达对抗装备间的作用方式。由此可见，雷达对抗辐射式仿真是一个大型复杂的测试系统，它实际由多种软硬件支持的模拟器和仿真计算机组成。系统的一大特点是它的复用性、重构性和可伸缩性。根据不同的仿真测试类型和测试要求，可以分别构成不同的仿真实验系统。

雷达对抗辐射式仿真是系统仿真技术在特定的领域内的应用。与一般的系统仿真一样，雷达对抗辐射式仿真也包括建立系统数学模型、系统仿真模型，进行系统仿真等基本活动。雷达对抗辐射式仿真的目的根据不同测试性质有所不同，如研究院所主要进行产品设计过程中的摸底测试，军队采购部门或国家靶场则希望能够测试和评估雷达对抗装备在接近实际战场环境下的作战性能。而完成这两类性质测试的关键问题都是如何构建装备面临的实战环境。雷达对抗辐射式仿真就是为解决该问题而设计的。不论是何种雷达对抗装备，它面临的实际作战环境最终都可用复杂电磁信号来描述。例如，一部车载式目标指示雷达，它面临的战场环境可能是敌方的飞机、干扰机等。此外，地形地貌、天气条件、我方或友方的电子装备也会对雷达的工作性能产生影响。通过模拟产生雷达目标回波信号、干扰信号、杂波信号等复杂电磁信号，就可以仿真雷达装备面临的作战环境。记录下雷达装备在不同作战环境下表现出的技术情况，如完成的功能，达到的技术指标，实现的作战性能等，就可以对装备技术性能优劣、作战效率的高低、有无功能缺陷等问题进行测试和评估。其他类型的雷达对抗装备也与雷达装备类似，也是通过产生复杂的电磁信号，以达到仿真实际作战战情，进而实现对装备性能测试和评估的目的。

除电磁环境构建外，进行辐射式仿真测试还需要进行其他建模活动。例如,对于机载或弹载装备,需要对载体平台的空间飞行过程进行建模。通过建立载体平台的运动学模型、空气动力学模型及控制模型,可以实时计算出载体平台的空间位置和运动姿态,而载体平台的运动姿态在仿真测试中是由转台来模拟的。

雷达对抗辐射式仿真为雷达及雷达对抗装备、导引头等提供了灵活方便的仿真测试平台,相对外场测试,其主要优点如下:

(1) 测试环境可控。能根据需要利用信号模拟器产生各种战场电磁环境,被试设备所面临的电磁环境完全可知可控,测试过程中可全程对信号的频率、幅度等特征进行录取,为测试中出现的技术问题提供支撑。

(2) 测试过程可控。通过战情生成工具可为待测品提供丰富复杂的测试战情,在计算机控制下,能够按照设定的战情,为被试设备提供逼真的动态信号环境。在仿真测试过程中可根据需求随时暂停或启动测试,为分析待测品在特定状态下的性能提供了有利条件。

(3) 测试效费比高。利用模拟器和计算机可在内场方便地构建测试环境,避免了动用大量实体装备和升空平台,可不受外界条件影响,多次重复开展测试,节约了大量的测试费用。外场测试由于受制于成本,测试样本数有限,难以对装备的核心性能指标进行充分的评估。而辐射式仿真测试通过对战场信号环境和攻防过程的仿真,可获取大量测试数据,有效完成测试结果评估。因此,辐射式仿真测试能够在满足测试需求的基础上,有效节省装备测试费用。

(4) 测试数据全面。可在同样的测试条件下开展多次测试,可获取较大的测试样本,且受其他条件影响小,测试数据可靠性高。另外,辐射式仿真测试通过构建多种不同构型的战情,获取被试设备在不同作战条件下的性能数据,为被试设备的技术性能改进提供支持。

(5) 测试保密性好。辐射式仿真测试在屏蔽性能较好的微波暗室内进行,测试中电磁信号不会向外界泄漏,对装备的战技术参数起到了有效的保护作用。

雷达对抗半实物仿真一般可分为辐射式仿真和注入式仿真两种方式。二者区别在于雷达等装备电磁信号与仿真系统的信号交互方式不同。注入式仿真测试通过射频线缆、波导等传输线将电磁信号馈入待测品的接收机前端,而不是由天线进行接收;而辐射式仿真测试时,电磁信号通过微波暗室进行近似自由空间传播,待测品通过天线接收信号,其工作过程与实际相似程度高。注入式仿真测试时,信号注入点前的装备特性(也就是天线的特性)必须用数学模型来替代。

辐射式仿真和注入式仿真相比,存在以下两个方面的特点:其一,辐射式仿真较注入式仿真更完整地保持了待测品原来的结构，从这点看，其仿真结果可信度更高；其二，辐射式仿真一般利用仿真转台全程模拟导弹的运动姿态，且电磁信号环境由天线阵列通过自由空间辐射，测试条件更接近实际。但辐射式测试也有自身的局限性，即不满足远场条件的待测品不能进行测试。注入式仿真系统和辐射式仿真系统的这些特点，决定了这两种方式承担的任务范围既有重叠又有区别，合理地应用这两种手段，使它们"各有侧重，互为补充"，可以更好地服务于装备研制和测试评估。

就仿真系统而言，上述差异会导致系统组成上的不同，其他诸如工作流程、战情设计等方面两种方式基本相同。鉴于辐射式仿真能够更加全面真实地反映待测品的技术状态，在雷达及雷达对抗装备、导引头等的研制、测试等领域应用广泛，因此，本书主要针对辐射式仿真进行重点介绍。

总之，雷达对抗辐射式仿真是为构建雷达对抗装备复杂电磁环境设计的测试系统，由于它采用实物的和数学的仿真手段，我们一般统称为射频半实物仿真实验系统，利用这类系统进行的测试就称为半实物仿真测试。我们可以这样理解半实物仿真的概念，如当进行雷达侦察装备的仿真测试时，虽然通常是待测品完整地接入测试回路，但把测试系统和待测品作为一个大的系统进行研究，自然可以认为进行的测试为半实物仿真测试。所以，雷达对抗辐射式仿真究竟属实物仿真还是半实物仿真，与进行的测试类型有关，也与我们怎样划分仿真测试的系统有关。

1.2.2　辐射式仿真系统的典型组成

雷达对抗辐射式仿真的种类有很多，本书重点介绍一种多功能的综合性仿真实验系统，主要用于雷达侦察装备、雷达干扰装备、雷达及反辐射武器的战技性能与作战效能的综合测试与评估测试。具体包括：

（1）考核雷达侦察装备、雷达信号告警装备的信号分选、辐射源识别、电磁信号环境适应等作战能力，以及最大作用距离、空间覆盖范围、参数测量精度、系统反应时间等战术技术指标；

（2）考核反辐射武器的侦察、识别、抗诱偏能力及攻击精度等战术技术指标；

（3）考核被试雷达装备在接近实战的电磁环境下的抗干扰能力，包括：对抗有源干扰的能力，对抗无源干扰的能力，对抗组合干扰的能力，对抗反辐射武器的攻击的能力；

（4）考核被试雷达干扰装备的干扰能力，包括：干扰样式，干扰自适应能力，多目标的干扰能力，系统反应时间等。

不同的功能用途对应不同的测试模式：

（1）雷达侦察装备的侦察能力测试模式主要用于进行陆基和机载电子情报侦察设备、电子（战）支援侦察设备、雷达告警设备、干扰引导设备的侦察能力仿真测试；

（2）雷达装备的抗干扰能力测试模式主要用于陆基和机载近程搜索和跟踪雷达、边扫边跟雷达、机载火控雷达等雷达的抗干扰能力评估测试；

（3）雷达干扰装备的干扰效果测试模式主要用于地面和机载雷达干扰装备的干扰效果评估测试；

（4）反辐射武器的作战效能测试模式主要用于反辐射无人机和反辐射导弹的作战效能评估测试。

雷达对抗辐射式仿真具备编辑运行雷达对抗装备所面临典型战情的能力，并且根据战情，在微波暗室内模拟产生出相应的复杂动态的电磁环境。其一般由微波暗室、信号模拟系统、天线阵列与馈电控制系统、平台与转台系统、计算机系统以及辅助系统等组成。下面一一介绍。

1. 微波暗室

微波暗室由屏蔽体、电波吸收材料及辅助设施组成。其中屏蔽体形成暗室内外和暗室各个设备工作间之间的电波屏蔽，防止测试时内外相互干扰以及电磁波的对外泄漏。电波吸收材料主要降低暗室内因墙壁形成的反射信号电平，避免反射信号对测试产生干扰。待测品放置区，也被称为工作区或"静区"，所谓"静区"是指经过精心的设计，在此区域内的电磁反射信号较小，具有相对较低的反射电平。反射电平是微波暗室最重要的指标，暗室的形状、尺寸以及吸波材料的布局是影响该指标的重要因素。辅助设施主要包括暗室内的火灾报警系统、消防灭火系统和通风、照明、供电、监视等系统。

国外微波暗室的建设起步较早，技术成熟，不少暗室的静区反射率电平能够达到 $-40 \sim -30\text{dB}$，可以满足一般的微波工程测量任务。1984 年，美国俄亥俄大学建造了微波暗室以完成目标散射截面积测量等任务。美国 Raytheon 公司建造了天线测量微波暗室，能够完成天线测量、RCS 测量、逆 SAR 成像等任务。林肯实验室建造了近场测量暗室、系统测量暗室、锥形暗室等一批功能丰富的微波暗室。随着我国经济和技术的发展，国内工业集团和各高校也建立了不同功能的微波暗室，大部分暗室静区性能可以达到 -40dB。

2. 信号模拟系统

信号模拟系统用于辐射式仿真测试中的复杂战场电磁信号环境模拟，以及雷达目标回波、干扰、杂波信号及干扰机激励信号等的模拟，为天线阵列馈电通道提供射频信号和控制信号。

信号模拟系统对于本书来说就是对整个雷达系统包括雷达本身、雷达目标以及雷达环境如噪声、杂波、干扰等的模拟，通过计算机模拟技术以及相应的产生实时战场辐射源信号与雷达目标环境信息信号。雷达信号模拟器是模拟仿真技术与雷达技术相结合的产物，它通过模拟的方法产生各种体制的雷达发射信号、目标回波信号、干扰信号以及环境杂波等信号。实时雷达信号模拟的应用贯穿雷达及雷达对抗装备的研制、测试和操作使用的各个阶段。

3. 天线阵列与馈电控制系统

天线阵列与馈电控制系统是电磁信号环境产生的前端发射设备。它在天线阵列控制计算机的控制下，将各种射频模拟信号，以一定的极化方式从天线阵列的指定位置辐射，为放置于微波暗室测试平台/转台上的待测品提供仿真测试所需的逼真的电磁信号环境。通过控制射频信号在三元组（或二元组）内各辐射信号的相对相位和幅度，并在不同三元组之间的切换可以模拟射频信号在空间角位置上的连续运动，同时可模拟各种信号平台与待测品的实时相对位置关系以及表征目标运动特性的角位置和运动轨迹参数的变化，准确地仿真各类运动平台辐射的电磁信号在空间分布的实时变化情况。

天线阵列与馈电控制系统主要由馈电通道、馈电网络、控制设备、天线阵列、阵面支架等部分组成。根据不同的功能需求，天线阵列又可进一步分为主天线阵列、高功率线阵、干扰天线阵列及方位辅助天线阵列。

4. 平台与转台系统

平台与转台系统是辐射式仿真测试中待测品的架设载体。转台承担天线阵列校准、模拟飞机和反辐射导弹姿态运动特性等任务；平台主要支承车载待测品，通过控制调节平台进行垂直、纵向和横向移动，实现待测品天线回转中心和天线阵列球心对准，以满足辐射式仿真测试进行待测品测试精度的要求。

平台与转台系统主要由操控台、平台、转台等部分组成。

5. 计算机系统

计算机系统用于完成仿真测试规划、仿真战情编排、仿真测试流程设置、仿真测试后数据分析和性能评估，在辐射式仿真测试运行时，用于控制全系统内部的信息交换和闭环仿真过程，完成统一战情设置下的全系统仿真测试的管理和控制，使全系统构成一个完整的内场雷达对抗装备综合测试评估系统。

6. 辅助系统

辅助系统包括数据录取设备、接口设备、天线标校设备等部分，用于完成辐射式仿真系统与被试被测装备之间的通信、录取测试过程中的各种测试数据、进行仿真实验系统的自检、校准诊断等。

1.2.3　国内外发展现状

应用于射频制导武器系统的测试和评估的半实物仿真实验系统最早可追溯到 20 世纪 50 年代后期到 60 年代初。在这之前，由于当时模拟计算机条件和仿真技术的限制，人们尚未认识到仿真在导弹武器研制中的重要作用，主要利用飞行测试而不是系统仿真测试来确定武器系统的性能，研制过程中导弹的耗费量是很大的。例如，美国奈基 –1 防空导弹研制进行了 1000 多次发射测试，苏联 B –750 防空导弹研制进行了数百次发射测试，其耗资是惊人的。随着仿真技术的发展，人们开始利用仿真对复杂的射频制导武器系统进行设计测试，有代表性的例子是英国的"警犬"地空导弹，该项研制工程由于经费有限，不可能单靠飞行测试来确定系统性能，因此采用仿真技术。他们交替地进行仿真测试和靶场飞行测试，只发射了 92 枚导弹就完成了该项研制任务，其中的 79 次发射是专门用于校验模型的。由于模型经过反复修改和确认有效，获得了较高的置信度，可以用来进行武器系统性能测试，从而节约了经费，缩短了研制周期。

20 世纪 60 年代末至 70 年代，在射频制导武器系统发展需要的推动下，在混合计算机的支撑下，仿真技术又有了新的发展，出现了大系统半实物实时仿真，由于把系统实际使用的部分实物直接纳入仿真回路，既提高了仿真的逼真性，又解决了以前存在的许多复杂建模问题。率先使用半实物仿真的范例是"爱国者"防空导弹，系统设计性能预测、飞行测试前系统性能预测、飞行测试后结果分析，以及对计算机纯数学仿真模型的验证，都用半实物仿真完成。20 世纪 80 年代以后，计算机技术有了突飞猛进的发展，解决了复杂模型的计算速度问题，使实时仿真成为可能。另外，微波元器件和大规模集成电路技术的进步，也为此类半实物仿真实验系统的发展提供了技术条件和保障。

复杂雷达信号环境的模拟同样经历了一个由简单到复杂的发展过程。主要表现在，模拟的雷达数量从少到多，信号密度由低到高，信号形式、雷达体制也从简单到复杂多样。这与战场电磁环境实际变化情况有关，也与复杂信号产生技术的进步密不可分。

美国是射频仿真技术发展最早、应用最广泛的国家。美国最大的微波暗室位于加州爱德华空军基地，尺寸为 80.5m×76m×21m，用于评估装机或未装机的航空电子设备和电子作战系统；位于佛罗里达埃格林空军基地的微波暗室，尺寸为 33m×24m×9m，用于提供敌方和友方的 RF 环境；美陆军卡丘堡基地的小型暗室，主要用于导弹导引头的测试。

欧洲和北约等建设了先进的复杂电磁环境半实物仿真实验系统（ERES 雷

达电磁环境信号模拟系统），可以在微波暗室和实验室条件下模拟一定的作战区域内，多部雷达辐射信号和电子干扰等，构建一个复杂密集动态变换的电磁环境，支持待测的导引系统在模拟出来的环境下进行相关测试。尤其对于各类射频导引头的性能考核，是导引头开发过程中重要的内场测试平台，具有很高的使用率。

其中，ERES 雷达电磁环境信号模拟系统可以通过传导馈入的方式或者在暗室内通过空间辐射的方式将信号加载到被测试的设备的接收端。系统利用了最新的数字信号处理技术，DRFM、FPGA 算法，以及 AWG 和 DDS 技术，能够精准生成复杂高密度的电磁环境信号群，每个信号都包含快速时变的频率，以及幅度、相位等信息，用于模拟复杂的雷达和干扰波形。

ERES 雷达电磁环境信号模拟系统包含专业的场景编辑和生成子系统，根据用户的定义，场景中所有的模拟平台都是实时运动的。每个场景中所定义的平台（可以是战场上的任意信号辐射载体）能够在场景所定义的巨大的三维空间内按照所定义的航迹和姿态边运动边发出各种威胁和干扰信号，同时在模拟过程中操作者还可以在任意时刻暂停场景的播放进行所需的场景再编辑。

ERES 雷达电磁环境信号模拟系统的软件平台采用模块化的结构，具有可重复编程和二次开发的接口，适用于雷达和 ECM 系统产品各阶段的研发测试和性能评估，或者用于电子战设备的操作员培训。

ERES 雷达电磁环境信号模拟系统的组成框图如图 1-2 所示。

该系统具有仿真场景生成和控制单元：系统仿真和场景生成控制单元由高性能服务器和模拟系统软件组成。其主要功能是对整个仿真系统进行场景的定义和控制。通过这个单元来定义要模拟的雷达和干扰平台和相应的数量。另外包括很重要的各种体制的雷达信号的参数，以及在不同姿态下（不同的滚动、俯仰和偏航姿态）和目标模拟器完成闭环测试。系统仿真和场景生成控制单元提供非常友好的用户图形界面，通过这个界面可以对上述提到的所有参数进行定义，如辐射源的频率、脉冲宽度、脉冲重复频率、脉冲调制特性和天线扫描效应等，并且建立相应的数据库，以便以后的直接调用。

系统仿真和场景生成控制单元支持单平台共享多个辐射源，支持在仿真过程中暂停并且加入新定义的平台和相关辐射参数。在测试过程中雷达发射信号模拟子系统会准确根据所定义的场景"加权"相关的因素。其中包括平台的姿态参数（翻滚、偏航、爬升或下降）、运动学参数（速度、加速度、机动性）和地表特性，雷达扫描方式，雷达天线方向图以及距离/速度因素（如多普勒效应），最终产生仿真所需的每一个信号的特性。图 1-3 所示为场景定义的软件截图。

第1章 概述

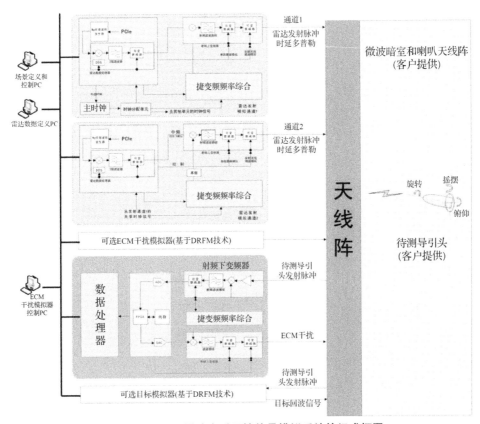

图 1-2　ERES 雷达电磁环境信号模拟系统的组成框图

雷达信号发射模拟子系统：每一个模拟通道完全独立，可以根据客户需要，通过专业的图形化友好界面完成对所有发射参数的完全模拟设定。所有的雷达模拟发射通道共享一个主时钟，因此可以做到在时域和频域完全同步。当然用户也可以选择产生异步的雷达发射通道。任意一个雷达发射模拟通道都可以在时域和其他通道重叠，同时具有完全独立的频率参数。这个是本系统的"主要特点"，而不像其他类似模设备只能产生"时分"的多部雷达发射信号，并且不能在时域重叠脉冲。所有的雷达发射机和待测设备都可以通过场景编辑软件定义在整个测试过程中的移动轨迹，然后在测试过程中雷达发射信号模拟子系统会准确根据所定义的场景"加权"相关的因素。其中包括地表特性、雷达扫描方式、雷达天线方向图以及距离/速度因素（如多普勒效应）。

用户可以完成对所需要模拟的雷达的各个参数的编程。需要提醒的是，所有的参数都可以由客户自己设定而不需要厂家的任何介入。主要可以设定的参数包括：

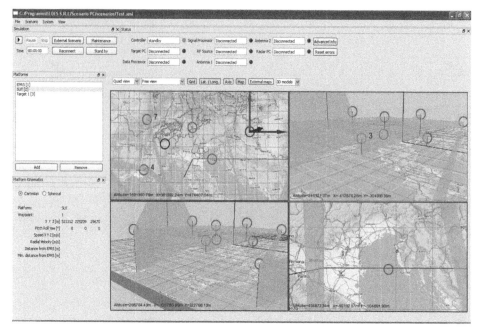

图1-3 ERES的场景定义软件截图

(1) 发射频率和捷变频方式；
(2) 脉内波形特性；
(3) 脉冲重复间隔和交错脉冲重复间隔特性；
(4) 天线方向图（水平和垂直）；
(5) 天线增益；
(6) 雷达发射峰值功率。

雷达发射通道模拟子系统包含直接数字频率合成（DDS）模块和任意波形发生器（AWG）和捷变频信号源等关键组件。它接收系统场景控制单元的控制，根据在场景建立阶段设置的射频信号的参数高质量、逼真地产生出在模拟中需要的各种体制的雷达信号和威胁信号。DDS将AWG产生的脉内波形转换成IF信号然后送入上变频器。上变频器采用捷变频的频率综合，将IF信号根据不同体制的雷达和脉冲重复频率转换到RF或微波频段。输出的RF信号幅度可以根据路径损耗和天线增益参数实时地控制变化。系统的主时钟由第一个雷达通道产生，并且分布到其他通道完成同步。

ERES雷达发射通道模拟子系统的架构框图如图1-4所示。

具有ECM模拟子系统：ERES雷达环境模拟平台通过宽带DRFM和高性能的FPGA完成ECM干扰模拟子系统的嵌入。可以模拟包括最新的交叉眼、

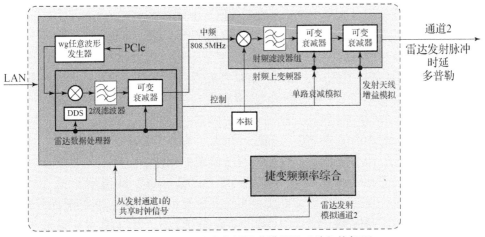

图1-4 ERES雷达发射通道模拟子系统架构框图

多假目标(每通道同时20个假目标)、拖曳式有源雷达诱饵、反向增益、灵巧噪声等各种体制的干扰信号。ECM模拟子系统下变频待测设备发射脉冲信号到中频,然后通过具有超宽带瞬时带宽的高速的A/D模块组采样中频信号,并且将采样点存储在内存里。每一个从待测设备发射的脉冲波形均被采集存储。自保护干扰机(SPJ)采用通过合适的时延和幅度比例回放捕捉到的脉冲波形完成干扰机制。所有SPJ的干扰参数可以通过系统配套的用户界面软件设定。

ERES ECM模拟子系统架构框图如图1-5所示。

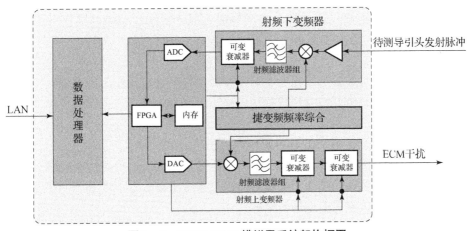

图1-5 ERES ECM模拟子系统架构框图

具有可选的目标模拟子系统：ERES 雷达环境模拟平台可以选配目标模拟子系统，这样可以组成一个与待测设备的闭环测试系统。目标模拟子系统的硬件结构和 ECM 模拟子系统相同。因此可以参考图 1-5。不同的就是控制和处理软件以及涉及的不同类型的数据处理。目标模拟子系统根据场景定义的目标距离以及目标 3D RCS 表格，回放存储的待测设备发射脉冲波形数据。另外还同时考虑多普勒效应、目标波动以及多径效应。默认的目标模拟是基于 3D RCS 表格单点散射的模型，可选支持多点散射的模型。

近年来，国内各工业部门、院校和研究机构也相继建成了多个用于雷达对抗装备测试的半实物仿真系统。按照所实现的功能，主要包括以下几种类型的系统。一是用于雷达侦察（情报侦察和支援侦察）设备和雷达告警设备辐射式仿真测试的半实物仿真实验系统。这类系统一般把微波暗室设计为近似圆柱形，以满足被试设备对 360°视场角的要求。由于测试不需要太大的距离，因此这类暗室的尺寸通常在 20m 左右。另外，这类系统角度模拟精度要求不高，角度模拟的方式主要有两元组或三元组天线阵合成及机械移动式多种。二是用于进行导弹导引头辐射式仿真测试的半实物仿真实验系统。这类系统要求微波暗室尺寸不大，通常在 15m 左右。但由于对角模拟精度要求较高，角度模拟一般采用三元组球面天线阵合成方式实现。三是用于进行反辐射导弹导引头或反辐射无人机辐射式仿真测试的半实物仿真实验系统。这类系统对工作频率范围的要求类似第一类测试系统，而其他方面的技术要求又与第二类系统有许多相似之处。四是用于进行中近程搜索雷达或跟踪雷达辐射式仿真测试的半实物仿真实验系统。由于被试雷达的天线口径较大，一般测试距离要求较远，相应微波暗室的尺寸较大。五是综合半实物仿真实验系统，能够完成上述全部功能或大部分功能。这类系统相对可以节约建设成本，但设计建造的难度较大，每种功能也难以达到最优的技术性能。

雷达对抗仿真实验系统在电子装备研发过程中发挥的作用越来越大，待测品的技术进步也对仿真实验系统的功能提出了更高的要求。主要的发展方向和研究课题主要包括以下几个方面：

（1）仿真理论和方法的研究。

利用仿真测试与飞行测试及其他测试相结合的方法，提高仿真建模、验模水平，提高系统仿真的精度和置信度，进行系统仿真的置信度分析、精度分析以及系统仿真测试评定标准的研究等。

（2）仿真技术要点和问题研究。

解决复杂目标特性生成和背景仿真技术要点，研究近场效应问题、雷达杂波干扰的模拟，各种运动平台的动力学和运动学模型的建立，提高仿真测试的精度及逼真度。

（3）进一步拓展半实物仿真的应用领域。

通过系统硬件改造、软件升级以及各类仿真模型的建立和完善，使系统能够适应雷达对抗装备的不断发展需要。

第 2 章　微波暗室设计

2.1　微波暗室简介

2.1.1　微波暗室的分类

按照功能分类，微波暗室主要可分为以下几类。

1. 天线远场测试暗室

此类型暗室发展较早，主要功能是测试天线方向图、增益以及雷达目标散射截面积等。暗室内主要在静区位置处设计有一转台，测试时将被试天线放置于转台上，发射天线置于暗室另一侧，收发天线间距满足测试远场条件。此类测试由于测试数据不需要做任何数学处理，仅需保证测试时的远场距离，因此置信度较高。静区反射电平是该类暗室重要技术指标，通常要求 40dB 以上；由于待测品置于静区位置，因此静区内场幅均匀性、交叉极化隔离度也会因测试需求有一定的要求。此类暗室通常为保证测试的远场距离，建设尺寸较大。

2. 天线近场测试暗室

随着天线测试技术的进步，近场测试技术成为目前最为先进的天线测试技术。该类暗室内设计有一巨大的天线扫描架，可以完成被试天线口径面辐射场的扫描，通过口径面场绕射积分，将扫描得到的口径面场分布变换到该天线辐射远场，进而得到天线远场的完整信息，包括辐射场的振幅、相位和极化。根据扫描方式的不同，近场扫描可分为平面、柱面、球面三种类型，不足之处是测试系统复杂，制造成本昂贵，探头的校准严格复杂。此类暗室没有静区的概念，对暗室的设计、建设要求也不高，通常扫描系统可以自动修正暗室环境带来的反射及散射影响。暗室尺寸不必过大，只需容纳天线扫描架即可。

3. 电磁兼容暗室

此类暗室通常是为完成各类电磁兼容测试而设计，其性能指标主要有以下三项。

（1）归一化场地衰减（NSA），它反映了电磁兼容暗室是否满足半自由空间的要求，即相对于开阔测试场的标准数据，容差为±4dB。

（2）场均匀性，它代表着在辐射抗扰度测试时，发射天线是否能在待测品（EUT）周围产生充分均匀的场强。通常要求30MHz~18GHz的频率范围内，在1.5m×1.5m的假想垂直平面内有75%的点场强幅值偏差在0~6dB之内。

（3）传输损耗，它反映了电磁兼容暗室地面铺设吸波材料后，是否满足自由空间的要求。相对于开阔测试场的标准数据，容差要求±4dB以内。

为真实模拟待测品使用情况，电磁兼容暗室地面通常不再铺设吸波材料，此类暗室也叫半电波暗室。

4. 抛物面紧缩场暗室

此类暗室内设计有巨型抛物面反射器，将馈源辐射出来的信号由近场变换到远场，进而实现测试时要求的远场条件。由于采用抛物面反射器将信号进行变换，而不是传统的采用电波传播的方式达到远场效果，所以暗室尺寸相对较小。此类暗室主要用于完成RCS测试，也可进行天线方向图、增益等的测试。为了衡量暗室静区位置的远场效果，通常要求静区内电场相位起伏20°以内，幅度起伏不大于1dB。

5. 射频仿真暗室

此类暗室主要是为开展射频仿真测试而建设，最大的特点是暗室内设计有大型三元组天线阵面，可以同时模拟几组动态目标的空间连续航迹。待测品置于暗室另一端，为了模拟待测品空间的各种姿态，还需有三轴转台模拟待测品真实使用时的空中飞行姿态。此类暗室含有较多的仿真设备，结构复杂。暗室建设时，要考虑各设备的地基预埋件，系统间通信及数据传输，电缆沟的独立设计等，因此通常需要一体化综合设计。暗室指标要求与天线远场测试暗室近似。

2.1.2 射频仿真暗室特点

根据暗室功能的不同，特点也有所不同。天线远场测试暗室主要在静区位置处设计有一个二维转台；近场测试暗室主要设计有一个大型天线扫描架；电磁兼容暗室地面通常不再铺设吸波材料；抛物面紧缩场暗室内通常设计有一个大型抛物面反射器；而仿真暗室最为复杂，不仅设计有三轴转台，还有一个大型三元组天线阵面。

仿真暗室与其他暗室最大的区别在于它设计有一个巨大的三元组电控阵面，通过采用三元组天线阵单元合成的方式模拟雷达信号空间分布，实现雷达辐射源信号在空间上的连续运动；雷达导弹导引头或机载雷达电子战装备安装基座（转台）置于静区位置，使天线回转中心与静区中心重合，通过与主控计算机联网形成闭环，模拟机载、弹载装备运动姿态；陆基待测品置于平台上，使天线回转中心与静区中心重合；各种测试数据实时传递给主控计算机，进行战场态势控制。待测品在微波暗室内进行辐射式仿真测试时，较之外场测试有可控制的测试环境，有较好的复现性。

2.1.3 微波暗室的组成

微波暗室的建设涉及建筑工程、电磁屏蔽吸波工程、附属配套设施安装工程等各个方面，是一个系统化、集群化的建筑物。

微波暗室主要由内系统和外系统组成。

暗室内系统包括：暗室屏蔽体、吸波材料，以及屏蔽体内的通风、电气、消防等。不同功用的暗室还包含了一些特殊结构，如射频仿真暗室，包括天线阵列与馈电控制系统，平台与转台系统等。

屏蔽体形成暗室内外、暗室各个设备工作间之间的电波屏蔽，防止测试时外部电磁波干扰以及内部电磁波泄漏；吸波材料主要降低暗室内反射信号电平，形成所需要的测试静区；天线阵列与馈电控制系统主要用于辐射仿真目标，形成测试所需的电磁环境；平台与转台系统主要用于承载待测品。防火设施主要用于自动火情检测与报警，并能及时灭火；其他辅助设施主要实现暗室的通风、照明、监视等功能。

暗室外系统包括：屏蔽体以外的维护走廊和配套用房，暗室内系统所需的暖通、电气、消防的接口等。

2.2 微波暗室技术要点

微波暗室设计和建造是一项复杂的系统工程，涉及面广，需要考虑的技术难点多，需要结合微波暗室不同用途、测试系统的技术指标要求等进行合理设计。

2.2.1 暗室形状选择

微波暗室在其发展过程中，曾出现过喇叭形、矩形、锥形、纵向隔板形、横向隔板形、孔径形、半圆形、扇形与复合形等形状。

每一种形状的微波暗室都有其优点与不足。早期，由于认识水平与技术水平有限，吸波材料的品种单一且吸波性差。在设计微波暗室时往往采取改变其几何形状来实现较好的性能要求。随着科学技术的发展，吸波材料性能的提高,目前设计的微波暗室主要为矩形、锥形与喇叭形三种。尤其是使用频率向高、低两端扩展,促进了矩形、锥形暗室的发展,并使其得到了广泛应用。

喇叭形微波暗室的优点是墙壁的表面积比同类矩形微波暗室小,使用吸波材料少。但缺点是使用时需准确调整发射天线的位置;使用净空间小,被测物只能在一个固定地方进行测量;在某种程度上喇叭形微波暗室固有的有效散射面积比矩形微波暗室大,因此其应用范围与发展受到限制。

矩形与锥形微波暗室在主要的电波传播方向(特性)、静区的性能等方面是基本相同的,如图 2-1、图 2-2 所示。

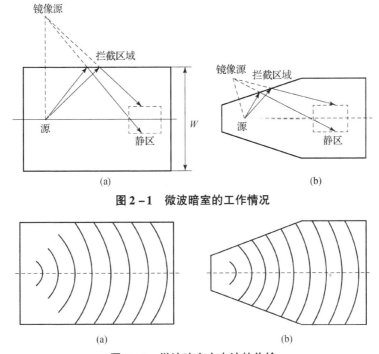

图 2-1 微波暗室的工作情况

图 2-2 微波暗室中电波的传输

矩形微波暗室与锥形微波暗室相比,两者在高频时性能很接近,但在低频时,由于锥形暗室发散的几何形状,避免了来自侧墙、地板和天花板的大角度镜面反射,因而低频特性比矩形暗室好。矩形暗室频率低到 1GHz,反射电平可以达到 -40dB,锥形暗室达到这个电平的频率却可以低到 100MHz,实际使用频率甚至可以低至 30MHz。

锥形微波暗室不仅低频特性好,而且由于室内的表面积小,吸波材料用量少,因而造价相对矩形暗室低。但锥形暗室使用的条件受到以下限制:

(1) 锥形暗室的交叉极化特性和场幅度均匀性极强地依赖于发射天线对

锥形截面的对称性;

(2) 只能作单端测量,不适合测量雷达散射截面。

矩形微波暗室能避免锥形微波暗室的这些缺点,它的通用性较好,微波暗室的两端均可使用。另外,有些测试必须在矩形微波暗室中进行。例如,电磁兼容性测试,电子战中的一些电子设备的环境模拟测试,隐身技术中雷达散射截面积测试等。

2.2.2 暗室尺寸的确定

暗室的技术性能与其尺寸密切相关,而暗室尺寸又与整个射频仿真实验室的基建规模紧密联系。暗室的建设涉及土木工程,一旦建成便不具备可扩展性。因此,暗室尺寸的选择必须充分考虑系统的发展潜力。

待测品在暗室内测试,必须满足装备测试的远场条件,因此暗室应该建设得足够大,但同时应考虑建设经费等因素,所以暗室尺寸的确定是一个综合衡量的过程。

暗室尺寸的设计必须满足待测品天线远场测试条件,如暗室主要完成 X 波段测试,如果对天线口径面尺寸 50cm 的待测品进行测试,根据远场条件:

$$r > \frac{2D^2}{\lambda} \tag{2-1}$$

可知暗室内测试距离必须大于 21m。

暗室的宽与高取决于暗室内天线阵到静区中心距离、天线阵列视场角以及暗室侧壁电波的入射角度,如图 2-3 所示。

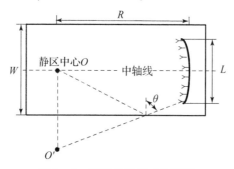

图 2-3 暗室几何尺寸俯视图

根据几何关系,天线阵边缘辐射单元副瓣电平经墙面反射进入暗室静区,有

$$\tan\theta = \frac{R}{\frac{W}{2} + \left(\frac{W}{2} - \frac{L}{2}\right)} \tag{2-2}$$

化简得

$$W = \frac{R}{\tan\theta} + \frac{L}{2} \tag{2-3}$$

当暗室长度、天线阵列视场角一定时，主要考虑电波照射到吸波材料反射进入静区时的入射角度。通常角锥形吸波材料的吸波性能会随着入射波角度的增大而迅速衰减，如图 2-4 所示。

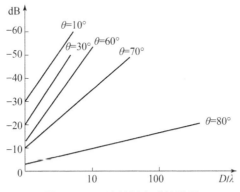

图 2-4 吸波材料衰减特性图

因此在暗室设计时，应尽量减小电波入射到吸波材料时的入射角度，通常要求电波入射到侧壁吸波材料的入射角度小于60°。

内场测试时，待测品放置于微波暗室静区位置处，因此静区指标就成为衡量一个暗室建设好坏的最关键指标。而它的好坏与暗室尺寸密切相关，因此在进行暗室尺寸设计时，应充分考虑暗室静区位置以及指标要求。

暗室建设属一次性投资，在开工建设前，一定要对暗室指标进行仿真预测。通过仿真计算，综合考虑各方面因素，最终确定暗室尺寸。

2.2.3 微波暗室屏蔽体

微波暗室都应进行屏蔽设计，其主要原因如下。

（1）防止干扰。首先，防止外界对射频仿真实验室内的干扰。其次，各种操作控制间的屏蔽可以有效防止仿真实验系统各种设备的相互干扰。

（2）防止待测品信号参数的泄露。

（3）防止微波辐射对实验室内及周围工作人员的伤害。

1. 主屏蔽体

屏蔽的结构形式有两种：焊接式和模块式。大型屏蔽室通常采用焊接式，屏蔽质量可靠，但现场施工复杂。模块式适合小型的屏蔽室，具有可拆迁性。

通常大型微波暗室主屏蔽壳体由方形钢及轻钢组成网格构成屏蔽壳体框

架，再采用冷轧钢板作为六面屏蔽的蒙皮焊接而成。

2. 屏蔽门窗等异形结构

按照微波暗室设计时的不同功能要求，暗室主体内系统中设置有待测品进出暗室的屏蔽大门，人员进出的屏蔽小门以及为信号源单独设计的辅助信号窗，其结构及位置如下。

1) 微波暗室屏蔽大门

屏蔽大门通常设置在屏蔽壳体的一侧，有刀插式和气密式两种。对于大型屏蔽大门通常采用平移气密式，这种形式的大门便于维护，也易于加工。

2) 微波暗室屏蔽小门

屏蔽小门位于暗室内系统中信号源发射端，且通常位于拐角处，这种位置的选择主要是考虑减小由于小门的设计而带来的额外附加干扰。屏蔽小门一般采用刀插式，这种形式屏蔽门屏蔽度高，且可靠性强。

3) 辅助信号窗

在微波暗室的侧墙会根据需要开启相应数量的辅助信号窗，主要用于信号源的设置。此类信号窗一般采用刀插式结构，以提高屏蔽度。

2.2.4 微波暗室吸波材料分析与铺设

微波暗室静区性能与所选用的吸波材料特性相关，吸波材料的选择和合理布置既可以提高暗室的性能，又可以节约费用。其中，菲涅耳区对暗室静区性能影响比较明显，需要特殊考虑。

1. 吸波材料的选取

暗室所用吸波材料通常为泡沫渗碳型吸波材料，它是用聚氨酯类的泡沫塑料在碳胶溶液中浸透而成，为使这类吸波材料的传输阻抗尽可能与周围空气介质阻抗相接近，一般制成角锥形。由于近几年国内一些较老的暗室有火灾发生，因此除对吸波材料的电性能有较高要求以外，还对吸波材料的阻燃性提出要求。高功率难燃型吸波材料与铁氧体组成的复合型吸波材料就是在这种背景下诞生的。

通常情况下，角锥形吸波材料的长度决定其最佳的吸收频段。吸波材料的长度在大于 1/4 波长的范围内，吸波效果最佳。欲吸收的电磁波频率越低，角锥长度越长，如在 30MHz 频率，材料的高度应当为 2.5m。也正是由于该原因，电波暗室内壁面上一般先覆盖一层铁氧体吸收瓦，再在其上粘贴角锥形渗碳材料，力求在较宽的频率范围内实现较为理想的吸波效果，同时尽可能使暗室有较大可用空间。

吸波材料的性能取决于角锥体界面上多次反射及材料内部的衰减，而这些又都取决于材料介电常数。通常我们可以从几何光学原理和射线跟踪法出发对微波暗室用吸波材料进行理论分析。

吸波材料的反射系数 Γ 测试方法一般有 4 种：拱形法、时域测量方法、密闭波导测试法、低频同轴反射法。它们各有优缺点，相互补充，这里不再描述。吸波材料阻燃性能国内的现行测试标准是测试氧指数，国外多采用美国海军的 NRL8093-1/2/3 标准测试。

暗室吸波材料的选取应充分考虑使用环境、频带宽度、衰减性能以及防火性能等，实际工作中应根据暗室工作的具体情况选择合适的吸波材料，如表 2-1 所列。

表 2-1 典型吸波材料表

BPUFA-X	聚氨酯泡沫角锥吸波材料，广泛应用于各种无反射微波暗室，频率范围 120MHz 至 40GHz
BPHPB-X	难燃型高功率角锥吸波材料，广泛应用于各种无反射微波暗室及 EMC 实验室（3m 法、10m 法），频率范围 30MHz 至 40GHz
BPFLD-X	泡沫平板、橡胶薄片吸波材料
BPUFA-F-X	聚氨酯泡沫复合角锥吸波材料，用于与铁氧体匹配的吸波材料，应用于小型 EMC 实验室，频率范围 30MHz 至 40GHz
BPHPB-F-X	难燃型高功率角锥复合吸波材料，用于与铁氧体匹配的吸波材料，应用于小型 EMC 实验室，频率范围 30MHz 至 40GHz

2. 菲涅耳区的计算

菲涅耳区也称镜面反射区或主反射区，它对接收区的场强贡献较大。在确定主反射区吸波材料的高度后，暗室吸波材料的布局将通过计算费涅耳区的方法来进行。

在一般的射频仿真暗室设计中，费涅耳区的计算主要通过阵列边缘各典型位置的辐射源求出菲涅耳传播通道与反射面相交形成的椭圆长轴和短轴。然后根据长轴和短轴的尺寸将费涅耳区设计为规整的几何图形。

如图 2-5 所示，设 A 点为发射天线，B 点为接收天线，$x-y$ 面为反射平面，点 P 为几何反射点。反射面上的面元，以 P 点的面元到 A、B 两点的距离和为最短。反射面上点 Q 与 A、B 两点的距离和为 $AQ + BQ$，令 $AQ + BQ = AP + BP + N \times \lambda/2$。

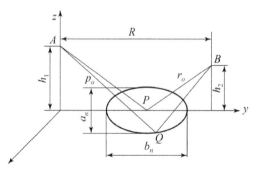

图2-5 暗室反射示意图

式中：λ 为电波波长；N 为正整数。

经计算可以证明，点 Q 的轨迹是一些椭圆。位于任一椭圆上的面元在接收点 B 产生的场相位相同，相邻椭圆上的面元在接收点产生的场相位相反。不同的椭圆将反射面分成无限多个区域，每个区域内在接收点产生的场在相位差上不超过 π。这些区域称为菲涅耳区，其中 $N=1$ 的区域为第一菲涅耳区，其形状为椭圆面。在仿真射频暗室设计时一般 N 取为3。

计算时，选择阵面上不同位置的喇叭天线作为辐射源进行计算。

根据暗室尺寸和静区尺寸，通过菲涅耳区的计算，得到六个面的菲涅耳区。仅以地面（图2-6）和两面侧墙（图2-7）为例。

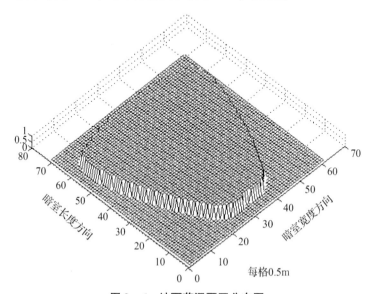

图2-6 地面菲涅耳区分布图

3. 吸波材料铺设方案研究

除了选择合理的吸波材料、采用不同的铺设方案，暗室地面吸波材料的整体铺设方法也有值得研究的地方。通过斜铺方案，如图 2-7 所示，可以减小入射波与吸波材料角锥的夹角，增加反射波的衰减，理论上暗室静区指标有望增加 10dB。

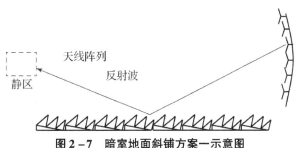

图 2-7　暗室地面斜铺方案一示意图

该铺设方案地面的处理为暗室地面吸波材料的铺设开辟了新路，但该铺设方案没有整体斜铺，而采用分段斜铺，由于该暗室工作频段较宽，吸波材料角锥分布过密，无疑增加了整个暗室地面吸波材料的不连续性，并且由于在断面接触时的处理不够细致，部分吸波材料的底座暴露于空间，因此尽管减小了入射波与吸波材料角锥的夹角，增强了吸波材料对反射波的衰减，但由于绕射现象、散射现象的存在，所以效果不很明显。地面斜铺改进方案如图 2-8 所示。

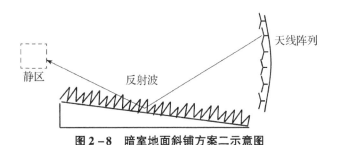

图 2-8　暗室地面斜铺方案二示意图

但该方案由于地面的整体倾斜，也会带来若干问题。若倾角过小，则整个暗室静区性能的改善不够明显；若过大，则倾斜过高，对于大型微波暗室，减小了整个暗室的实用空间。对于长 30m 的暗室，若阵列中心、静区中心高度均为 7m，则地面至少要倾斜 1.6m，才可以满足入射波与吸波材料尖劈夹角小于 60°，使吸波材料对地面反射波有较好的衰减作用。

2.3 暗室的静区性能

2.3.1 静区性能指标

微波暗室的各个壁面粘贴吸波材料后，入射到吸波材料上的大部分能量被吸收，但并不是完全吸收，因而只是近似地模拟自由空间。微波暗室的静区性能用静区尺寸、反射电平、等效雷达散射面积、频带宽度、交叉极化隔离度、多路径损耗、幅值均匀性等参数来描述。

1. 静区尺寸

静区是在微波暗室中6个面的反射波较小的区域，可以是一个球形、圆柱形、长方体或立方体。当天线最大照射方向和微波暗室的纵轴重合，且6个面的吸波材料对称于该轴时，则静区的中心也位于该轴线上。

在远场测试时，静区为满足远场测试条件的测试区，静区的直径常用作天线的口面直径，并主要根据它的值来确定微波暗室的长度。静区的大小除了与微波暗室的大小、结构、工作频率、所粘贴的吸波材料的性能相关外，也与所规定的反射电平有关。

2. 反射电平

在微波暗室的静区内，任一方向的壁面上的反射波比直射波降低的分贝数即为这个方向上的反射电平。反射电平的大小也与微波暗室的大小、结构、工作频率、所铺设的吸波材料有关，同时也与测试天线的性质、在微波暗室内的位置、静区大小等因素有关。如果一个微波暗室的静区反射电平为-50dB，就意味着在静区体积内部无论是边缘还是内部任意一点，都可达到该点的反射电平比直射电平低50dB。微波暗室的静区反射电平也称为无回波度或静度。

3. 等效雷达散射面积

在进行目标散射特性测量时，微波暗室的反射和散射也会给这一测量带来误差。这一反射和散射可折合成具有一定的雷达散射截面的反射。这一雷达散射截面即为微波暗室的等价雷达散射截面，通常也是在静区内测定的。与目标的雷达散射截面比较，微波暗室的等价截面应小得多。

微波暗室的等价截面与发射天线和目标的位置以及它们之间的距离、吸波材料的性能等因素相关。

4. 频带宽度

微波暗室频带宽度在满足一定的性能要求下，由频率的上限和下限确定。

当使用的吸波材料性能较好时,厘米波和毫米波都会具有较好的吸收性能,频率的上限一般取决于远场条件的满足,及微波暗室的长度和天线的口径。频率的下限一般取决于使用的吸波材料的厚度和微波暗室的宽度。

5. 交叉极化隔离度、多路径损耗、幅值均匀性

由于微波暗室内几何不完全对称,如微波暗室的宽高不一致、建筑工艺水平不够造成的几何空间不严格对称于纵轴、吸波材料有一定的反射、性能不够均匀、铺设不够平直等造成剩余反射电平存在而且不均匀等,这些现象难以完全避免,但是通过改进微波暗室的对称性、提高吸波材料的吸波性能,可以有效提高交叉极化隔离度、多路径损耗、幅值均匀性。

2.3.2 反射电平的影响分析

由于微波暗室自身的原因,在静区内必定会存在一定的反射信号,从而对测量结果和测试结果带来误差。

1. 天线方向图测量

假设天线测试中,收发天线是各向同性的,它们之间的直射信号场强为 A。从微波暗室壁面反射的信号强度为 B,则在静区处这两个信号将会矢量叠加,以 $E(\mathrm{dB})$ 表示最大方向图误差,则

$$E = 20\lg \frac{A+B}{A} \tag{2-4}$$

当 $A \ll B$ 时,则

$$\ln\left(+\frac{B}{A}\right) \approx \frac{B}{A} \tag{2-5}$$

因此,可以得到

$$E = 20\lg \frac{A+B}{A} = 20\lg \frac{A+B}{A} \tag{2-6}$$

$$E = 20\lg \frac{A+B}{A} = 20\lg\left(1+\frac{B}{A}\right) = 20 \times 0.434 \frac{B}{A} \tag{2-7}$$

即

$$\frac{B}{A} = \frac{E}{8.68} \tag{2-8}$$

在实际天线测试中,一般天线具有一定的方向特性。假定以 Q_d 表示具有方向性天线测试时暗室的性能,D 表示天线的方向性,Q_a 表示具各向同性天线测试时暗室的性能,则可以得到

$$Q_d = D + Q_a \tag{2-9}$$

$$Q_a = 20\lg\left(\frac{B}{A}\right) = 20\lg E - 20\lg 8.68 = 20\lg E - 18.8 \qquad (2-10)$$

$$Q_d = D - 18.8 + 20\lg E \qquad (2-11)$$

假定需要进行测试的天线副瓣电平比主瓣低 30dB，精度为 ±0.25dB，代入式（2-11）可以得到 $Q_d = 60.8$dB。

根据式（2-7）可以得到天线方向图测量误差图，如图 2-9 所示。

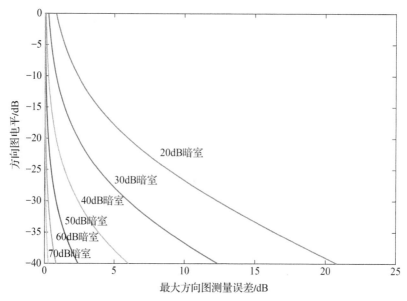

图 2-9 天线方向图测量中的测量误差图

2. 雷达散射特性测量

在微波暗室内进行雷达散射特性测量，其能够测量的最小雷达散射特性与微波暗室本身的等价散射截面密切相关。令被测目标的散射截面为 s_o，微波暗室的等价截面为 s_c，则最大误差的为

$$E_h = \left(\frac{\sqrt{s_o} + \sqrt{s_c}}{\sqrt{s_o}}\right)^2 = \left(1 + \frac{\sqrt{s_c}}{\sqrt{s_o}}\right)^2 \qquad (2-12)$$

最大误差下限度为

$$E_b = \left(\frac{\sqrt{s_o} - \sqrt{s_c}}{\sqrt{s_o}}\right)^2 = \left(1 - \frac{\sqrt{s_c}}{\sqrt{s_o}}\right)^2 \qquad (2-13)$$

将其改变为对数格式，分别得到

$$10\lg E_h = 20\lg\left(1 + \frac{\sqrt{s_c}}{\sqrt{s_o}}\right) \qquad (2-14)$$

$$10 \lg E_b = 20 \lg \left(1 - \frac{\sqrt{s_c}}{\sqrt{s_o}}\right) \qquad (2-15)$$

通过计算可以得到不同反射信号下的测量误差曲线，如图 2-10 所示。

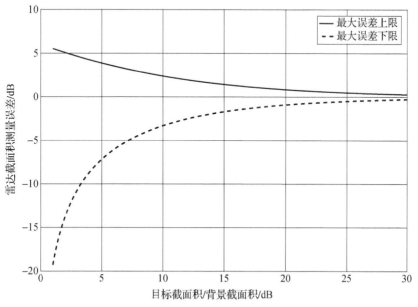

图 2-10 雷达截面积测量误差图

从图 2-10 中可以看出，当被测目标的雷达散射截面与微波暗室等价截面接近时，测试误差将会比较大。

3. 驻波系数测量

在微波暗室内开展天线的阻抗匹配测量，静区性能也会影响测量结果。天线驻波匹配的好坏一般用天线输入端的驻波系数来表示。假定在自由空间的驻波系数为，则

$$\rho_s = \frac{E_{\max}}{E_{\min}} \qquad (2-16)$$

式中：$E_{\max}$、$E_{\min}$ 分别为天线输入端场强的最大值和最小值。用 B 表示微波暗室内反射的场强值，则在微波暗室内测量的驻波系数为

$$\rho_c = \frac{E_{\max} + B}{E_{\min} - B} \qquad (2-17)$$

式（2-17）右边同除以 $E_{\min}$，得

$$\rho_c = \frac{\rho_s + B/E_{\min}}{1 - B/E_{\min}} \qquad (2-18)$$

式（2-18）中，B/E_{min} 近似为微波暗室的反射和直射信号场强比，并用 R 表示微波暗室的功率反射系数的 dB 值，则

$$\frac{B}{E_{min}} = \lg^{-1}\frac{R}{20} \qquad (2-19)$$

代入式中可以得到

$$\rho_c = \frac{\rho_s + B/E_{min}}{1 - B/E_{min}} \qquad (2-20)$$

利用式（2-20），可以计算得到不同反射电平下，自由空间测试的驻波系数和微波暗室内测试的驻波系数关系图，如图 2-11 所示。

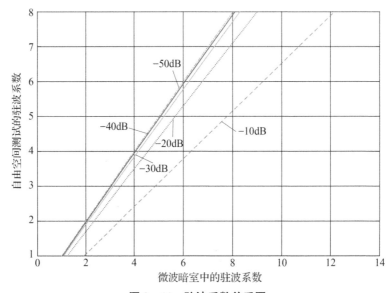

图 2-11 驻波系数关系图

4. 墙面反射电平对目标侦收的影响

当在微波暗室内开展雷达侦察装备测试时，若反射波干扰信号过大，则会引起虚假侦收。根据侦察方程，杂波干扰信号到达测向天线的功率为

$$P_r = P_T + G_r - L + \rho \qquad (2-21)$$

式中：P_r 为侦察装备天线接收到的暗室墙面反射的功率；P_T 为线阵输出功率；G_r 为天线增益；L 为空间衰减；ρ 为墙面反射电平。

只要 P_r 小于侦察接收机的灵敏度，则反射信号不会对直射信号的侦收带来影响。

侦察接收机灵敏度典型值为 -70dBm，天线的 G_r 为 3～5dB，取最大值。因此考虑空间衰减，当墙面反射电平在 -40dB 以下时，干扰信号低于侦察机

灵敏度，不会对侦收带来影响。

5. 墙面反射对测向精度的影响

由于微波暗室侧墙的信号反射，导致了信号多路径传播，最终影响到了暗室静区反射电平，进而影响待测品测向精度。这里主要针对三种不同的测向方式，分析墙面信号反射对测向精度的影响。

1）波束扫描法测向

此方式如图 2-12 所示，是通过测量雷达主波束确定雷达方向。

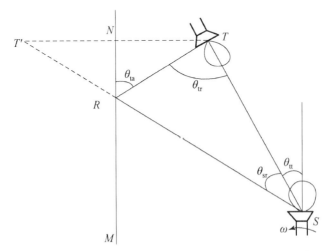

图 2-12 暗室墙面反射对侦察接收机的接收场强影响示意图

把发射天线场强方向图和接收天线场强方向图都归一化，并以接收天线接收的直射场为准，接收的合成场为

$$E_s(\theta) = F_R(\theta - \theta_{tt}) + \frac{r_1 \Gamma}{r_2} F_T(\theta_{tr}) F_R(\theta - \theta_{tt} - \theta_{sr}) e^{j\sum_i \varphi_i} \quad (2-22)$$

式中：$F_R(\theta)$、$F_T(\theta)$ 分别为接收、发射天线归一化方向图；r_1 与 r_2 分别为直射线和反射线的长度；Γ 为墙面反射系数；$\sum \varphi_i$ 为反射线与直射线的相位差。

假设 $F_T(\theta)$ 和 $F_R(\theta)$ 都是高斯型方向图：

$$F(\theta) = e^{-0.3467 \left(\frac{\theta}{\theta_{0.5}}\right)^2} \quad (2-23)$$

设接收天线门限值在 -20dB 对应角度为 θ_1, θ_2，可计算出目标角度为

$$\theta_T = (\theta_1 + \theta_2)/2 \quad (2-24)$$

因此，不同波束宽度的侦察接收天线在不同墙面反射时测得的雷达方向误差如表 2-2 所列。

表 2-2 不同波束宽度、不同墙面反射时雷达方向误差

$2\theta_{R0.5}$		10°		20°		30°	
		+	-	+	-	+	-
Γ (dB)	-40	0.03	-0.04	0.02	-0.03	0.02	-0.03
	-30	0.08	-0.11	0.08	-0.1	0.1	-0.1
	-20	0.3	-0.26	0.23	-0.28	0.27	-0.3

表中"+"表示直射波与反射波同相相加,"-"表示反相相加。

2) 单脉冲比幅测向法

图 2-13 表示来波方向与相邻二接收天线接收信号的关系。

天线轴向夹角为 θ_s,设天线 1 指向 x 轴,方向图 $F_1(\theta) = F(\theta)$,天线 2 的方向图与天线 1 是相同的,指向旋转了 θ_s,因此 $F_2(\theta) = F(\theta - \theta_s)$。两方向图对于 $\theta = \theta_s/2$ 的方向线是对称的,以该线为准,来波方向 $\theta_0 = \dfrac{\theta_s}{2} + \varphi$,天线 1、

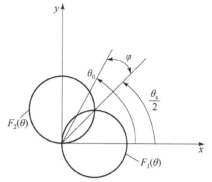

图 2-13 来波方向与相邻二接收天线接收信号的关系示意图

天线 2 接收信号场强分别为 $F\left(\dfrac{\theta_s}{2} + \varphi\right)$、$F\left(\dfrac{\theta_s}{2} - \varphi\right)$,在二接收通道输出的功率比为

$$R = 20\lg\left(\dfrac{F\left(\dfrac{\theta_s}{2} - \varphi\right)}{F\left(\dfrac{\theta_s}{2} + \varphi\right)}\right) \tag{2-25}$$

天线方向图用高斯函数表示,得到角度测量的系统误差为

$$\mathrm{d}\varphi = \dfrac{\theta_{0.5}}{3\theta_s}R\mathrm{d}\theta_{0.5} - \dfrac{\theta_{0.5}^2}{6\theta_s^2}R\mathrm{d}\theta_s + \dfrac{\theta_{0.5}^2}{6\theta_s}\mathrm{d}R \tag{2-26}$$

假设天线 1 和天线 2 收到的信号幅度分别为

$$E_1 = F(\theta) + \sum_i \dfrac{r}{r_i} F_{ti} \Gamma_i F(\theta + \theta_i) \mathrm{e}^{\mathrm{j}\varphi_i(\theta + \theta_i)} \tag{2-27}$$

$$E_2 = F(\theta - \theta_s) + \sum_i \frac{r}{r_i} F_{ti} \Gamma_i F(\theta - \theta_s + \theta_i) e^{j\varphi_i(\theta - \theta_s + \theta_i)} \quad (2-28)$$

式中：i 表示墙面序号；r 为直射线长度；r_i 为各反射线长度；F_{ti} 为发射天线归一化场强方向图在射向 i 墙面方向的值；θ_i 为反射线的增加角；φ_i 为各射线的相对相位。

由此得反射引入的对数功率比误差为

$$dR = 20\lg \frac{(F(\theta_{sr}) + \frac{r_1}{r_2}\Gamma F_t F(\theta_{sr} + \theta_i))/(F(\theta_{sr} - \theta_s) - \frac{r_1}{r_2}\Gamma F_t F(\theta_{sr} + \theta_i - \theta_s))}{F(\theta_{sr})/F(\theta_{sr} - \theta_s)}$$

$$(2-29)$$

可得角误差如图 2-14 所示。

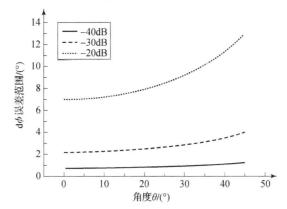

图 2-14　角误差与墙面反射以及入射角关系图

3) 相位法测向

当分析侧墙反射对测角误差的影响时，仅考虑图 2-15 中 x 轴上的两个阵元。

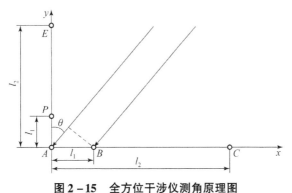

图 2-15　全方位干涉仪测角原理图

当来波方向与阵元法线方向夹角为 θ 时，二阵元接收信号的相位差为

$$\phi = \frac{2\pi l}{\lambda}\sin\theta \tag{2-30}$$

对上式进行全微分得

$$\mathrm{d}\varphi = \frac{2\pi l}{\lambda}\cos\theta\mathrm{d}\theta - \frac{2\pi l}{\lambda^2}\sin\theta\mathrm{d}\lambda \tag{2-31}$$

由此求得

$$\mathrm{d}\theta = \frac{\mathrm{d}\varphi}{\frac{2\pi l}{\lambda}\cos\theta} + \frac{\mathrm{d}\lambda}{\lambda}\tan\theta \tag{2-32}$$

设在 θ 方向有直射波，θ_r 方向有侧壁反射波。阵元 A 接收信号幅度为 1，相位为零。阵元 B 接收信号幅度不变，相位为 ϕ_B。阵元 A 接收反射波幅度为 R，相位为 ϕ_{AR}，阵元 B 接收反射波幅度为 R，相位为 ϕ_{BR}。

有墙面反射时，阵元 A 与阵元 B 的相位差为

$$\phi' = \phi'_B - \phi'_A = \arctan\frac{\sin\phi_B + R\sin\phi_{BR}}{\cos\phi_B + R\cos\phi_{BR}} - \arctan\frac{R\sin\phi_{AR}}{1 + R\cos\phi_{AR}} \tag{2-33}$$

这里采用复平面矢量图来判定误差范围。图 2-16（a）表示无反射时两阵元 A、B 接收电压 V_A、V_B 的矢量图，V_A 振幅为 1，相位为 0，V_B 振幅也为 1，相位为 ϕ_B。图 2-16（b）表示有反射后两阵元接收电压矢量图 V'_A 和 V'_B。

$$V'_A = V_A + R \tag{2-34}$$

$$V'_B = V_B + R \tag{2-35}$$

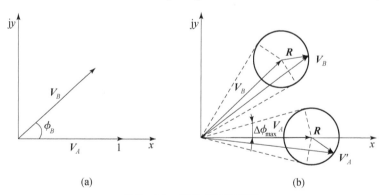

图 2-16 接收电压矢量图

反射矢量 R 的相位变化时，合成矢量 V 在 V' 矢量顶端画以半径为 R 的圆。由此可见最大相位变化在与圆周相切处。它也是相位的极大值和极小值，即极值点。我们无须求极值点的位置。从图 2-16 中可以直接求出 $\Delta\phi_{\max}$。

$$\Delta\phi_{max} = \arcsin(R) \tag{2-36}$$

二元阵有反射时与真值的相位差为 $d\varphi = \pm 2\Delta\phi_{max}$，计算后见表2-3。

表2-3 反射与误差关系

R/dB	-40	-35	-30	-25	-20
$d\varphi$/dB	1.15	2.03	3.62	6.44	11.47

对于基线长度 $l = \lambda/2$，$d\theta$ 值如图3-14所示。由图2-17可见，反射在 -30dB 时，角误差在 1.15°~1.63°。

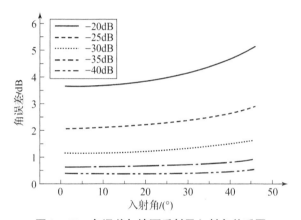

图2-17 角误差与墙面反射及入射角关系图

2.4 微波性能预估与测试

微波暗室电性能（静区）的优化设计是暗室设计的重要环节，它关系到暗室主要功能是否能充分发挥，因此对它的测量以及仿真计算显得尤为重要。通常我们所说的静区指暗室内受各种杂散波干扰最小的区域，也就是指被试设备所在的区域，其好坏直接影响到了辐射式仿真暗室信号的角模拟精度。微波暗室电性能指标的优劣主要依赖于暗室的形状、吸波材料的性能、布局方式，以及静区尺寸和静区在暗室中的位置。

2.4.1 暗室静区性能预估

在频率较高的情况下，电磁波接近光波，通常采用几何光学法来分析计算静区静度，以便为设计暗室结构与布局提供依据。

屏蔽暗室内，天线阵面上的辐射喇叭，其信号一部分直入射进入静区，另外一部分经暗室墙壁的反射进入静区，如图 2-18 所示。对静区影响较为严重的主要是上、下、左、右四面墙及后墙的影响。因此计算过程主要是将五面墙的反射信号进行向量的叠加，然后除以直入射时的入射场强。为计算简便，这里只考虑墙面一次反射的情况。

$$R = 20\log(E_R/E_r) \tag{2-37}$$

式中：E_r 为直入射的场强；E_R 为墙面反射的场强。

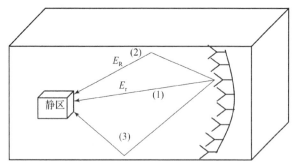

图 2-18 暗室信号反射示意图

现任取一面墙进行研究，过程如下：
假设入射波为水平极化波：

$$E_i = \frac{1}{4\pi r} \cdot E_{i0} \cdot e^{-jk_i \cdot r} \tag{2-38}$$

直入射如图 2-18 中射线（1）所示。侧墙反射如图 2-19 中射线（2）所示。计算时，首先根据暗室的尺寸及静区、阵面辐射源各自的位置，求出阵面辐射源相对于该墙面的镜像点。在反射的计算过程中，要注意两处的信号衰减：由于天线方向图所引起的衰减；由于入射到墙壁，由吸波材料所引起的衰减。这两处信号衰减的强弱主要是根据其入射角度来计算，即 *BA* 线与 *CA* 线之间的夹角；*AB* 与 *CB* 之间的夹角，然后代入事先准备好的衰减对照表。由于厂家很少给出大偏角入射时的衰减数值，因此在计算过程中，需要利用插值函数进行计算。

根据实际进行的摸底测试，在中高频段，当暗室内阵面辐射源位置上移，对应静区相同位置处其地面反射区（菲涅耳区）位置靠近静区移动，这一点有力支持了光学追踪法。另外根据对国内某大学辐射式仿真暗室计算与实际测量结果比对，仿真值与实际测量值在中高频（4~18GHz）相差只有几个分贝。但在低频段，由于绕射现象严重存在，高频段散射现象明显，几何光学法误差较大。

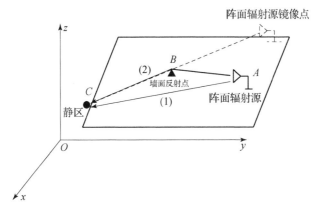

图 2-19 侧墙反射示意图

假设某射频仿真暗室尺寸为 40m×25m×20m，天线阵面半径 30m，方位角度 -210°~210°，俯仰 -100°~+100°。应用几何光学-射线追踪法计算静区静度如图 2-20 所示。

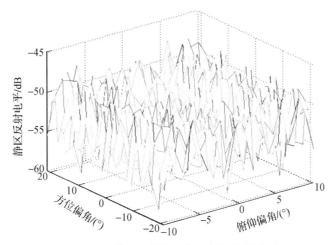

图 2-20 静区反射电平与辐射源位置关系

2.4.2 暗室静区性能测试

静区反射电平是指在屏蔽室静区位置处合成场与直射场强之比，再取 20 倍的对数。国内暗室静区的测量通常采用空间驻波法，即在不同视角的情况下，连续移动天线，根据记录的驻波曲线求出反射电平。测量反射电平是借用了波导测量线测试终端负载反射电压驻波比的概念：将暗室视为波导测量线，测试天线视为探针,吸波材料视为负载,发射源看作激励源来完成整个的暗室静区测量。

根据测量数据可作出近似图,如图 2-21 所示。

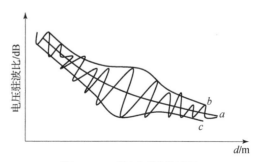

图 2-21　静区测量曲线图

反射电平 R 的计算如下:

$$R = 20\lg\frac{E_R}{E_D} = 20\lg\frac{10^{a/20}(10^{(b-c)/20}-1)}{10^{(b-c)/20}+1}$$
$$= a + R_\theta \tag{2-39}$$

$$R_\theta = 20\lg\frac{10^{(\delta/20)}-1}{10^{(\delta/20)}+1} \tag{2-40}$$

式中:a 为接收天线处方位角 θ 时的方向图电平;b 为驻波最大值;c 为驻波最小值。

$$\delta = b - c$$

测试示意图如图 2-22 所示。

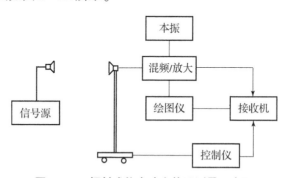

图 2-22　辐射式仿真暗室静区测量示意图

当暗室的工作频带较宽时,为了充分反映暗室静区的性能,测试时可以多选取几个具有代表性的频率点(覆盖整个频段,且覆盖频段的上下频点)。对应每一个频率点,选用标准喇叭作为信号源,以保证测试精度。信号源布置在球面阵当中，通常选取五个测量点，分别位于天线阵面的上、下、左、右、中。

接收喇叭与运动的小车置于静区中，可来回移动。其余测量仪器全部置于暗室外，以减小测量时由于反射或仪器电磁泄漏给静区带来的影响，影响测量精度。另外，小车四周也放置相应频段的吸波材料，以减小带来的影响。

第 3 章 复杂电磁信号模拟技术

雷达对抗半实物仿真的最主要的工作，是模拟产生被试雷达及雷达对抗装备面临的复杂战场电磁信号环境。因此，电磁信号模拟技术是雷达对抗辐射式仿真技术的核心关键。本章首先分析了电磁信号模拟在仿真中的功能需求，然后分别从复杂电磁信号环境模拟技术、雷达回波与干扰信号模拟技术两个方面，结合实例介绍电磁信号模拟的设计实现与技术要点，对电磁信号模拟技术进行具体阐述。

3.1 复杂电磁信号模拟在雷达对抗辐射式仿真中的能力需求分析

雷达对抗辐射式仿真所面临的对接装备主要包括雷达装备、雷达侦察装备、雷达干扰装备、雷达导引头、有源诱偏系统及反辐射武器等，通过半实物仿真测试，可以对上述装备在研制过程中的技术指标进行验证，这在整个装备研制周期中是很关键的阶段。

过去传统做法是利用测试样机在外场环境下实际装备进行验证。这会产生很大的人力物力消耗，且周期往往很长，尤其是涉及飞行测试、实弹打靶测试等。举例来说，进行机载和弹载雷达测试时，由于外场测试需要借用飞机、外测设备以及大量人员进场，使验证阶段的费用大大提高，与此同时，受天气、环境等各种因素的影响，飞行计划往往会多次推迟，各种因素导致产品的设计定型的时间也随之延长，这些问题直接制约新型雷达产品的研制进度。

因此，通过开展半实物仿真测试，在实验室内进行电磁信号模拟，以减少外场测试的时间和内容，缩短产品的研制周期。其在雷达的研制、装备的校验、产品的维护方面起着重大作用，同时也对装备的战技性能测试与作战效能综合测试与评估提供了重大帮助。

3.1.1 复杂电磁信号模拟的主要内容

为了满足雷达对抗辐射式仿真的任务要求，我们对电磁信号模拟的主要内

第3章 复杂电磁信号模拟技术

容分析如下。

1. 复杂电磁信号模拟能力

为了实现对侦察装备和干扰装备的侦察引导单元的半实物仿真,我们需要模拟产生复杂、动态、高密度的辐射源信号环境。

这里所谓的"辐射源信号环境",包含了不同类型待测品可能面临的各种外部信号环境。例如,对雷达干扰机要重点考虑其主要作战目标的雷达信号模拟,反辐射武器要重点模拟其要攻击的辐射源信号(不仅仅局限于雷达信号),与此同时,还要考虑各种对抗手段中包含的信号环境,包括各类雷达诱饵信号、干扰信号甚至是存在于战场上的民用信号等,这也是"复杂"一词的体现所在。

对于"动态",强调的是所模拟的信号环境是在时域、频域、极化域等随着仿真战情动态演变,能够体现平台运动、电磁信号传播、战场环境影响、敌我双方对抗态势以及装备工作状态(天线扫描、工作模式、信号样式等)等各种战场因素相互作用,实时逼真构建实战化要求下的复杂战场电磁信号环境,另被试/待测装备如同"身临其境",已达到高置信度的半实物仿真目的。

对于"高密度",强调的是复杂电磁信号环境的边界构建能力,这里在实现上要注重两个方面的模拟能力:一是对"同时到达"信号的模拟能力,考验的是待测品对同时到达信号的处理能力,要根据实际情况明确具体的路数要求;二是对"信号流密度"的模拟能力,也就是"脉冲/秒"这一指标规定的能力,各种密度的电磁信号环境可以充分考核装备的复杂电磁环境适应性和边界情况下的性能底数。

只有将上述这些因素考虑周全,才能够实现对真实战场复杂电磁信号环境的正确模拟,以贴近实战考核被试侦察装备和被试干扰装备侦察引导单元的信号测量、分选、识别、抗干扰等能力,考核反辐射武器的侦察识别、攻击精度和抗干扰等能力。

2. 雷达回波信号模拟能力

当面临的对接对象是雷达类装备时,为建立半实物仿真环路,必须具备对雷达回波信号的模拟能力。因此我们需要模拟产生各类雷达回波信号环境。

要全面考虑各类雷达装备,包含各类地面固定雷达、车载雷达、机载雷达、舰载雷达、星载雷达及主动雷达导引头,因为不同类型的雷达,对回波信号模拟的能力要求是有区别的。

从模拟目标类型上看,可以将目标类型分为非扩展目标与扩展目标。

非扩展目标在模拟实现时,将其等效为一个"点目标"。这个"点目标"的 RCS 一般情况下是具有起伏特征与闪烁特征的,可以用统计模型来描述。

这类目标回波模拟方法适用于对目标散射特性探测要求不高的雷达装备。

如果雷达的距离分辨力很高，目标在径向距离上的尺寸超过了雷达的距离分辨单元，就应该看作距离扩展目标；如果雷达的角度分辨力很高，目标相对于雷达天线的张角超过了雷达的角度分辨单元，这时就应该将目标看作角度扩展目标；更进一步，如果雷达是工作在较大的瞬时带宽下（如有些雷达可产生带宽达 2GHz 的线性调频信号或频率步进信号），那么目标的多普勒调制也需要根据不同的中心频率进行细致的计算与模拟。

在进行雷达对抗半实物仿真时，对于一个目标要不要当作扩展目标来模拟实现，需要考虑三个因素：目标尺寸、目标与导引头的相对距离、导引头的分辨力。

对于距离扩展目标，在早先数字芯片发展水平低时，无法通过数字射频存储（DRFM）技术实现灵活的多点延时与叠加，而采用较为原始的抽头延迟线方法来实现。这种方法硬件规模大且延时的步进大，同时也限制了扩展点数。美国的陆军高级仿真中心的射频仿真系统，在进行距离扩展目标仿真时，第一阶段只能做到 4 个点叠加。而现在通过 FPGA 实现的 DRFM 目标模拟，可实现随着姿态、角度动态变化的高达 128 个散射点的一维距离像目标仿真。

对于角度扩展目标，目前主要的方法是通过多个阵列通道来实现。这种方法可以在较高的精度下实现较少点数的角度扩展目标模拟。因为随着通道数量的增多，阵列馈电通道及其开关控制网络会变得极为庞大，从而限制了可实现的散射点数。

3. 雷达干扰信号模拟能力

针对雷达类装备进行半实物仿真测试时，除具备对雷达目标回波信号的模拟能力外，还需要构建干扰对抗环境以检验装备的抗干扰性能。因此我们需要模拟产生各类雷达干扰信号环境。

干扰信号环境的构建需要结合被试雷达装备在实际战场上面临的主要对手和对抗要素，按照传统分类方法，雷达干扰分为有源干扰和无源干扰两大类。

4. 杂波信号模拟能力

雷达装备在工作过程中不仅接收到目标的回波信号，同时也接收到环境的回波信号，即所谓的杂波信号。杂波是影响雷达对目标检测的重要因素。杂波信号主要包括地物杂波、海面杂波和气象杂波等。影响杂波的因素很多，包括地物/海水等物质的介电常数等。为了真实考核被试雷达装备在复杂环境下的探测性能，必须对环境杂波信号进行模拟。

雷达杂波泛指除感兴趣的目标以外的其他散射体的回波，不同类型的雷达，具有实际意义的杂波类型不尽相同，如机载雷达比较关注由地面散射回波产生的地杂波，对执行反舰任务的精确制导武器主动雷达导引头来说海杂波是比较重要的杂波类型。

当前实现杂波模拟的主要技术途径分为两大类。一类是基于统计模型的杂波模拟实现方法。近半个世纪以来，人们对杂波问题进行了大量的理论研究和测试测定，对杂波的特性认识已经逐渐深入，先后建立了包括瑞利分布、对数正态分布、韦伯尔分布和 K 分布等多种杂波统计模型，通过对杂波分析、建立准确的杂波统计模型，并以此为基础在半实物仿真系统中模拟实现，是一种最为通用、简单、高效的方法。另一类是基于电磁散射计算的方法，在进行地理环境杂波的模拟时，把杂波看成是一个十分复杂的回波信号，根据雷达波束的照射范围，将其按一定大小划分成网格单元，每一个网格单元都具有一个后向散射系数（单位面积所对应的雷达截面积，可以是常数，也可以按照一定规律变化），进行仿真测试时，实时计算确定每一个网格单元相对于雷达的距离及多普勒频率，并根据计算结果对雷达回波信号进行幅度调制、时延调制和多普勒调制，即杂波信号是由每个雷达距离分辨单元内强度不同、距离不同且具有不同多普勒频率的很多雷达回波信号叠加而成，从本质上讲，这种模拟杂波的方法是把地面看成由点散射集合组成的面目标模型，用网络矩阵映象法进行杂波信号的模拟，该模拟方法也适用于模拟气象杂波及箔条干扰一类的体杂波信号，能够较为真实地模拟复杂地貌的地杂波，但对硬件的要求较高。

3.1.2 能力需求

根据 3.1.1 节的分析，我们可以将电磁信号模拟的能力需求进行进一步的明确。

针对具有信号被动探测功能的被试/待测装备，包括侦察装备、干扰装备的侦察引导单元以及反辐射武器（被动雷达导引头），需要具备考核信号检测接收、参数测量、分选、识别、攻击精度等能力，以及闭环实时仿真的能力。能力需求为：具备模拟复杂、动态、高密度的辐射源信号环境，开展闭环实时半实物仿真的能力。

针对具备主动探测能力的被试/待测装备，包括雷达装备、主动雷达导引头等，需要具备其考核目标探测（包括搜索、跟踪、测角、测距、测速、成像、目标识别等多个细化的能力，具体需根据装备的实际来划定具体含义）、抗干扰能力，以及闭环实时仿真的能力。能力需求为：具备模拟各种体制雷达目标回波信号、杂波信号，模拟产生各种干扰信号，开展闭环实时半实物仿真的能力。

在雷达对抗辐射式仿真中，电磁信号模拟往往通过一套在计算机控制下能够产生模拟目标以及环境的射频信号源来实现，按前面所述的功能需求，从设备实现角度上可以分为复杂电磁信号环境模拟、雷达回波/杂波与干扰信号模拟两大类。其中雷达回波/杂波与干扰信号模拟可细分为雷达目标回波信号模拟、干扰信号模拟以及杂波信号模拟。

1. 复杂电磁信号环境模拟

主要任务是根据设定的战情，实时、动态地模拟多方位、多批次、多体制、宽频段、高精度、高逼真的信号环境和电子战战情，为测试雷达侦察装备提供符合要求的测试条件。

同时为了形成辐射式仿真测试所需的复杂电磁环境，用于完成对雷达侦察设备的侦察能力测试和评估测试，在微波暗室内与天线阵列、环绕暗室的辅助天线一起产生并辐射雷达射频信号，形成全方位的雷达信号。

2. 雷达回波/杂波与干扰信号模拟

主要任务是模拟雷达目标回波信号、杂波信号、干扰信号以及干扰激励信号。主要参与进行各种体制雷达辐射式抗干扰能力仿真测试，评估被试雷达装备的抗干扰能力，开展干扰装备的干扰效果测试，评估干扰装备的干扰能力。

下面对这两类信号模拟技术分别进行具体阐述。

3.2 复杂电磁信号环境模拟技术

3.2.1 概念与仿真模拟重点

雷达及雷达对抗装备，由于其功能的实现必须依赖电磁波这一物理载体，因此是工作在一定的电磁信号环境下的。信息化战争条件下，随着战场中的电子装备数量越来越多，电磁信号环境也越来越复杂。为真实考核装备的性能指标，须研究构建复杂电磁信号环境的方法。关于复杂电磁信号环境的概念定义，大量研究人员给出了众多的解释，虽然表述不尽相同，但核心含义是一致的。下面给出一个典型定义：复杂电磁环境是指在一定的空域、时域、频域和功率域上，对武器装备运用和作战行动产生一定影响的电磁环境。

从概念中可以看出，复杂电磁环境是由各种主/被动辐射源产生的，辐射源既可指存在于战场中的各个武器装备，也包含着自然实体，同时也考虑到电磁波这些实体间的传播特性。生成的电磁波在空间、时间、频谱和能量上交叉

第3章 复杂电磁信号模拟技术

重叠，瞬息万变。"复杂"主要体现在以下方面：

(1) 分布密集。装备往往会面临数十万脉冲/秒甚至数百万脉冲/秒的脉冲密度。

(2) 样式复杂。各种电子信息装备，特别是电子对抗装备的存在，导致对抗双方千方百计采用各种技术手段争夺电磁频谱控制权，先进的干扰/抗干扰措施层出不穷，产生的电磁信号样式越来越复杂。

(3) 动态多变。电磁信号环境随着各装备平台的运动、自然环境的改变、电子信息装备自身工作状态而变化，对抗双方的激烈博弈更加剧了这种变化。

在雷达对抗辐射式半实物仿真测试中，复杂电磁信号环境的内涵要进一步缩小，因为从具体实现上看，对于主动雷达和被动雷达来说，所构建的信号环境路径是不同的。也就是说，雷达回波的模拟是不同于辐射源的模拟的。因此，我们可以将雷达对抗辐射式半实物仿真测试的复杂电磁信号环境模拟定义为辐射源信号模拟，尤其是雷达辐射源信号的模拟。

通过复杂电磁信号环境模拟，可以完成雷达侦察装备侦察能力测试、反辐射武器作战性能测试。为保证测试贴近实战、全面准确，复杂电磁信号环境模拟要受到以下条件的约束：

首先，对复杂电磁信号环境模拟最主要的要求，是具备为被试电子战装备以及反辐射武器提供实时、动态的多方位、多批次、多体制、高精度的雷达信号环境的能力。这里强调的雷达信号环境，是指作为待测品的干扰机、反辐射武器，其面临的作战对象，也就是各种雷达装备所产生的信号环境。

反辐射武器的另一个重要对抗装备是有源诱偏系统，因此除了雷达信号环境外，还应具备模拟相参和非相参雷达诱饵信号环境的能力。在模拟雷达诱饵信号时，还应该具备模拟诱饵信号与雷达信号间时序、幅度信息可调可控的能力，并且能够模拟诱饵的诱骗策略。

其次，需要强调信号模拟的具体要求。第一是能够实时解算各个辐射源相对于待测品的距离、方位和仰角，因为后面需要依照这些信息对生成的信号进行调制，因此实时、准确的解算能力是必要的；第二是要能够模拟各个辐射源天线扫描，实际的战场辐射源天线时刻都在按照一定策略进行扫描，从而使得其发射信号受到幅度、极化调制，需要对其进行真实模拟；第三，是要根据实时战情动态模拟每一辐射源的脉冲信号的时域、频域、极化域参数变化，如此才能够贴近实战模拟战场复杂电磁信号环境。

将上述约束条件进一步细化，就可以提出复杂电磁信号环境模拟的关键指标。总的来说，可以从"数量、类型、调制"三个关键点出发，进一步深化指标约束。

1. 数量——辐射源信号模拟产生能力

进行系统设计的最大要素，就是必须先明确规模。复杂电磁信号环境模拟要根据实际的仿真应用需求，明确提出需模拟的辐射源数量、辐射源运载平台数量以及每个平台能够搭载的辐射源数量。

这里面涉及三个数量，下面进一步说明。

（1）需模拟辐射源数量，可以从两个方面描述。最有力的约束是同时模拟辐射源数量，也可以称为模拟同时到达辐射源信号数量，这是直接决定系统硬件通道数量的关键指标。系统通道数量 n 与同时模拟辐射源数量 N 之间的关系必须满足：

$$n \geqslant N$$

（2）最多模拟辐射源数量，这项指标对硬件的约束除了体现在通道数量外，还与系统的解算能力相关。为了在有限数量的通道中尽可能多地模拟辐射源信号，需要采用通道复用技术和脉冲排序技术，关于这点会在本章技术要点中会做进一步说明。最多模拟辐射源数量需进一步结合能够模拟产生的信号密度指标，才能最终对系统的硬件规模与能力进行明确的约束。

（3）辐射源运载平台数量，与系统的实时解算能力相关。复杂电磁信号环境模拟中的辐射源都是搭载在特定的平台上的，并且这些平台往往还是相对进行运动的。为了实时模拟平台运动对信号产生的调制效果，必须先对平台的位置、姿态等信息按照仿真节拍进行解算。在明确辐射源运载平台数量与仿真数据更新周期后，对系统的解算能力要求也就明确了。关于解算所需的模型，将在后文第 8 章模型给出。

每个平台能够搭载的辐射源数量是前两个指标的结合。在进行战情设计时，一些大型平台上往往有多个辐射源，此时由于共处同一平台，各个辐射源的位置信息更新是一致的，通过简并可以节省大量计算资源，实现更多辐射源和平台的模拟。

2. 类型——辐射源信号样式模拟能力

现代雷达装备的信号样式纷繁复杂，具有各种独特的功能。这对信号样式的模拟能力提出了很高的要求。一般来说，雷达装备的信号样式可以分为常规体制信号与特殊体制信号。下面简单列出一些常见的信号样式。

（1）普通脉冲信号：载频和脉冲参数固定不变的脉冲体制雷达信号；

（2）连续波雷达信号：载频固定不变的连续波信号；

(3) 脉冲多普勒雷达信号：低重频、中重频和高重频的脉冲多普勒雷达信号；

(4) 频率捷变雷达信号：脉组捷变、脉间捷变信号；

(5) 脉冲压缩信号：线性调频信号、非线性调频信号和相位编码信号；

(6) 频率分集雷达信号：同时分集和分时分集信号；

(7) 重频抖动与参差信号；

(8) 调频、调相连续波信号。

除了提出类型的要求外，还需进一步对各类型信号提出具体指标要求，如调频信号提出调制频率、调制频偏等指标要求；对调相信号提出编码类型要求；对频率捷变信号提出捷变类型、捷变带宽、捷变点数等指标要求；对线性调频信号提出瞬时带宽、调制速率等指标要求；对脉冲调制信号提出脉宽、重频范围，参差、抖动范围等指标要求。

3. 调制——射频信号产生能力

复杂电磁信号环境模拟最终生成的是射频信号，如前述内容，其信号参数要与所模拟对象装备的参数一致，并且动态、准确地体现出信号在实际战场中受到的各种调制。

为此，需要对生成的射频信号提出一系列具体的指标约束。

首先是对频率域的约束。具体包括频率范围、频率精度、频率分辨率、频率转换时间、频率稳定度等。这些指标共同作用，相互约束，能够明确系统的射频器件性能，以及实现技术路线与硬件规模。简单举例说明：当系统的频率范围指标大于系统的瞬时带宽时，频率转换时间指标将受到较大影响，如果系统采用快频综技术，则频率转换时间从纳秒级恶化为微秒级，如果系统采用慢频综技术，则频率转换时间可恶化为毫秒级甚至更差。

其次是对信号幅度与相位调制的约束。具体包括幅度控制范围、幅度控制精度、幅度控制步进、相位控制范围、相位控制精度、相位控制步进等。这些指标约束了对信号的具体调制能力，幅度对应距离、方向图等仿真参数，相位在通道间一致性校准工作中非常重要。这些性能越好，所模拟的信号就越准确。

再次是对模拟信号的信号质量提出要求，包括谐波、杂散、相位噪声等。这是必不可少的指标约束，因为差的谐波、杂散会导致模拟产生的信号有多余的频率分量，很容易导致被试的侦察装备等产生错误的侦察与识别结果。

最后是对需模拟产生辐射源的天线扫描类型与天线方向图类型提出指标要求，天线扫描类型一般包含圆周扫描、扇形扫描等常规天线扫描方式以及相控阵扫描方式，根据需求可进一步明确各扫描方式的具体指标要求；天线方向图通常对方向图波束形状、主瓣宽度范围、旁瓣电平、极化特性、方向图载入方式等提出指标要求。

3.2.2 典型实现方案

复杂电磁信号环境模拟的硬件实现需通过一套由计算机控制的实时半实物仿真实验系统来实现，一种典型的实现方案是将系统从功能上划分，主要由显示控制单元、基带处理单元、微波链路单元以及结构单元组成。

显示控制单元包括交换板、单板机和光纤反射内存网模块，用于为用户提供 UI 界面，与外部系统通信，以及控制内部硬件模块有序工作，主要完成仿真主控下发战情配置文件与战情数据的接收与解析、参数模型计算、波形控制参数生成、辐射源信号的优先级排序，并具备存储回放数据管理、状态监控等功能，同时具备本地控制模式下的战情参数设置生成功能。

基带处理单元包括多个信号处理板、D/A 模块、时钟板、光纤接口模块和存储板，可以根据雷达信号调制信息生成基带雷达辐射源信号，并通过显控单元传送的波形控制信息在信号处理载板内完成雷达基带数字信号的生成，经上变频、D/A 送出雷达信号中频模拟信号给微波链路单元。

微波链路单元包括多个上变频模块、频综模块和功合模块，用于实现对中频雷达辐射信号的频率变换和功率控制。具体为：将基带处理单元传送的中频模拟信号经功合模块、上变频处理生成雷达辐射源的雷达射频信号。其中，频综模块为上变频模块提供变频本振，为基带处理单元提供采样时钟和数字时钟。

结构单元包括机箱、背板、电源等，用于为其他单元提供电源、通风、信号通路和硬件壳体。

该典型案例基于成熟的全交换控制系统，硬件板卡以及信号处理算法均采用模块化设计，可以灵活实现硬件系统的扩展和软件算法的编辑。所有硬件状态均可以上传至应用软件进行显示，可以实现射频通道的幅相校准以及故障定位。

3.2.3 技术要点

1. 直接数字频率合成（DDS）

随着数字集成电路和微电子技术的发展，采用直接数字频率合成技术的信号模拟器逐渐体现出其相对带宽宽、频率转换时间短、频率分辨率高、输出相位连续、可编程以及全数字化结构等优点。因此自 20 世纪 80 年代以来，直接数字频率合成器得到了迅速的发展和越来越广泛的应用。

直接数字频率合成器的基本工作原理是根据正弦函数的产生,从相位出发,用不同的相位给出电压幅度,最后滤波平滑出所需的频率。直接数字频率合成器的原理框图如图 3-1 所示。

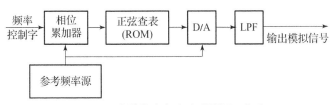

图 3-1 直接数字频率合成器原理框图

参考频率源又称为参考时钟源,是一个稳定的晶体振荡器,用来同步直接数字频率合成器的各个组成部分。相位累加器类似于一个计数器,由多个级联的加法器和寄存器组成,在每一个参考时钟脉冲输入时,其输出就增加一个步长的相位增量,这样相位累加器把频率控制字的数字变换成相位抽样来确定输出合成频率的大小。相位增量的大小随外指令频率控制字的不同而不同,一旦给定了相位增量,输出频率也就确定了。当用这样的数据寻址时,正弦查表就把存储在相位累加器中的抽样数字值转换成近似正弦波幅度的数字量函数。D/A 转换器把数字量转换成模拟量。低通滤波器进一步平滑近似正弦波的锯齿阶梯信号,并衰减不需要的抽样分量和其他带外杂散信号,最后输出所需要的频率和模拟信号。除了滤波器外,全部采用数字集成电路加以实现,其中最关键的问题是使相位增量与参考源精确同步。

当频率合成器正常工作时,在参考频率源的控制下,相位累加器则不断地对该相位增量进行相位累加。当相位累加器积满量时,就会产生一次溢出,从而完成一个周期的动作,这个动作周期就是直接数字频率合成器合成信号的一个频率周期。因此,输出信号波形的频率以及频率分辨率可以表示为

$$f_o = \frac{\omega}{2\pi} = \frac{2\pi K f_r}{2\pi \cdot 2^N} = \frac{K f_r}{2^N} \qquad (3-1)$$

$$\Delta f = \frac{f_r}{2^N} \qquad (3-2)$$

式中:f_o 为输出信号频率;Δf 为输出信号分辨率;K 为频率控制字;N 为相位累加器的字长;f_r 为参考频率源的工作频率。

由上面两个式子可以看出,直接数字频率合成器输出信号的频率主要取决于频率控制字 K,而相位累加器的字长 N 决定了直接数字频率合成器的频率分辨率。当 K 增大时,f_o 可以不断提高,但是由奈奎斯特(Nyquist)采样定理可知,最高输出频率不得大于 $f_r/2$,当工作频率达到 f_r 的 40% 时,输出波形的

相位抖动就很大，所以直接数字频率合成器的输出频率以小于 $f_r/3$ 为宜。N 增大时，直接数字频率合成器输出频率的分辨率则会更精细。

理论上，直接数字频率合成器输出信号的相位噪声对参考源的相位噪声有 $20\lg(f/f_o)$ dB 的改善。但是直接数字频率合成器的数字化处理也带来了不利因素，主要不利因素是直接数字频率合成器的杂散，其主要源于以下三个方面：

（1）D/A 转换器引入的误差。D/A 转换器的非理想特性，其中包括微分非线性、积分非线性、D/A 转换过程中的尖峰电流以及转换速率的限制等，将会产生杂散信号。

（2）幅度量化引入的误差。ROM 存储数据的有限字长，将会在幅度量化过程中产生量化误差。

（3）相位舍位引入的误差。在直接数字频率合成器中，相位累加器的位数一般远大于 ROM 的寻址位数，因此相位累加器在输出寻址 ROM 的数据时，其低位就被舍去，这就不可避免地产生相位误差。这种误差是直接数字频率合成器输出杂散的主要原因。

直接数字频率合成器的主要技术指标包括：

（1）频率引导时间。直接数字频率合成器频率转换时间不仅仅取决于频率控制字的传输时间，还受限于器件的延时。目前直接数字频率合成器的频率引导时间可以达到 100ns 以内。

（2）直接数字频率合成器相位噪声。直接数字频率合成器相位噪声关键取决于参考时钟的相位噪声。

（3）直接数字频率合成器杂散电平。直接数字频率合成器杂散的来源主要有相位截断误差、幅相量化误差和 D/A 的非理想特性。

（4）频率分辨率。直接数字频率合成器的频率分辨率取决于相位累加器的位数和时钟的频率。

2. 基于通道复用与脉冲排序的高密度低丢失概率复杂电磁信号模拟

在复杂电磁信号环境的模拟产生过程中，如果所需模拟的辐射源数量较多，信号的脉冲密度很大，那么在有限数量的模拟器通道中，信号的大量重叠和密集生成，势必造成脉冲不同程度的丢失。通道复用技术利用有限的资源在不同的通道间进行动态分配，可以起到降低脉冲丢失概率的效果。

射频源单通道模拟，不管脉冲密度有多低，只要模拟多部雷达，就不可避免地存在脉冲丢失。采用通道复用技术，模拟的雷达脉冲在各通道之间动态分配，存在脉冲重叠时，重叠脉冲在其他通道产生，只要重叠脉冲数小于通道数，就不会产生丢失。重叠脉冲数大于通道数时，只有大于通道个数的脉冲才会产生丢失，这样脉冲丢失概率会大大降低。

第3章 复杂电磁信号模拟技术

但如果系统为了模拟复杂的战场电磁环境，根据辐射源数量建设通道数量，最终将会导致通道数量庞大，系统建设成本大、结构复杂，是不可行的。

脉冲排序技术可以根据电磁辐射源信号的优先级与脉冲到达时间，根据一定的重叠丢弃准则实现对全部复杂电磁信号的脉冲排序与通道分配，可以保证重点辐射源信号的低脉冲丢失概率。

因此，在模拟器系统的设计中，需要综合采用脉冲排序和通道复用技术模拟，以实现高密度脉冲信号环境。系统在每一个仿真周期根据时间先后顺序，对脉冲流进行排序，在按照一定的通道分配规则，将脉冲信号分配到各个通道中，从而以较少的通道数模拟大量的辐射源，实现高密度低丢失概率的复杂电磁信号模拟。

3. 复杂电磁信号环境半实物仿真测试战情设计

随着科学技术的进步，战场信息感知和感知对抗手段越来越先进，敌我对抗双方都将使用大量的雷达及对抗装备，通信及对抗装备等，希望能尽可能多地获取对方的装备信息，并阻止对方获取己方的装备信息。因此现代战场电磁环境有越来越复杂的趋势，所有在研和已装备部队的电子装备都面临着复杂电磁环境条件下的适应性问题。电子装备复杂电磁环境适应性测试将成为非常重要的测试类型，复杂电磁信号环境的构建方法是一个亟待研究的课题。

外场构建复杂电磁信号环境，优势是各被测设备独立工作，能提供类似于实战的射频信号环境；但劣势也是非常明显的，一是在待测品所适应的频段范围内构建复杂电磁环境所需要的大量该频段的辐射源，一般要求几十上百个，外场资源往往受限；二是大量被测设备配置的位置、航线等往往受到各种因素的限制，不能达到最佳配置；三是要动用大量的被测设备，人力物力财力消耗比较大，协调复杂。这些因素都限制了外场复杂电磁环境的构建能力。

内场半实物仿真实验系统相对于外场而言，战情设置灵活，不受辐射源数量、技术参数、配置地理位置及航线设计等因素的限制，测试消耗资源少，可以进行多次重复测试，因而更适宜做电子装备复杂电磁环境的适应性测试。但内场复杂电磁环境的构建存在两个外场没有的问题。一是各辐射源参数的合理、快速设置问题。外场复杂电磁环境构建是基于现有装备的，不存在这个问题。而内场辐射源的参数都是人为灵活设置的，由于要求的辐射源数目多、脉冲流密度大，因此如何合理、快速地对几十上百的辐射源参数进行设置是亟待研究的内容之一。二是信号模拟产生时存在着脉冲丢失的问题。在外场，各雷达都是独立工作的，从发出脉冲信号的角度而言，彼此之间没有任何影响。可以理解为，100部雷达的信号至少是由100个以上的独立通道产生的。但对于雷达对抗辐射式半实物仿真实验系统而言，用于信号模拟产生复杂电磁信号的射频通道数量一般是个位数，要模拟产生100个辐射源的信号，需要考虑的一个核心问题就是：如何降低脉冲丢失率。如果战情设计不当造成脉冲丢失率过高，那么雷达侦察装备信号分选识别结果不理想，是由于待测品自身信号分选算法有问题，还是由于模拟产生的信号有问题？这将成为无法解开的谜团。因此，要研究解决的另一个问题就是：内场复杂电磁信号环境模拟时如何降低脉冲丢失率。前面提出了基于通道复用与脉冲排序的高密度低丢失概率复杂电磁信号模拟技术，在本节中将结合战情设计给出一种具体方法。下面具体介绍复杂电磁环境战情设计的原则、方法、步骤。

1) 复杂电磁环境战情设计原则

（1）频率、脉宽、重频及辐射源信号体制样式必须覆盖待测品适应参数的整个范围。

（2）脉冲密度和辐射源个数满足预定要求。

（3）尽量降低脉冲丢失率。

（4）辐射源设置使得待测品接收机接收的信号功率大于接收机灵敏度。

2) 复杂电磁环境战情设计步骤

（1）确定辐射源布置区域范围和布局；

（2）设置各辐射源载频、重频、脉宽等参数；

（3）基于重频对辐射源排序，调整相同和整数倍重频辐射源间的脉冲延迟；

（4）初步设置各辐射源的经纬高位置；

（5）利用仿真程序计算脉冲丢失率，若满足要求则继续，否则返回步骤（3）；

（6）计算各辐射源的发射功率、增益等参数；

（7）基于脉宽对辐射源排序。

3) 复杂电磁环境战情设计方法

（1）确定辐射源布置区域范围和初步布局。

辐射源范围主要参照待测品侦察距离和角度范围等进行设置。方位范围应覆盖待测品相应作用范围，距离范围最远不超过侦察距离的50%，通过有效辐射功率的设置使得待测品接收功率大于接收机灵敏度。

辐射源布局有三种常用的方式：分布在同半径、等方位角间隔圆弧上；同一方位、等距离间隔直线上；前两种方式的结合。例如，径向距离范围内分8层，每层等方位角间隔分布8个辐射源，共64个辐射源。

（2）设置各辐射源载频、重频、脉宽等参数。

三个参数确定的基本顺序为：重频、脉宽、载频。

重频参数设置原则如下：
① 大重频辐射源数目一般不超过 2 个。
② 小重频辐射源数目较多。

根据复杂电磁环境的脉冲密度和辐射源数目要求，在待测品重频参数的适应范围内大重频数目不宜太多。原因如下：由于频率合成器产生一个脉冲后需要过一定时间后才能产生下一个脉冲，大重频辐射源往往会独占一个频率合成器通道，甚至一个频率合成器通道不够用，从而可能导致整体的脉冲丢失率急剧上升；导致脉冲密度快速上升，当脉冲密度达到要求时，辐射源数目却远远没有达到要求。

重频参数设置步骤如下：
① 首先在待测品的重频上限区选择不超过 2 个重频点；
② 在重频范围的下限至 1/10 上限之间，随机产生大量重频数值，从中选择、调整重频数值，直到同时满足复杂电磁环境脉冲密度要求和辐射源数目要求为止。

假设要求复杂电磁环境信号流密度为 25~35 万脉冲/s，辐射源个数分别为 25，待测品能适应的重频范围为 100Hz~250kHz。则设置重频参数时，首先选择一个高重频值为 250kHz。假设其他辐射源的平均 PRF 为 2kHz，则复杂电磁环境对应的信号流密度为 29.8 万脉冲/s，符合脉冲密度要求。

脉宽参数设置原则如下：
① 大重频对应的脉宽一定要尽可能小，否则占空比急剧上升。
② 保证各辐射源脉冲占空比小于 10%。
③ 辐射源数目越多，小占空比的辐射源数目所占比重越大。

脉宽参数设置步骤如下：
① 确定大重频对应的脉宽，一般在待测品脉宽适应范围的下限处确定；
② 随机产生两组均匀分布数作为占空比值，分布范围分别为[0.2%,2%]和[2%,10%]，两组数总个数与辐射源总个数相同，个数之比为与辐射源总数目有关，表 3-1 给出复杂电磁环境总占空比为 90% 时典型辐射源总个数条件下的比值；
③ 把重频值对应的脉冲重复周期与随机产生的占空比值一一对应相乘，得到对应的脉宽值。

复杂电磁环境的脉冲总占空比值设计，既要考虑被试侦察装备的性能指标要求，又要考虑半实物仿真系统的信号生成能力。假设系统有 4 个独立的信号生成通道，总占空比保持小于 90%，通过合理调整各辐射源间脉冲相互延迟，则可以使得脉冲丢失率保持在较低的水平。此时，占空比分布范围分别为

$[0.2\%, 2\%]$ 和 $[2\%, 10\%]$ 的辐射源个数的比值最小为 $(5N-90)/(90-N)$，其中，N 为辐射源数目。如表 3-1 所列，该比值随着辐射源数目的增大会适当增大，即低占空比辐射源数目的比重会增大，才能保持总的占空比为 90% 左右。简单估计一下，要产生 60 部辐射源，产生 52 部平均占空比为 1% 的辐射源；8 部平均占空比为 5% 的辐射源，则总的占空比为 92%。

表 3-1　占空比分布范围分别为 $[0.2\%, 2\%]$ 和 $[2\%, 10\%]$ 的辐射源个数的比值

复杂电磁环境辐射源数目/个	两组数最小比例关系
40	11∶5
60	7∶1
80	31∶1

载频参数的确定：载频的确定具有一定的独立性，在待测品适应的载频范围内，随机产生一组载频值，数目为辐射源个数。另外，对于多个辐射源间重频和脉宽两项数值差别相对于待测品测量误差而言都不太大的情况，在载频上一定要差异比较大。

设置各辐射源的载频、脉内、重频调制情况：对于非常规脉冲辐射源，根据各辐射源信号体制，设置其相应的载频、脉宽、重频的调制情况。载频调制包括脉间频率捷变、脉组频率捷变；脉内调制包括线性/非线性调频、编码等；重频调制等包括重频参差、重频抖动等。

（3）基于重频对辐射源排序，调整相同和整数倍重频辐射源间的脉冲延迟。

根据重频从小到大或者从大到小的次序排列，目的就是把相同重频的辐射源排在一起。目的是为下一步调整辐射源相互间的脉冲延迟关系提供方便。对辐射源位置进行设置时，把相同重频的辐射源尽量安排在待测品为中心的等半径圆弧上后，然后对相互间的距离做出适当的调整，使彼此间脉冲到达待测品的时间错开最大脉宽以上，这样可以保证相同重频的辐射源脉冲不会重叠。

（4）初步设置各辐射源的经纬高位置。

①相同重频的辐射源布局在待测品为中心的等半径圆弧上后，并把上一步所做的脉冲延迟调整转化为到达待测品的距离差，这样可以保证相同重频的辐射源脉冲不会重叠。

②重频之间有整数倍关系的辐射源一般布局在不同半径的圆弧上，半径差

第3章 复杂电磁信号模拟技术

对应的时延不能为任意重复间隔的整数倍。当然，如果需要布局在等半径的圆弧上，适当调整脉冲到达时延（距离差），也可以达到脉冲不重叠的目的。

例如，两个辐射源都是常规脉冲体制，其脉冲重复周期分别为 $2500\mu s$ 和 $5000\mu s$，如果它们距离待测品距离相同或者距离差对应的时延值恰好为 $2500\mu s$ 时，则对于 $2500\mu s$ 的辐射源而言，会有 50% 的脉冲数目与 $5000\mu s$ 辐射源的 100% 的脉冲重叠，这样就面临着脉冲丢失率非常高的危险，可能导致脉冲重复周期为 $5000\mu s$ 的辐射源信号根本无法产生，或者脉冲重复周期为 $2500\mu s$ 的辐射源的重复周期变成了 $5000\mu s$。因此，需要通过调整距离关系以达到调整脉冲时延的目的。

（5）利用仿真程序计算脉冲丢失率。

从上述战情中，选择辐射源经纬高位置、重频、脉宽、待测品经纬高等参数，首先计算各辐射源的距离，然后把所有距离减去最小距离，就把脉冲最早到达时间设为零，把各辐射源在一段时间（取为两倍的最大重频周期加上辐射源间相对最大距离对应的时延值）内的所有脉冲表示在一张图上，可以查看脉冲彼此间的重叠程度；把各个时刻脉冲存在的个数累加，得到各时刻到达脉冲个数图，进而可以根据独立频率合成器通道的数目计算出脉冲丢失率。如果脉冲丢失率保持在 10% 以下，一般不会影响被试侦察装备的信号分选结果。如果脉冲丢失率过高，则返回步骤（3），按步骤依次进行复杂电磁环境的战情设计工作。

（6）计算各辐射源的发射功率、增益等参数。

利用侦察方程，根据被试侦察装备接收天线增益、接收损耗、接收机灵敏度、辐射源距离、辐射源工作频率等参数，计算辐射源最小有效辐射功率，然后拆分到发射功率和天线增益两项参数上。

（7）基于辐射源脉宽进行第二次排序。

原则：宽脉冲和低重频的辐射源靠前排。

原因在于半实物仿真实验系统的脉冲产生与丢失方法与原则：

①先到先产生。

②同时到达的，优先产生排序靠前的脉冲。

③在脉冲持续期间到达的脉冲，由下一频率合成器通道产生。

④如果在某一时刻同时有多个脉冲出现，脉冲个数超过了频率合成器数目，则多出的脉冲丢失。

⑤频率合成器产生信号时，把时间轴划分为很多个时间单元，如果前一个脉冲的后沿落在某个时间单元内，则下一个脉冲不能在该时间单元内产生，只能在下一时间单元产生。

⑥如果前一脉冲的后沿距离下一单元的起始时刻时间间距小于频率合成器的反应时间，则下一脉冲在下一单元也不能产生，只能在下下个时间单元产生。

图 3-2 所示为复杂电磁环境信号产生过程中，各辐射源脉冲重叠的一个典型例子，按照上述脉冲产生和丢失原则，如果仿真系统有 4 个独立的频率合成器及通道，则各脉冲产生对应的频率合成器及丢失情况如下：

（1）脉冲 1 由频率合成器 1 产生；

（2）脉冲 2 由频率合成器 2 产生；

（3）脉冲 3 由频率合成器 3 产生；

（4）脉冲 4 由频率合成器 4 产生；

（5）脉冲 5 丢失；

（6）脉冲 6 根据原则 E 和 F，由频率合成器 2 产生或丢失。

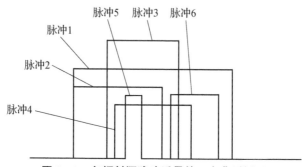

图 3-2　各辐射源脉冲重叠的一个典型例子

宽脉冲和低重频的辐射源优先级设置较高时，其脉冲会优先产生，脉冲丢失的概率较小，可以较好地保证待测品对宽脉冲和低重频的辐射源的侦收效果；而对于小脉宽的脉冲而言则丢失概率较大，但一般其对应的重频较高，因此丢失部分脉冲一般不会影响待测品侦收效果。

4. 典型战情设计结果

利用前面的方法，设计了复杂电磁环境的典型战情。用于构建复杂电磁环境的辐射源布局如图 3-3 所示。辐射源频率范围为 8~18GHz，脉宽范围为 0.2~50μs，重频范围为 100Hz~250kHz，大重频值辐射源有两个：120kHz、250kHz。信号流密度为 49.6 万脉冲/s，共 65 个辐射源，总占空比达到 86%。被试雷达侦察装备利用雷达对抗半实物仿真方式进行了复杂电磁环境适应性测试，结果符合指标要求，证明战情设计良好，达到了预期要求。

第3章 复杂电磁信号模拟技术

图 3-3 复杂电磁环境战情之辐射源布局图

图 3-4 给出了一段时间（取为两倍的最大重频周期加上辐射源间相对最大距离对应的时延值）内各辐射源脉冲的时序图，可以查看辐射源间脉冲的重叠情况。战情设计中，根据辐射源的重要程度及重频大小，对各辐射源进行排序，依次为 1、2、…、65 号。图中，纵坐标为各脉冲所属辐射源的序号，这样可以很容易地分辨出各脉冲对应着哪一个辐射源。图 3-5 给出了图 3-4 的局部放大图，从中可以清楚地看出辐射源脉冲是怎样分布的，哪些辐射源脉冲在哪些时刻重叠在一起。

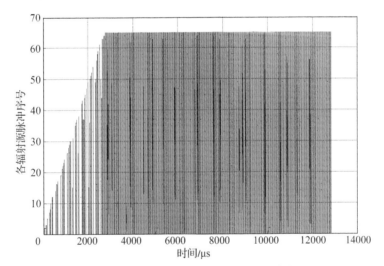

图 3-4 一段时间内各辐射源的脉冲时序图

图 3-6 给出了一段时间（取为两倍的最大重频周期加上辐射源间相对最大距离对应的时延值）内各时刻同时存在的脉冲个数。如果半实物仿真实验系统有 4 个独立的频率合成器通道，意味着同一时刻最多只能产生 4 个脉冲信号，因此如果某一时刻存在着 5 个以上脉冲，则系统会根据上节的脉冲产生和丢失原则丢弃部分脉冲。经仿真程序计算脉冲丢失率为 10% 以下，与半实物仿真实验系统实际运行结果吻合。图 3-7 给出了图 3-6 的局部放大图。

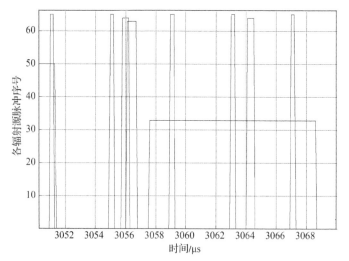

图3-5　图3-4中3060μs处局部放大图

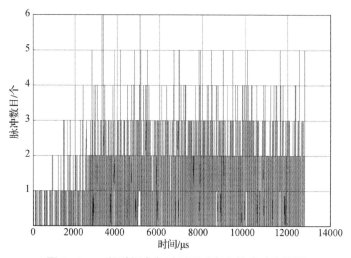

图3-6　一段时间内各时刻同时存在的脉冲个数图

仿真算法表明脉冲丢失率较低，测试结果表明战情设计良好，本书的方法可行。

5. 通道间高精度时钟同步

多通道同步的概念为：多个通道输入或者输出相同的信号时，输入或者输出信号的相位是完全相同的，并且输入和输出之间的延时是确定不变的。在系统存在多路D/A时，多路D/A输出的数字信号到D/A输出模拟端延时是确定的，当播放相同的数字信号时，输出相位应当是相同的。

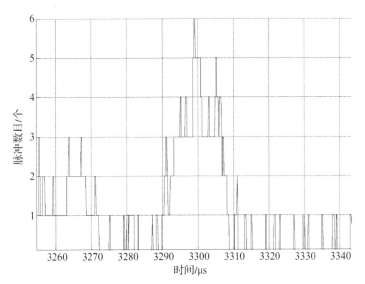

图 3-7　图 3-6 中 3300μs 处局部放大图

造成多通道间不同步有很多原因。D/A 器件在内部数字域工作在时钟的分频低速时钟下，多个 D/A 器件的分频低速时钟的相位如果不相同，在高速时钟域和分频低速时钟间的跨时钟域数据传送时，数据传送的延时是不确定的，因此造成了不同步。这是 D/A 器件内部延时不确定性。

与 D/A 配合工作的 FPGA 器件也需要处理 D/A 接口时钟到 FPGA 主逻辑时钟间的跨时钟域问题。多个 D/A 的接口时钟的相位不确定也会造成器件间不同步。这是 FPGA 到 D/A 间数据接口处理的延时不确定性。

通常情况下多 FPGA 系统中，FPGA 间需要数据传递，FPGA 间的数据接口存在延时不确定的问题。例如，存在 FIFO 数据造成数据到达时间的差异，PCB 走线的差别造成的时间差别。

综上，多 DAC 系统中，解决多器件同步需要解决以下四个问题：DAC 内部分频器不同步，DAC 到 FPGA 接口时钟的不同步，FPGA 主逻辑时钟相位的不同，FPGA 到 FPGA 间的数据传递接口的不同。这么多时钟相位、FIFO 读写需处于受控状态下，整个系统才能实现同步。每种 A/D 或 D/A、FPGA 逻辑、FPGA 接口时钟的同步处理要求是不同的，处理起来难度很大，基本不可能。在这种应用需求背景下，产生了 JESD204B 标准协议，使用统一的 DCLK/SYSREF 信号控制器件、链路的同步和确定延时问题。

JESD204B 是针对串行接口的极高速 A/D 或 D/A 开发的协议。针对串行接口的异步特性，通过一系列机制实现了链路的同步和确定固有延迟。

设计中通过 SYSREF 信号（系统参考信号，同步信号）实现确定固有延迟。所有的 JESD204B 接收通道在接收到数据后先缓存，然后在 SYSREF 信号到达后经过确定的时间后同时输出数据，从而实现确定固有延迟。实现这个机制一个关键要求是 JESD204B 器件的 DCLK 和 SYSREF 的时序要准确，即要满足使用 DCLK 采集 SYSREF 信号的时序要求。使用 SYSREF 信号对齐同步输出数据的时序图如图 3-8 所示。

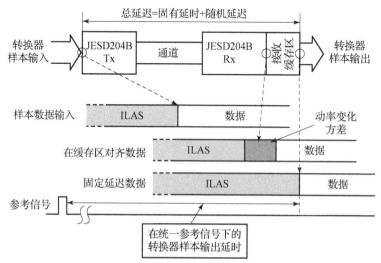

图 3-8　JESD204B 使用 SYSREF 信号对齐同步输出数据时序图

由 JESD204B 时钟芯片作为参考源，产生所有的 DCLK 和 SYSREF 信号给所有的 JESD204B 器件，实现确定延迟和同步。JESD204B 协议定义了多器件同步机制，在具体设计中采用 JESD204B 时钟器件实现这一点。

一个典型的 JESD204B 时钟方案为每个 JESD204B 器件，包括 A/D、D/A、FPGA 等均接入一个 DCLK（器件时钟）和一个 SYSREF 信号（系统参考信号）。采用标准 JESD204B 标准协议即可支持多器件同步。

6. 幅相标校

为模拟多路相参、非相参同步雷达信号，保证各通道幅相一致性，必须进行幅相校准。

幅相校准功能借助矢量网络分析仪完成。实施过程中，将系统的不同通道连接至矢量网络分析仪，将矢量网络分析仪调至接收机模式，系统设置为校准模式，设置需要校准的频段和点数，系统各通道同步输出完全相同的信号，通过矢量网络分析仪测量通道间幅相差，上位机回读测试数据并生成对应的校准文件，校准完成后，系统在工作时通过调用校准文件对输出信号进行幅相调制,保证多通道输出同步。

系统进行幅相校准时,需要按照上图将矢量网络分析仪与雷达信号模拟设备进行时钟同步,将射频输出连接到矢量网络分析仪,并通过以太网线将系统与矢量网络分析仪连接。幅相校准软件控制基带信号处理单元产生连续波信号,控制微波链路单元对基带信号进行变频、放大和衰减控制,然后到达矢量网络分析仪。幅相校准软件控制系统输出不同频率、幅度、相位的射频信号,然后回读矢量网络分析仪的测量结果,生成校准表格,存入系统内。

在实际工作时,通过调用该表格,可以进行幅度、相位的精确控制,使得多通道间实现幅相一致。

校准流程示意图如图3-9所示。

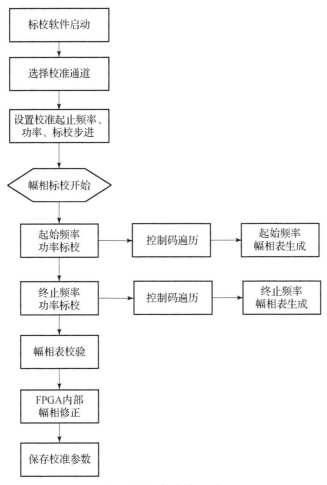

图3-9 校准流程图

校准流程如下：

(1) 按照图示连接矢量网络分析仪；

(2) 选择校准频段；

(3) 选择校准频点数；

(4) 开始自动校准；

(5) 设置系统两个通道的中心频点与输出功率；

(6) 设置矢量网络分析仪的起始和截止频点，测量两个通道射频输出的幅度差和相位差；

(7) 生成各个通道幅相校准误差数据文件，进行通道间幅相修正；

(8) 保存校准参数；

(9) 切换通道，重复以上操作。

7. 系统监控及 BIT

在仿真开始前及仿真过程中需对设备的硬件环境进行实时监控，当设备的硬件单元出现故障时会在监控界面进行状态告警，提醒用户当前故障发生的位置、故障的类型，并提示故障排除的一般解决方案。下面分别介绍典型的监控内容、故障排除方法和自检流程。

监控的内容主要包含三个方面，分别为硬件监控、通信链路监控和基本性能监控。

对整个设备的硬件环境进行实时监控，包括板卡扫描结果的显示和硬件的工作状态。显示机箱中板卡的类型及槽位信息，右边显示每块板卡的具体信息，如连接状态、温度、电压电流等。可监测的模块包括交换板、基带信号处理板、存储板及微波模块，通过板卡状态信息监控，可以向用户提供机箱中各板卡当前的运行状态。主要板卡运行状态信息监控如表 3-2 所列。

表 3-2 主要板卡运行状态信息监控

板卡信息	含义
电压	机箱内各板卡当前工作电压
电流	机箱内各板卡当前工作电流
温度	机箱内各板卡 FPGA 温度
FPGA 配置软件版本	板卡 FPGA 配置 bit 文件版本信息
FPGA 时钟	板卡 FPGA 运行系统时钟信息
板卡连接状态	板卡当前是否在线

各模块之间具有许多通信链路,各个模块通过复杂的通信链路网络进行控制指令和数据的传输,通信链路的状态正常是保证系统有序协调运行的关键。雷达信号模拟设备需要监控的通信链路包括:PCIE 总线、Aurora 链路、光反链路、光纤链路、以太网链路等。

可监控的基本功能包括:频综锁定状态、微波链路增益精度、微波链路频率精度、系统延迟特性。

自检包含仿真测试前自检和测试过程中自检,测试前自检涉及所有自检项目,测试过程中只对硬件状态和通信链路进行自检,自检工作流程如图 3 – 10 所示。

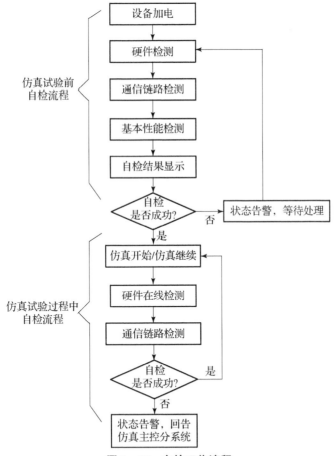

图 3 – 10　自检工作流程

系统自检流程如下:
(1) 设备加电后进入自检模式;

（2）检测系统硬件状态，需要对硬件板卡的电压、电流、温度、软件版本、FPGA 时钟、连接状态等进行全面检测；

（3）检测所有通信链路的连接状态，包括 PCIE 总线、Aurora 链路、光反链路、光纤链路、以太网链路等；

（4）检测系统的频综锁定指示状态；

（5）上报自检结果并进行显示；

（6）根据检测结果，判断系统状态，若系统自检正常，则进入仿真模式，若自检异常，则进行自检状态告警，等待技术人员对系统进行维护后，重新执行自检程序；

（7）系统仿真开始后会定时对硬件状态和通信链路进行检测，检测的项目包括各个板卡的连接状态和各个通信链路的连接状态；

（8）仿真运行过程每次检测结束，对检测结果进行判断，若检测状态正常，则等待下次检测程序执行，若检测状态异常，则终止自检或回告自检状态给上一级仿真系统。

3.3　雷达回波与干扰信号模拟技术

3.3.1　概念与仿真模拟要点

雷达回波信号模拟技术是通过接收雷达发射信号或生成相干基带信号，通过计算模拟点目标、复杂目标、场景信号，并以射频或中频形式注入/辐射到雷达接收系统中，实现系统闭环仿真、测试。当前采用先进的目标建模、宽带数据采集与回放、干扰信号生成、实时数据处理技术，可满足各类雷达系统开环与闭环测试、仿真的需求。

在开展雷达对抗辐射式半实物仿真测试时，雷达对抗辐射式仿真根据雷达装备的低功率发射信号、同步信号和参考信号模拟产生目标回波信号。雷达对抗辐射式仿真模拟产生回波信号时，需要预知目标的散射特性、雷达与目标的位置关系、雷达天线方向图等信息，并在低功率发射信号的基础上根据战情解算信息进行参数调制以实现回波信号的模拟。

雷达回波与干扰信号模拟主要用于完成雷达装备的抗干扰能力测试，其主要的内容包括目标回波模拟、干扰模拟与杂波模拟三个部分，下面对其具体内容、约束条件与仿真模拟要点进行详细介绍。

将上述约束条件进一步作如下细化分析。

第 3 章
复杂电磁信号模拟技术

1. 雷达目标回波模拟

本项功能可实现不同体制雷达装备的回波信号模拟。可以模拟频率捷变、脉冲压缩、脉冲多普勒雷达所接收到的各种相参/非相参目标回波信号,模拟的目标回波具有时延及多普勒频移、雷达截面积、幅度起伏特性、角闪烁、JEM 谱线、双程衰减和多路径效应等特性。

对雷达目标回波的模拟,由于 SAR 特殊的工作模式,要分为常规雷达回波模拟和 SAR 回波模拟两类,下面简要进行分析。

首先建立目标回波模拟的关键指标体系。

对于常规雷达目标回波模拟,首先根据实际的测试需求,明确提出系统工作频段及需同时最多可模拟目标数量;然后进一步对模拟目标的目标类型、目标模型、RCS 提出指标要求;在信号调制能力方面,主要是明确能够模拟产生的回波信号的延迟范围、延迟精度、多普勒调制范围、多普勒调制精度等,同时对需要适应的雷达信号最大瞬时带宽、脉冲重复周期、脉冲宽度、占空比等提出指标要求。

对于 SAR 回波模拟,首先根据实际的测试需求,明确需支持的 SAR 成像模式,以及最大成像点数;然后提出适应雷达信号的最大瞬时带宽、脉冲重复频率等参数的能力要求;SAR 回波模拟同时还需要对基准图存储容量、场景大小提出要求。

下面介绍雷达目标回波模拟中的仿真模拟要点。

1) 工作频段

按照各类雷达的任务目标、装载平台、工作体制等划分,可以大致给出工作频段的区别。简单来说,执行预警探测、搜索警戒、侦察引导、战场监视等任务的地面雷达,往往工作在低频段,典型的如 P 波段、L 波段、S 波段等;执行制导、火控、炮瞄、炮位侦察校射等任务的地面雷达往往工作在 C 波段、X 波段;典型的机载雷达、星载雷达也往往工作在 C 波段、X 波段,目前 Ku 波段是显著的发展趋势,少部分工作在 Ka 波段;弹载雷达导引头工作在 Ka 波段的较多,当然 Ku 波段的也不少见。

在进行回波信号模拟时,尽量实现宽工作频段,以保证能够覆盖待测品的工作频段。

2) 瞬时带宽

在雷达领域,瞬时带宽是指雷达的瞬时信号带宽,可以理解为雷达能够同时发射/接收/处理的信号的频带宽度,对于脉冲雷达,也就是一个脉冲内调制的最大信号带宽。现在随着宽带雷达技术的不断发展,进行脉冲压缩处理的各类一维距离像雷达、合成孔径雷达(包括 SAR、ISAR、InSAR 等)越来越多,信号的瞬时带宽也越来越大，因此对回波信号模拟的瞬时带宽要求也越来越高。

大瞬时带宽会对回波信号模拟带来很大的技术难度。尤其体现在计算量、传输速率、采样时钟、器件宽带一致性等各种软硬件设计实现上。目前主流的基于 FPGA 实现的回波信号模拟器可达到 2GHz 的瞬时带宽。

3）通道数量

通道数量直接体现的是目标模拟数量这一关键能力，同时也与被试雷达装备本身的体制和工作特点密切相关。首先，对于需要进行多个目标模拟的情况，通道数量 n 等同于同时目标模拟能力，通过时分复用与信号排队技术，可以实现非常复杂的目标信号模拟；其次，对于具有极化探测或识别功能的雷达装备（如双极化、全极化 SAR 等），以及目前正在发展的前视成像雷达，为了准确模拟不同极化分量的细微信号特征，或者不同散射中心的散射特性，往往需要多个通道才能实现。

对于建设一个能力强大的系统而言，通道数量肯定是越多越好，但花费的经费也与通道数量正相关。因此，关于通道数量的选择，还是要结合任务需求，在充分考虑能力需求和经费保障的前提下合理选择。

4）脉宽/重频的适应能力

如上所述，不同体制的雷达，除工作频率有很大区别外，其他信号参数如脉宽、重频等也不尽相同。预警探测雷达的重频往往低，脉宽大；而机载火控雷达、制导雷达等的重频往往很高，脉宽很窄。对于各种雷达，脉宽和重频的覆盖范围很大，高的重频可达几百千赫，低的重频低至百赫兹甚至数十赫兹，大脉宽可达毫秒量级，窄脉宽小至数十纳秒量级。这对雷达回波信号模拟而言，对不同脉宽/重频的适应要求也是不同的。

对于回波信号模拟而言，如果进行不跨重的模拟，那么高重频信号的最大制约因素是最小时延模拟能力。现代目标回波模拟往往采用数字射频存储（DRFM）技术实现，该技术的优点在很多文献里都有阐述，这里不再重复。该技术基于实际雷达信号，在接收雷达发射信号后进行调制以产生回波信号，由于接收、解算、调制等一系列操作都需要一定的时间，因此，与输入的雷达发射信号相比，输出的模拟雷达回波信号一定存在一个最小时延，这个最小时延一方面限定了回波模拟的目标最小模拟距离，同时也限制了不跨重条件下的最高重频适应范围。但如果允许跨重模拟回波信号，那么该项制约就会相对小很多。对于低重频信号的适应，实质上也体现在最大时延能力上。与高重频的分析类似，如果进行不跨重的回波信号模拟，那么低重频所对应的脉冲重复周期，就限制于半实物仿真系统的最大时延，而最大时延在 DRFM 体制的模拟器中所对应的是实时存储能力。

关于跨重/不跨重的概念，要从两个方面理解。从雷达的角度来说，不跨重就是不能产生距离模糊，即下一个发射脉冲信号要在回波信号之后；从回波模拟的角度来说，不跨重就是当前的回波信号是基于模拟要求的真实时延的那个雷达发射脉冲产生的，而不是基于就近或就远的脉冲产生的，如图3-11所示。

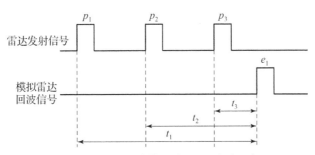

图3-11　目标回波模拟跨重/不跨重示意图

图3-11中，p_1、p_2、p_3分别为三个相邻的雷达发射信号脉冲，e_1为回波信号。

考虑一：需要模拟的真实时延为t_3，当模拟器回波模拟的最小时延$t_{min} \leq t_3$时，可以在发射脉冲p_3的基础上直接调制产生e_1，此情况称为不跨重回波模拟；当模拟器的最小时延$t_{min} \geq t_3$时，是不能够在发射脉冲p_3的基础上直接调制产生e_1的，此时可在发射脉冲p_2的基础上，经过时延t_2产生e_1，此情况称为跨重回波模拟。

考虑二：需要模拟的真实时延为t_1，当模拟器回波模拟的最大时延$t_{max} \geq t_1$时，可以在发射脉冲p_1的基础上直接调制产生e_1，此情况称为不跨重回波模拟；当模拟器的最小时延最大时延$t_{max} \leq t_1$时，是不能够在发射脉冲p_1的基础上直接调制产生e_1的，此时可在发射脉冲p_2或p_3的基础上，经过时延t_2或t_3产生e_1，此情况称为跨重回波模拟。

如果雷达的工作体制是常规脉冲信号，那么从回波模拟的角度来说，跨重与不跨重对雷达的工作是没有影响的；但如果雷达工作于频率捷变，尤其是脉间频率捷变等脉冲间有快速参数捷变的特殊信号样式下时，跨重回波信号模拟显然不能适应，因为模拟产生的回波不是基于正确的雷达发射脉冲，会导致回波参数模拟不准确，此时必须进行不跨重回波模拟。

5）目标类型

根据被试雷达的目标探测能力与工作体制，我们在进行回波模拟时要区分点目标、一维距离像目标与 SAR 场景目标,不同类型的目标模拟实现方式大不相同。关于具体的实现方法将在后面进一步说明。

通常情况下,点目标回波信号模拟相对简单,无论模型还是对硬件的要求都不大;一维距离像目标回波信号模拟的主要关注点是散射点数量与间距,较多的散射点与较大的散射点间距对硬件的要求较高,同时,也要考虑目标散射特性是否要考虑随着目标姿态实时进行调整,如果要实现这个目标,对计算资源的要求和实时性也有较高要求;对于 SAR 场景目标回波模拟,无论是对模型还是对硬件的要求都大大提高,因为 SAR 的场景散射点数往往达到百万级或以上,如果需要进行实时模拟,那么需要在雷达信号的一个脉冲重复周期内完成如此大的计算量,可见 SAR 回波模拟依赖的硬件规模的庞大与能力的强大。在进行实际操作时,一定要根据所模拟回波类型来确定模拟器软硬件的具体实现。

2. 干扰信号模拟

主要针对雷达装备的各种干扰信号进行模拟,分为有源干扰与无源干扰。具体来说,包括模拟角反射器干扰、箔条干扰等无源干扰信号;包括扫频、瞄频以及宽带阻塞等噪声压制干扰信号;包括距离波门拖引、速度波门拖引、距离-速度复合拖引、两点源干扰等欺骗干扰信号。

除了模拟常规的欺骗式、压制式干扰信号,当前有许多灵巧干扰样式也同样具有模拟需求,常见的灵巧干扰样式有:间歇采样、重复转发、移频假目标、灵巧噪声等。

对于无源干扰,不同军兵种的雷达装备面临的干扰方式有明显区别,尤其是体现在干扰释放方式与策略上,但产生干扰的手段无外乎各种角反射器、箔条、箔片等一系列手段。

对于有源干扰,传统上分为压制干扰与欺骗干扰两大类,但随着灵巧干扰等新型干扰样式的出现,对雷达的干扰效果不能简单描述为产生压制效果还是欺骗效果。

1)压制干扰

压制干扰正是利用噪声或者类似噪声的信号压制或淹没目标回波信号,阻止雷达装备正常检测和跟踪目标。任何雷达装备都存在外部噪声和内部噪声,雷达装备对目标信息的检测和跟踪都是在这些噪声环境中进行的,而其检测又基于一定的概率准则。一般来说,若目标信号的能量与噪声的能量的比值(信噪比)超过一定的目标检测门限,那么雷达装备可以保证在一定的虚警概率下,达到一定的检测概率,称为可发现目标,否则称为不可发现目标。压制干扰正是使强干扰噪声进入雷达装备接收机,使信噪比尽可能降低,以达到阻碍雷达装备对目标的检测和跟踪的目的。

常用的压制干扰样式包括宽带阻塞噪声压制干扰、窄带瞄频噪声阻塞干扰、扫频噪声压制干扰、梳状谱噪声压制干扰、压制性假目标干扰、杂乱脉冲干扰等。

2) 欺骗干扰

欺骗干扰的作用原理是：采用假的目标和信息（假是指不同于真的目标和信息）作用于雷达装备的目标检测和跟踪系统，针对接收机的处理过程，使其失去测量和跟踪真实目标的能力，即欺骗干扰要达到的目的是掩蔽真正的目标，使雷达装备不能正确地检测真正的目标或者不能正确地测量真正目标的参数信息，从而达到迷惑和扰乱雷达装备对真正目标检测和跟踪的目的。

常用的欺骗干扰样式包括距离波门拖引干扰、速度波门拖引干扰、距离波门拖引/速度波门拖引组合干扰、AGC欺骗性干扰、双点源干扰、逆增益干扰等。

3) 灵巧干扰

灵巧干扰的主要特点是使干扰信号获得与雷达信号一样的信号处理得益，从而显著提高干信比，降低雷达装备的抗干扰能力。

几种典型的灵巧干扰样式分别是：卷积噪声灵巧干扰、脉冲延时叠加灵巧干扰、移频假目标灵巧干扰、间歇采样转发灵巧干扰。

卷积噪声灵巧干扰是将干扰机接收并存储的雷达发射信号与视频噪声信号相卷积，经放大后再转发的一种灵巧干扰样式。它既具有压制干扰的效果，同时也具有欺骗干扰的效果。视频噪声和雷达信号在时域上卷积相当于在频域相乘，因此干扰总能自动对准被干扰雷达的发射信号频率，从而能够跟雷达接收机相匹配，获得脉冲压缩增益。与普通噪声压制干扰相比，噪声卷积干扰对干扰功率的要求小得多。

脉冲延时叠加灵巧干扰是将接收到的雷达发射信号进行延时，然后转发出去，单个延时干扰产生的假目标虽然很逼真，但很容易被速度和距离同时测量的雷达识别并去除，因此需要叠加多个延时假目标。脉冲延时叠加灵巧干扰复制了雷达信号的调制信息，同样能与接收机匹配获得脉冲压缩增益。

移频假目标灵巧干扰是将接收到的雷达发射信号进行频率调制，然后转发出去。这种频率调制的干扰信号进入雷达接收机后，经过脉冲压缩处理，峰值将偏离真实信号的峰值，其基本原理是利用了线性调频信号时延和频移之间的强耦合性。通过对接收到的线性调频信号进行适当的移频转发，可以在真实目标前后形成若干个假目标，影响雷达对真实目标的检测。

间歇采样转发灵巧干扰是将接收到的大时宽线性调频信号高保真地采样其

中的一段马上进行处理转发，然后再采样、转发下一段，采样和转发时分交替进行，直到信号接收完毕，可以根据需要对各段采样信号进行调制。

对干扰信号模拟的指标要求，主要是明确需要模拟产生的干扰信号的数量、类型、具体参数。不同干扰样式的指标体系差别很大，应根据需要细化。

另外，随着智能化装备成为未来雷达及雷达对抗装备的发展趋势，智能博弈对抗将成为辐射式仿真的一大发展方向。因此在进行干扰信号模拟的过程中，除了注重模拟实体干扰机的信号样式外，还应重点关注其信号侦察、智能识别、智能对抗的过程的模拟，这将对模拟能力提出很高的要求，需要系统在信号接收后有相应的软硬件功能单元来实现。

3. 杂波信号模拟

目前常用的杂波信号产生方式主要分为两类：一类是基于杂波统计模型生成信号；另一类是根据地物散射特性实时计算生成杂波信号。前者对硬件资源要求相对较低，后者对硬件资源要求较高。同时，也可以直接回放外场采集的实测杂波数据，但会受到很多约束。

杂波信号模拟的指标体系可以按信号产生方式分两类提出：

（1）基于统计模型的杂波模拟。主要指标包括：杂波功率谱分布类型、杂波幅度谱分布类型、杂波距离范围、多普勒频率范围、脉宽范围等。

（2）基于散射特性实时计算的杂波模拟。主要指标包括：最大计算散射点数、网格分辨率、适应信号最大瞬时带宽、脉冲重复频率、脉冲宽度、基准图存储容量、RCS 精度、DEM 精度等。

在设计实现杂波信号的模拟时，第一类基于统计模型的方法，其依托的硬件资源与雷达目标回波模拟的硬件资源是一致的；而第二类实时计算方法由于对计算资源的要求较大，则需要单独的软硬件功能模块来实现。

现有的地海杂波建模方法已有大量且成熟的研究与应用，在此不做具体描述。需要注意的是，在将其应用于雷达对抗辐射式半实物仿真中时，除了杂波本身的模拟外，还需要将其调制与雷达目标回波信号对应起来，二者要满足一定的时域、空域对应关系，这一点是十分关键的。

3.3.2 典型实现方案

雷达回波与干扰信号模拟同样通过一套由计算机控制的实时半实物仿真实验系统来实现，可以用一种典型的实现方案将系统从功能上划分，主要由显示控制单元、微波链路单元、基带处理单元以及结构单元组成。

显示控制单元包括交换板、时钟板模块、光纤反射内存卡、单板机和工控机，用于为用户提供 UI 界面，与外部系统通信，以及控制内部硬件模块有序工作。通过本地战情软件设置，或通过外部接口接收仿真主控设备的战情配置文件和战情数据，然后由显控单元解析出目标距离/速度/幅度信息、多目标下各个目标的相对时序和幅度特性，以及干扰或背景环境信号的模型等参数，再转换成基带处理单元和微波链路单元的控制字，下发给微波链路单元和基带处理单元的各个模块。

微波链路单元包括测频机模块、干信比模块、下变频模块、上变频模块、信号切换模块和频综模块，用于实现对基带雷达辐射信号的频率变换和功率控制。接收雷达/主动导引头或有源诱偏系统发射的低功率射频信号，测频模块对接收的射频信号进行瞬时测频，根据测得的频率值引导频综产生对应的本振信号。低功率射频信号经过微波链路单元的下变频模块，配合本振信号变频到中频信号，发送给基带处理单元。通过下变频模块可以对接收的射频信号进行频率控制和 AGC 控制，以保证到达基带处理单元的中频信号频率和功率满足基带处理单元 ADC 的采样要求。微波链路单元的上变频模块将接收的中频信号上变频到射频频段，并根据接收到的功率控制码进行幅度控制。

基带处理单元包括信号处理板、SDRAM 存储模块、AD/DA 模块、存储板和光纤子卡。基带处理单元的 A/D 模块将下变频模块输入的中频信号采样量化成实数字信号，然后进行数字下变频，下变频后的基带数字信号分成两路，一路进入瞬时测频功能模块进行瞬时测频，另一路进入目标特性调制模块进行目标速度距离特性调制。目标信号和生成的干扰及杂波信号，经数字上变频、幅度调制发送给 D/A 模块，D/A 模块将数字信号转换成低中频模拟信号输出给微波链路单元。

结构单元包括机柜、机箱、背板、电源等，用于为其他单元提供电源、通风、信号通路和硬件壳体。

该实现方案同样基于成熟的全交换控制系统。

3.3.3 技术要点

1. 数字射频存储技术（DRFM）

射频存储技术是指干扰机通过采用某种方式，迅速存储下雷达的发射信号，在需要干扰时，快速读取存储信号并经过幅相调制或者直接延迟转发，形成与真实目标回波十分相近、与雷达发射信号相关的相参干扰信号。按照存储方式的不同，可以分为模拟射频存储和数字射频存储两类。其中，模拟射频存储用于反战最早，主要靠声表面波、光纤等模拟设备来保存雷达信号，主要优点是响应快、处理带宽和动态范围较大，缺点是干扰调制的灵活性不足。

数字射频存储则是以数字方式对雷达射频信号采样后进行存储。数字射频存储技术是20世纪70年代发展起来的新技术，DRFM能够捕获和存储不同的雷达信号波形并且能够对原始信号进行精确复制。对截获的信号进行适当的时频域处理就能实现对敌方雷达的干扰，而且能同时干扰多个雷达目标。因此，DRFM能够对非相参的常规脉冲雷达和单脉冲雷达信号造成较好的干扰效果。

DRFM不仅能够对非相参的常规脉冲雷达和单脉冲雷达信号造成较好的干扰效果，通过利用其可以产生相参信号的能力还能对脉冲压缩、脉冲多普勒相参雷达产生有效的干扰。伴随着高速数字器件的发展，越来越多的干扰系统采用DRFM作为其核心干扰产生部件进行干扰机的设计。因此，对DRFM技术的研究与工程实现具有重要的意义。数字射频存储器常用指标有：

（1）输入射频范围。
（2）射频输入功率。
（3）射频输出功率。
（4）瞬时带宽。
（5）脉宽。
（6）带内杂散。
（7）延时分辨率。
（8）最大延时。
（9）多普勒偏移量。
（10）多普勒分辨率。

2. 目标战情信息实时处理

目标战情信息实时处理工作过程包含以下三个步骤。

（1）战情接收及解析：系统通过实时内存网以响应中断的方式实时接收战情信息，战情信息包含多个目标的位置和速度信息、雷达的位置和速度信息、雷达波束指向信息。显控单元根据时空关系计算出各个目标与雷达的相对速度、距离和角度信息。战情接收与解析需要时长为t_1。

（2）波束内目标选择：根据雷达波束指向信息及各个目标的角度信息，判断各个目标是否处在雷达波束内，对于波束外的目标进行丢弃，只保留波束内的目标；目标选择需要时长t_2。

（3）目标输出：雷达回波与干扰信号模拟的一个射频通道可以同时模拟角度相同、距离相同或不相同的多个目标，若一个通道可输出n个目标，m个通道（不含干扰通道）可输出$(m \times n)$个目标，即一个天线波束范围内最多模拟$(m \times n)$个目标，随着波束扫描角度变换，根据目标位置和波束指向的空间位置选取符合条件的目标输出，扫描一圈可以做到更多目标分时输出。

对波束内的目标按照优先级进行选择，选择当前雷达波束内优先级最高的$(m \times n)$个目标，其余低优先级的目标进行丢弃。然后将$(m \times n)$个目标的参数进行下发，由对应的通道进行输出。目标选取及输出需要时长为t_3。

根据上面分析，工控机每次战情接收、解析及下发需要的时间为$t = t_1 + t_2 + t_3$。可以按照最小仿真周期$\geqslant t$进行工作。

战情实时解算流程如图3-12所示。帧周期开始后，软件通过中断信号，实时获取轨迹数据。根据辐射源和待测品的轨迹数据，计算出每个辐射源相对于待测品的径向向量。接着，提取出每个辐射源相对于待测品的方位角、俯仰角和距离信息。然后，计算出每个辐射源和待测品在其对应的径向向量上的速度分量，从而获取每个辐射源相对于待测品的径向速度。至此，战情实时解算完成。

3. 射频信号质量控制

1) 谐波抑制

微波链路的谐波主要由链路上的混频器、放大器等非线性器件引起的，输入非线性器件的信号功率越接近器件的非线性区域，微波链路输出的信号谐波功率越大。因此为了降低谐波，在微波链路设计时主要采取两种方法抑制谐波：

（1）在链路里设计具有一定交叠带宽的开关滤波器组，将信号有效带宽外的谐波滤掉；

（2）合理设计链路增益，使用具有高饱和点非线性器件，使输入信号的功率远离器件饱和点，可以有效降低输出信号的谐波。

变频混频交调，采用双平衡混频器，能较好地抑制偶数阶交调和谐波，对于奇数阶交调，通过调节输入信号电平，也可以有效降低谐波。

2) 杂散抑制

回波模拟通道的信号杂散主要由两部分产生：基带输出与微波输出。下面分别进行分析。

（1）基带输出信号杂散。

典型情况下，当基带带宽为1GHz时，FPGA的基带信号经过DRFM子卡的DAC输出后，杂散满足$\leqslant 55\text{dBc}$。下面举一个实物测试例子，结果如表3-3所列。

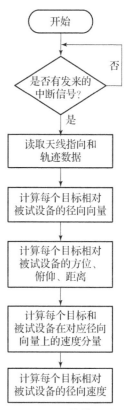

图3-12 战情实时解算流程

表3-3 DAC杂散测试表

测试条件	测试结果/dBc
Fout = 100MHz,0dBFS	66.8
Fout = 150MHz,0dBFS	69.22
Fout = 200MHz,0dBFS	69.91
Fout = 250MHz,0dBFS	71.94
Fout = 300MHz,0dBFS	68.28
Fout = 350MHz,0dBFS	67.72
Fout = 400MHz,0dBFS	68.27
Fout = 450MHz,0dBFS	74.41
Fout = 500MHz,0dBFS	73.04
Fout = 550MHz,0dBFS	72.99
Fout = 600MHz,0dBFS	75.95
Fout = 650MHz,0dBFS	100
Fout = 700MHz,0dBFS	83.79
Fout = 750MHz,0dBFS	82.35
Fout = 800MHz,0dBFS	100
Fout = 850MHz,0dBFS	83.17
Fout = 900MHz,0dBFS	82.32
Fout = 950MHz,0dBFS	80.73
Fout = 1000MHz,0dBFS	80.52
Fout = 1050MHz,0dBFS	79.49
Fout = 1100MHz,0dBFS	55.39

（2）微波输出信号杂散。

微波模块的杂散主要来自频综模块的本振杂散和混频器的交调杂散。当频综是点频信号时，采用锁相环实现，通过调整锁相环路带宽可以实现 -70dBc 以下的杂散，实测结果如图3-13所示。

第 3 章 复杂电磁信号模拟技术

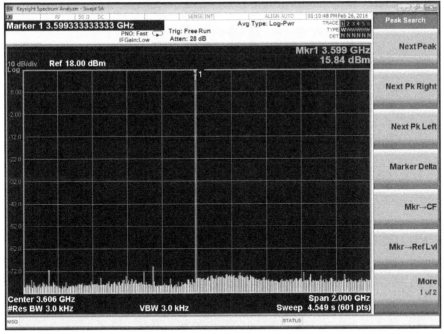

图 3-13 点频本振杂散测试图

当本振是采用 DDS 实现的频综时,它的杂散主要来自 DDS 芯片的杂散,杂散性能取决于 DDS 芯片,典型的高性能 DDS 芯片杂散可以达到 -64dBc 以内,但是因为 DDS 频综进行频率合成时往往采用多级倍频,所以杂散会恶化,一般来说,采用了一级 2 倍频后,杂散指标会恶化 6~8dB。

除频综的本振部分会引入杂散之外,射频设备另一个杂散来源于上下变频链路中混频器产生的交调杂散成分,以上变频混频为例,其输出交调频率成分为 $m \times \text{LO} \pm n \times \text{IF}$($m$ 和 n 为正整数),如图 3-14 所示。

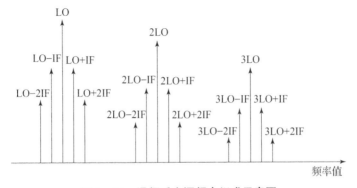

图 3-14 混频后交调频率组成示意图

79

针对混频器产生的交调频率成分，可以使用滤波器滤除杂散频率成分从而得到需要的频率边带（图 3-14 中 LO-IF 或 LO+IF），常使用 7 阶以上的腔体滤波器组合使用从而得到良好的混频后杂散抑制。腔体滤波器组合形式有"带通+带通"和"带通+带阻"，由于滤波器不能直接级联使用，所以两级滤波器之间常需要隔离器或者放大器等器件进行连接。

3）相位噪声

系统输出信号的相位噪声主要取决于输入信号相位噪声和一级本振相位噪声。考虑输入信号为信号源产生的高质量信号时，主要考虑系统本振相位噪声对输出射频信号相位噪声的影响。

当系统的一级本阵相位噪声优于 $-90\text{dBc/Hz}@1\text{kHz}$ 时，输入信号频谱相噪在高于 $-93\text{dBc/Hz}@1\text{kHz}$ 的情况下，输出信号频谱相噪会优于 $-90\text{dBc/Hz}@1\text{kHz}$。

混频输出的射频信号的相噪主要由本振信号的相噪决定，本振频率越高，相噪指标越差。一般来说，为保证输出信号的质量，频综中采用的射频本振的相噪应优于 $-90\text{dBc/Hz}@1\text{kHz}$。

4）噪声系数

现有的基于 DRFM 体制的雷达回波信号模拟技术，需要接收雷达低功率发射信号，经过相关调制再生成回波信号。因此，系统的噪声系数是一个非常重要的指标，影响着模拟回波信号的质量，若噪声系数大于一定范围，可能导致雷达不能正确识别模拟的回波信号，影响测试的可信度。

接收的雷达低功率发射信号在系统内依次经过下变频链路、基带信号处理板和上变频链路。下面以一个典型实例，分别分析三个模块的噪声系数。

（1）下变频链路噪声系数分析。

下变频模块的噪声系数主要受前端链路影响，经过合理设计，整体下变频链路的 NF 可以控制在 5dB 以内。

（2）基带信号处理板噪声系数分析。

基带信号处理板的信号流经链路为 ADC——FPGA——DAC。

ADC 部分：Balun——ADC——FPGA。

DAC 部分：FPGA——DAC——Balun——ATT。

其中 Balun 和 ATT 为无源器件。

ADC 和 DAC 是有源器件。

ADC 采用 TI 的 ADC12DJ3200，噪声系数为 22.9dB。

DAC 采用 TI 的 DAC38RF82，噪声系数计算如下：

噪声因数 F 为总有效输入噪声功率与源电阻单独引起的噪声功率之比，由于阻抗匹配，因此可以用电压噪声的平方来代替噪声功率，噪声系数 NF 是用 dB 表示的噪声因数，NF = 10log10F。

根据板卡输入频率 600MHz，带宽 400MHz，查得手册 DAC 的谱密度为 −170dBm/Hz，$T = 300K$，常量 $k = 1.38 \times 10^{-23}$ J/K。

$$NF = 10\lg 10F = 10\lg\{(-170\text{dBm/Hz} \times 400\text{MHz}) \times [1/(1.38 \times 10^{-23} \text{J/K} \times 300\text{K})] \times 1/400\text{MHz}\} = 3.2\text{dB}$$

综上所述：基带板总噪声系数 = 1dB + 22.9dB + 3.2dB + 1dB + 1.6dB = 29.7dB。

（3）上变频链路噪声系数分析。

上变频模块的噪声系数同样主要受前端链路影响，根据计算，整体上变频链路的 NF 可以控制在 14dB 以内。

4. 调制精度

1）距离模拟范围与精度

目标距离的模拟范围与精度，对应的是目标回波模拟的时延范围与精度。

对于最小距离/最小时延，如前面的分析，若要求不跨重，则该指标取决于系统自身对输入信号的最小延迟。目前通常采用的射频通道设计思路，模拟的目标回波信号的距离计算与调制，主要处理过程有：瞬时测频、上下变频链路、AD/DA 处理、数字信号处理。根据现有器件水平，在合理、优化设计实现下，各部分的时间延迟大致如下：瞬时测频 0.2μs 左右，上下变频链路处理耗时 0.2μs 左右，AD/DA 处理延迟耗时 0.5μs 左右，数字信号处理耗时 0.8μs 左右，因此目标波最小距离计算延迟时间总计 2μs 左右，对用的最小距离为 300m 左右。

对于最大距离/最大时延，主要取决于基带的存储量。例如，选用的基带存储器容量为 8GB，位数为 16bit，则存储深度为 512MB；采样率按 300MHz、8 并行度计算，最大延迟量为 $[512 \times 1024 \times 1024/(3e^8 \times 8)]$s ≈ 223.7ms，对应的最大距离范围可实现 33555km，基本上能够满足各类雷达的最大距离模拟要求。

对于距离模拟精度/时间延迟精度，主要取决于系统的时钟，以及系统绝对时间误差与同步误差。系统延时是由 DRFM 模块在数字上实现的，如系统时钟为 300MHz，按 8 并行度计算，延时步进可达 1/2400MHz ≈ 0.4ns，故理论上可以实现设计精度为 0.4ns。但在实际的实现中，由于系统本身各部分存在一定的绝对时间误差，且这个误差往往是远大于 0.4ns 量级的，所以往往很难做到 0.4ns 的延时精度。

另外，由于系统的射频通道数量往往大于 1 路，此时时延精度就要考虑多通道间的同步问题，如果通道间的同步误差大于 0.4ns，那么也不能实现 0.4ns 的时延精度。

2) 速度模拟范围及精度

目标距离的模拟范围与精度,对应的是目标回波模拟的多普勒调制范围与精度。

多普勒调制往往是在数字基带中通过数字混频的方法叠加实现的,因此多普勒调制范围与精度也就等同于 DDS 的范围和精度。

目前主流器件的 DDS 的范围可以达到 -150~150MHz 甚至更高,假设系统的工作频段为 2~18GHz,速度模拟范围 -10000~10000m/s,我们可以做以下分析:

根据多普勒计算公式:

$$f_d = \frac{2vf}{c} \quad (3-3)$$

多普勒频移与载频呈正相关,因此在最高频率 18GHz 时得到最大频移,10000m/s 速度对应的多普勒频移量为 1.2MHz,即要想实现 10000m/s 速度模拟,DDS 的频率范围要达到 1.2MHz。

对于多普勒调制精度,也就是频率分辨率,取决于统时钟与 DDS 位数。例如,当采用 32 位 DDS 进行模拟,系统时钟为 300MHz,可以实现的频率精度最小为 $300 \times 10^6 / (2^32) = 0.07Hz$。

5. 幅相标校

雷达回波与干扰信号的幅相标校同复杂电磁环境信号一样,可借助标准仪器(标准信号源和矢量网络分析仪)实现幅相校准功能,以保证输出的射频信号幅度和相位精度满足系统要求。

标校过程中,将系统的不同通道依次连接至矢量网络分析仪,将矢量网络分析仪调至接收机模式,系统设置为校准模式,用户可设置需要校准的频段和步进,通过标校软件进行自动标校,并将标校表格存储在工控机中。通过标准仪器测量通道间幅相差,上位机回读测试数据并生成对应的校准文件。校准完成后,雷达目标回波与环境信号模拟设备在工作时通过调用校准文件对输出信号进行幅相调制,根据从矢量网络分析仪获取的幅相补偿表格进行幅相补偿,保证多通道输出同步。

以下为幅相标校工作流程。标校软件启动后,通过以太网与系统和矢量网络分析仪进行通信,控制系统的频率和功率输出,获取矢量网络分析仪的测量结果。首先设置基准通道,选择校准通道,设置校准起止频率和标校步进,设置校准起止功率和标校步进。接着,幅相标校开始,软件自动将起始频点的频率控制码下发给系统,遍历控制码,读取矢量网络分析仪在起始频点测量的幅度差和相位差,保存为起始频率幅相表。软件按照频率步进,依次自动下发频率控制码给系统,在每个频率均遍历控制码,取矢量网络分析仪在该频点测量的幅度差和相位差,保存为该频率幅相表。上述过程完成后,软件可查询幅相表并下发控制码,FPGA 进行内部幅相修正后,获取校准参数并保存。对各个通道依次重复上述标校过程,对每个通道均进行幅相修正并保存校准参数。

在涉及 SAR 回波模拟等宽带信号的幅相标校时,可以采用数字预失真校正技术。数字预失真校正技术具有幅相平衡度高、实现结构灵活和系统系能稳定的特点,具有非常大的实际工程意义。

3.4 复杂电磁环境模拟中的模型实现

雷达对抗辐射式仿真,最主要的接入方式是射频信号通过辐射方式在仿真系统与待测品之间交互。因此,雷达对抗辐射式仿真的关键任务是如何尽可能逼真地模拟到待测品天线口面处的射频信号。

不同的待测品,所需模拟的信号类型和对抗方装备不同:对于雷达侦察装备和反辐射导引头而言,需要模拟给待测品的信号包括目标辐射源信号、有源诱偏系统等有源干扰信号、背景辐射源信号以及其他战场复杂电磁环境信号;对于雷达装备而言,需模拟给待测品的信号包括目标回波信号、干扰信号、杂波信号以及其他战场复杂电磁环境信号;对于干扰装备而言,需模拟给待测品的信号包括雷达发射信号、背景辐射源信号以及其他战场复杂电磁环境信号;对于被动体制的雷达导引头,模拟需求与雷达对抗侦察装备类似,对于主动体制的雷达导引头,模拟需求与雷达装备类似。

由此可知,雷达对抗辐射式半实物仿真的实质,就是由模型驱动硬件产生所需射频信号和模拟对抗方装备。因此,硬件指标决定了仿真的能力边界,而模型则决定了仿真的置信度,是最为关键的组成部分。

雷达对抗辐射式半实物仿真系统模型按照系统组成来划分,可以分为仿真控制模型、信号生成模型、信号调制模型、信号处理模型等;按照所模拟的装备功能划分,可以分为雷达侦察装备模型、雷达装备模型、雷达干扰装备模型、反辐射武器模型等;按照模型的具体功能来划分,可以分为平台运动学模型、坐标转换模型、相对运动模型、电磁传播模型、天线扫描模型、天线方向图模型、杂波统计模型、目标特性模型、测试结果评估模型等。

雷达装备在作战中面临复杂的战场电磁信号环境,主要包括各类多路径信号,这些信号都将或多或少影响雷达装备对目标的识别和跟踪,并最终影响雷达装备的作战效能。

因此，雷达对抗辐射式仿真在构建雷达装备电磁信号环境时，需要开展研究构建多路径等信号模型，同时，需要构建与此相关的各类其他模型，包括坐标系及坐标系模型、信号传输路径模型和遮挡效应模型等。

3.4.1 电磁信号传播路径模型

雷达对抗辐射式仿真战情设置中，首先需要设置雷达装备、雷达目标和干扰机的空间坐标位置（一般可以用大地坐标系定义），仿真开始后，雷达对抗辐射式仿真需要根据雷达装备、雷达目标和干扰机的空间坐标位置计算相对距离和角度关系；根据上述结果，计算信号的时延和幅度衰减、相位变化等参数；最后利用上述参数以及信号特征等解算并模拟生成回波信号、干扰信号和杂波信号等。为了保证雷达对抗辐射式仿真能够构建动态、复杂、变化的电磁信号环境，需要雷达装备信号传播路径模型和坐标变换模型。

1. 两点之间地面水平距离

假设两点（雷达装备和雷达目标或雷达装备和干扰机）的地理坐标分别为(L_1, B_1, H_1)和(L_2, B_2, H_2)。

两点间的水平距离就是两点间的大地线弧长，为了利用球面三角形解算大地线弧长，先建立大地椭球面上大地线各点和相对应的球体大圆圆弧经纬度的变换关系：

$$\begin{cases} \phi_1 = \arctan(\sqrt{1-e^2}\tan B_1) \\ \phi_2 = \arctan(\sqrt{1-e^2}\tan B_2) \\ \gamma = L_2 - L_1 + [\alpha\sigma - \beta\sin\sigma(2\sin\phi_1\sin\phi_2 - \cos^2\varphi_0\cos\sigma)]\sin\varphi_0 \\ \alpha = \left(\frac{1}{2}e^2 + \frac{3}{2^5}e^4 + \frac{41}{2^{10}}e^6\right) - \left(\frac{1}{2^5}e^4 + \frac{5}{2^8}e^6\right)\cos(2\varphi_0) + \frac{3}{2^{10}}e^6\cos(4\varphi_0) \\ \beta = \left(\frac{1}{2^4}e^4 + \frac{3}{2^6}e^6\right) - \frac{1}{2^6}e^6\cos(2\varphi_0) \end{cases}$$

（3－4）

式中：ϕ_1、ϕ_2分别为在单位球体上对应于大地椭球两点的纬度值；γ为单位球体上对应大地椭球上两点间经度差的经度值；e为大地椭球第一偏心率；φ_0为过两点的大地线在地理纬度为零时的大地线方位角；σ为单位球上对应两点间大地线弧长的角弧值；α、β是同大地椭球第一偏心率e和φ_0有关的两个系数。

对于 WGS－84 大地椭球

$$\begin{cases} \alpha = 13.3514 \times 10^{-3} - 1.40632 \times 10^{-6}\cos(2\varphi_0) + 8.78926 \times 10^{-10}\cos(4\varphi_0) \\ \beta = 2.81498 \times 10^{-6} - 4.68761 \times 10^{-9}\cos(2\varphi_0) \end{cases}$$

$$(3-5)$$

利用球面三角形的有关公式，可计算出式（3-4）中的 σ 和 φ_0 为

$$\begin{cases} \sin\varphi_0 = \cos\phi_1 \sin\varphi_1 \\ \varphi_1 = \arctan\left(\dfrac{p}{q}\right) \\ \sigma = \arctan\left(\dfrac{p\sin\varphi_1 + q\cos\varphi_1}{\sin\phi_1\sin\phi_2 + \cos\phi_1\cos\phi_2\cos\lambda}\right) \\ p = \sin\lambda\cos\phi_2 \\ q = \cos\phi_1\sin\phi_2 - \sin\phi_1\cos\phi_2\cos\lambda \end{cases} \quad (3-6)$$

为了计算 σ 和 φ_0 可首先设定

$$\gamma = L_2 - L_1 \quad (3-7)$$

利用式（3-6）计算 σ 和 φ_0，然后把 σ 和 φ_0 代入式（3-4）计算 γ，并再次利用式（3-6）计算 σ 和 φ_0，如此循环迭代，直到获得满足精度要求的 σ 和 φ_0 为止。

利用式（3-4）和式（3-6）所获得的 ϕ_1、ϕ_2、σ、φ_0，可计算雷达装备和目标之大地线长度为

$$G = b[A\sigma + (Bx + Cy)\sin\sigma] \quad (3-8)$$

式中

$$\begin{cases} x = 2\sin\phi_1\sin\phi_2 - \cos^2\varphi_0\cos\sigma \\ y = (\cos^4\varphi_0 - 2x^2)\cos\sigma \\ A = 1 + \dfrac{1}{8}e'^2 - \dfrac{9}{512}e'^4 + \dfrac{25}{4096}e'^6 + \left(\dfrac{1}{8}e'^6 - \dfrac{3}{128}e'^4 + \dfrac{75}{8192}e'^2\right)\cos(2\varphi_0) - \\ \quad \left(\dfrac{3}{512}e'^4 - \dfrac{15}{4096}e'^6\right)\cos(4\varphi_0) + \dfrac{5}{8192}e'^6\cos(6\varphi_0) \\ B = \dfrac{1}{4}e'^2 - \dfrac{1}{32}e'^4 + \dfrac{45}{4096}e'^6 - \left(\dfrac{1}{32}e'^4 - \dfrac{15}{1024}e'^6\right)\cos(2\varphi_0) + \dfrac{15}{4096}e'^6\cos(4\varphi_0) \\ C = \dfrac{1}{64}e'^4 - \dfrac{3}{512}e'^6 - \dfrac{3}{512}e'^6\cos(2\varphi_0) \end{cases}$$

$$(3-9)$$

b 为大地椭球的短轴长度，$b = 6356752.3142\text{m}$；

e' 为大地椭球的第二偏心率，$e'^2 = 0.00673949674227$。

将上述值代入，即可计算得到两点之间地面水平距离。

2. 两点间的直射距离模型

两点间的地面水平距离为 G，第一点的高程为 H_1，第二点的高程为 H_2。被试雷达装备和目标的大弧夹角

$$\varphi = \frac{G}{a_e} \tag{3-10}$$

两点间的直射距离

$$R_d = \sqrt{(a_e + H_1)^2 + (a_e + H_2)^2 - 2(a_e + H_1)(a_e + H_2)\cos\varphi} \tag{3-11}$$

3.4.2 多路径模型

在雷达工作过程中，雷达对目标的跟踪会受到地面/海面反射信号的影响，即多路径传输信号的影响。雷达对抗辐射式仿真需要根据多路径信号的传输过程，复现多路径传输信号。

首先根据雷达装备和攻击目标的相位空间位置，确定反射点位置以及多路径信号传输的路径长度；其次根据反射点介质的属性，确定反射点介质的介电常数；最后根据介电常数，确定反射系数。

雷达装备在攻击地面或海面目标时，多路径效应是影响其攻击效果的重要因素之一，因此也是复杂电磁环境构建中不可或缺的要素。在模拟多路径效应时，首先需要确定信号反射点的位置。

假设目标高度为 H_1，雷达装备天线高度为 H_2，雷达装备天线至目标的地面水平距离 G，干扰机的中心工作频率 f。

考虑到地球曲率半径的影响，寻找光滑球形地面的反射点需求解一个三次方程。

$$2G_1^3 - 3GG_1^2 + [G^2 - 2a_e(H_1 + H_2)]G_1 + 2a_e H_1 G = 0 \tag{3-12}$$

可利用以下公式计算反射点的位置

$$\begin{cases} G_1 = \dfrac{G}{2} - P\sin\dfrac{\xi}{3} \\ P = \dfrac{2}{\sqrt{3}}\left[a_e(H_1 + H_2) + \left(\dfrac{G}{2}\right)^2\right]^{\frac{1}{2}} \\ \zeta = \arcsin\left[\dfrac{2a_e(H_2 - H_1)G}{P^3}\right] \end{cases} \tag{3-13}$$

由此可进一步得到

$$\varphi_1 = \frac{G_1}{a_e} \tag{3-14}$$

$$\varphi_2 = \frac{G_2}{a_e} \tag{3-15}$$

$$R_1 = \sqrt{h_1^2 + 4a_e(a_e + h_1)\sin^2(\varphi_1/2)} \tag{3-16}$$

$$R_2 = \sqrt{h_2^2 + 4a_e(a_e + h_2)\sin^2(\varphi_2/2)} \tag{3-17}$$

反射点处的入射余角为

$$\psi = \arcsin\frac{H_1^2 + 2a_e H_1 - R_1^2}{2R_1 a_e} \tag{3-18}$$

相位滞后 ϕ 可表示为

$$\phi = \phi_0 + \frac{2\pi}{\lambda}\delta_0 \tag{3-19}$$

$$\lambda = \frac{0.3}{f} \tag{3-20}$$

$$\delta_0 = R_1 + R_2 - R_d = \frac{4R_1 R_2 \sin^2\psi}{R_1 + R_2 + R_d} \tag{3-21}$$

通过模型计算可以得到：反射点至干扰机的距离 G_1，反射点至被试雷达的距离 G_2，相位滞后 ϕ，程差 δ_0，入射余角 ψ，反射点到干扰机的射线距离 R_1，反射点到被试雷达的射线距离 R_2。

电磁波经反射点反射后，其幅度和相位会发生改变。影响反射信号幅度相位该变量相关的参数数是反射点的复介电常数。

1. 平滑地面反射系数模型

平滑地面反射系数与入射余角 ψ、反射点的复介电常数 ε_c、极化方式密切相关。

根据信号的极化方式，平滑海面、地面的反射系数 ρ_0 可以用以下各式求得：

对于水平极化

$$\rho_{0(h)} e^{-i\phi_h} = \frac{\sin\psi - \sqrt{\varepsilon_c - \cos^2\psi}}{\sin\psi + \sqrt{\varepsilon_c - \cos^2\psi}} \tag{3-22}$$

对于垂直极化

$$\rho_{0(v)} e^{-i\phi_v} = \frac{\varepsilon_c \sin\psi - \sqrt{\varepsilon_c - \cos^2\psi}}{\varepsilon_c \sin\psi + \sqrt{\varepsilon_c - \cos^2\psi}} \tag{3-23}$$

对于斜极化

$$\rho_0 e^{-i\phi} = |\cos\alpha|\frac{\sin\psi - \sqrt{\varepsilon_c - \cos^2\psi}}{\sin\psi + \sqrt{\varepsilon_c - \cos^2\psi}} + |\sin\alpha|\frac{\varepsilon_c \sin\psi - \sqrt{\varepsilon_c - \cos^2\psi}}{\varepsilon_c \sin\psi + \sqrt{\varepsilon_c - \cos^2\psi}}$$

$$\tag{3-24}$$

对于圆极化

$$\rho_0 e^{-i\phi} = \frac{1}{2}\left(\frac{\sin\psi - \sqrt{\varepsilon_c - \cos^2\psi}}{\sin\psi + \sqrt{\varepsilon_c - \cos^2\psi}} + \frac{\varepsilon_c \sin\psi - \sqrt{\varepsilon_c - \cos^2\psi}}{\varepsilon_c \sin\psi + \sqrt{\varepsilon_c - \cos^2\psi}}\right) \quad (3-25)$$

式中：α 为斜极化与水平方向的夹角；ρ_0 为平滑表面的反射系数，ϕ 为反射点引入的相位滞后。

2. 粗糙度因子模型

对于粗糙地面，电磁波信号经过粗糙地面或海面反射后，会形成粗糙面的散射信号。假定粗糙表面凸凹高度按高斯分布，其均方差为 σ_h，入射余角为 ψ，信号波长为 λ。

模型建立：

$$\gamma = \begin{cases} \exp\left[-2\left(\dfrac{2\pi\sigma_h \sin\psi}{\lambda}\right)^2\right] & \dfrac{\sigma_h \psi}{\lambda} \leq 0.11 \\ 0.5018913 - \sqrt{0.2090248 - \left(\dfrac{\sigma_h \psi}{\lambda} - 0.55819\right)^2} & 0.11 < \dfrac{\sigma_h \psi}{\lambda} \leq 0.26 \\ 0.15 & \dfrac{\sigma_h \psi}{\lambda} > 0.26 \end{cases}$$

$$(3-26)$$

式中：γ 为粗糙地面散射因子；σ_h 为粗糙表面凸凹高度按高斯分布的均方差，对有浪的海面 $\sigma_h = \frac{1}{4}H_{1/3}$，其中，$H_{1/3}$ 是波浪数中 1/3 的最高者的浪顶至浪谷高度的平均值。不同海情下的 $H_{1/3}$ 和 σ_h 取值见表 3-4。

表 3-4 不同海情下的 $H_{1/3}$ 和 σ_h 取值

海情等级	名称	浪高 $H_{1/3}$/m	标准偏差浪高 σ_h/m	平均标准偏差浪高 σ_h/m
0	无浪	0	0	0
1	微浪	<0.1	<0.025	0.0125
2	小浪	0.1~0.5	0.025~0.125	0.075
3	轻浪	0.5~1.25	0.125~0.3125	0.22
4	中浪	1.25~2.5	0.3125~0.625	0.47
5	大浪	2.5~4.0	0.625~1.0	0.81
6	巨浪	4.0~6.0	1.0~1.5	1.25

续表

海情等级	名称	浪高 $H_{1/3}/\text{m}$	标准偏差浪高 σ_h/m	平均标准偏差浪高 σ_h/m
7	狂浪	6.0~9.0	1.5~2.25	1.875
8	狂涛	9.0~14.0	2.25~3.5	2.875
9	怒涛	>14.0	>3.5	3.5

3.4.3 遮挡效应模型

干扰机对雷达装备进行干扰时,由于干扰机的布设关系,两者之间可能存在山丘等物体的遮挡,如陆军反坦克导弹在攻击过程中,弹道比较低,此时干扰机很可能无法与雷达装备形成通视。但由于电磁波的传播特性,干扰信号仍然会对雷达装备产生影响。

假设干扰机的地理坐标为 $S(L_j, B_j, H_j)$,雷达装备的地理坐标为 $R(L_r, B_r, H_r)$,遮挡物的地理坐标为 $M(L_d, B_d, H_d)$,雷达装备的工作波长为 λ。三者之间的关系如图 3-15 所示。

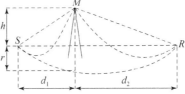

图 3-15 干扰机和雷达装备遮挡效应空间关系示意图

首先根据干扰机和被试雷达装备的地理位置,求出干扰机和被试雷达装备的地面水平距离 G 和射线距离 R_d。

干扰机射线与干扰同地心连线的夹角

$$\theta_1 = \arccos \frac{R_d^2 + 2a_e(H_j - H_r) + H_j^2 - H_r^2}{2R_d(a_e + H_j)} \quad (3-27)$$

由干扰机和遮挡物的地理位置,求出遮挡物到干扰机的地面水平距离 d_1,则遮挡物到被试雷达装备的地面水平距离 $d_2 = G - d_1$。

遮挡物与干扰机的地心夹角 $\alpha = \dfrac{d_1}{a_e}$。

则遮挡物的有效高度:

$$h = \frac{\sin\theta_1}{\sin(\theta_1 + \alpha)}(a_e + H_j) - a_e - H_d \quad (3-28)$$

$$v = h\sqrt{\frac{2}{\lambda}\left(\frac{1}{d_1} + \frac{1}{d_2}\right)} \quad (3-29)$$

若 $v \leqslant -0.75$ 无遮挡效应。若 $v > -0.75$,则

$$F_{\mathrm{dB}} = -(6+8.06v) + 20\lg f_{\mathrm{j}}(\phi_{\mathrm{j}},\theta_{\mathrm{j}}) + 20\lg f_{\mathrm{r}}(\phi_{\mathrm{r}},\theta_{\mathrm{r}}) \quad -0.75 < v < 1$$

$$F_{\mathrm{dB}} = -[6.4 + 20\lg(\sqrt{v^2+1}+v)] + 20\lg f_{\mathrm{j}}(\phi_{\mathrm{j}},\theta_{\mathrm{j}}) + 20\lg f_{\mathrm{r}}(\phi_{\mathrm{r}},\theta_{\mathrm{r}}) \quad v \geq 1$$

(3-30)

式中：$a_{\mathrm{e}} = \frac{4}{3}a$ 为等效地球曲率半径，$a = 6370000\mathrm{m}$。

3.4.4 坐标系和坐标系变换模型

1. 坐标系

构建复杂电磁环境时需要包括的坐标系包括：地理坐标系、地心坐标系、雷达测量坐标系、平台坐标系、投影坐标系等。同时还需要包括等与雷达装备相关的坐标系。

1）地理坐标系

以地理经线和纬线两组正交曲线构成的坐标，该坐标的建立是在大地球体上的任一点，引一条垂直于该点地平面的垂线，该垂线同赤道面相交的角（该交点一般不过地心），称为地理纬度。过该点的经线面（也称子午面）与起始经线面的夹角为地理经度，一般地理经度和地理纬度统称为经纬度，也称为天文经纬度。地理表面上的一个点距水准面的距离称为高程。

在战情设计中，所设定的每一目标的坐标位置就是地理坐标系中的经纬度，用 $\varPhi$ 表示纬度，λ 表示经度，H 表示高程。

2）地心坐标系

以规定长短半轴长度的旋转椭球体的质心为坐标原点，Z 轴指向地球北极（短轴方向），X 轴处于赤道面内（长轴方向）指向零子午线同赤道的交点，Y 轴与 Z、X 轴按右手法则构成的坐标系，称为地心坐标系。一般采用 WGS-84 坐标系所规定的椭球参数。

地心坐标系的极坐标表示法：

按 WGS-84 或 DX-2 大地坐标系所构成的地球椭球体表面上的一点，该点切平面的法线同赤道面的夹角称为纬度 B，通过该点的子午圈同零子午线的夹角称为经度 L，该点距切平面的距离称为高程 H，该点的极坐标用 (L, B, H) 表示。

地心坐标系的经纬度同地理坐标系的经纬度的关系为

$$\varPhi = B + \xi \quad (3-31)$$

$$\lambda = L + \eta\sec B \quad (3-32)$$

式中：λ、$\varPhi$ 为地理坐标系的天文经纬度；L、B 为地心坐标系的经纬度；ξ、η 为随地球各点而异的子午圈和卯酉圈修正值。

在通常情况下，由于 ξ、η 修正值均较小，可以近似认为 $L=\lambda$，$B=\Phi$。地心坐标系的直角坐标可表示为

$$X = (N+H)\cos B\cos L \tag{3-33}$$

$$Y = (N+H)\cos B\sin L \tag{3-34}$$

$$Z = [N(1-e^2)+H]\sin B \tag{3-35}$$

卯酉圈曲率半径：

$$N = \frac{a}{(1-e_2\sin^2 B)^{1/2}} \tag{3-36}$$

式中：a 为地球椭球体的长半轴长度；e 为第一偏心率。

3）大地雷达测量坐标系

大地雷达测量坐标系如图 3-16 所示。位于地球表面高程为 H_0 的一点，雷达装备天线回转中心（对无机械旋转轴的天线为天线中心）的高度为 h，以天线回转中心为坐标原点，作过原点的水平面，并过天线回转中心作水平面的法线作为 Z 轴，Z 轴指向向上为正，Y 轴在水平面内过原点沿经线指向地轴的北极，X 轴按右手法则沿纬线指向东。

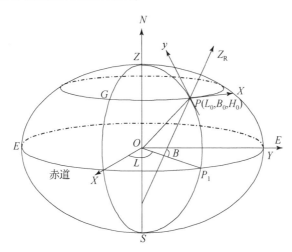

图 3-16　垂线坐标系和大地雷达测量坐标系

在进行雷达装备半实物仿真测试时，当雷达装备的作用距离较远时，由于大气的电磁折射率随大气的高度而变化，从而引起由天线所辐射电磁波在大气传播过程中不再按直线传播而发生弯曲，为了把这一弯曲的射线修正为直线，可把地球椭球体的曲率半径修正为等效地球曲率半径 a_e。

$$a_e = ka \tag{3-37}$$

式中：k 为等效地球曲率半径系数，通常取 $k=4/3$；a 为物理地球曲率半径。

严格地讲，按等效地球曲率半径所建立的大地雷达测量坐标系才能把弯曲的射线变为直线，但由于做这样的处理后，在大地雷达测量坐标系内的测量值和垂线坐标系内的真值不再一致，引入误差。为了保证仿真中的真值不变，在大地雷达测量坐标系中仍利用实际的地球曲率半径。电磁波的弯曲所带来的原理性测量误差，可作为系统误差加以修正，但在仿真测试中可不考虑。另外，垂线坐标系和法线坐标系的经纬度值差异很小，并通常在电子地图中已将垂线坐标系的经纬度修正为法线坐标系的经纬度值。

4）平台坐标系

以雷达装备的质心为坐标原点建立一个运载平台坐标系，坐标系的 Y 轴同设备首尾中线相重合，并指向首向，通过 Y 轴的一个平面作为在这些载体上安装其他装置的一个基准平面，过质心并垂直于该平面的法线为 Z 轴，向上为正。X 轴按右手法则确定。同时假定所有安装在载体上的设备的坐标原点和载体质心相重合。

描述平台坐标系相对大地雷达测量坐标系的参数有：

(1) 航向角：把雷达装备看作一个质点，该质点在大地雷达测量坐标系内的运动方向同真北的夹角，称为航向角。真北为零，顺时针为正。

(2) 偏航角：雷达装备首尾线 Y 轴在水平面内的投影同航向角间的夹角，顺时针为正。

(3) 纵倾角：雷达装备 Y 轴在垂直于大地平面内（龙骨面）相对大地水平面的转角，通常规定为首向下为正。

(4) 横滚角：在雷达装备肋骨面内 X 轴同大地水平面间的夹角。通常规定，面向 Y 轴，右手向下为正。

5）投影坐标系

投影坐标系用于将一个质点的运动轨迹投影到地图平面上，以便在显示电子地图的同时，显示一个质点在地图上的运动轨迹。由于大区域范围内的地图投影一般采用高斯投影，为了同电子地图相匹配，本系统的投影坐标系采用高斯投影坐标系。

6）地固坐标系

地固坐标系固连于地球，原点位于地心，$o_e y_e$、$o_e x_e$ 轴位于赤道平面内，$o_e x_e z_e$ 平面为零经线所在平面（精度 $\lambda = 0°$ 的子午平面）。

(1) 地理坐标系。地理坐标系 $Z_D(o_D x_D y_D z_D)$ 的原点位于导弹质心，oz_D 方向由西向东平行于地理纬线的切线，oy_D 轴沿地心与导弹质心的连线的径向方向，与 ox_D 构成右手坐标系。

(2) 弹体坐标系。弹体坐标系 $Z_b(o_b x_b z_b)$ 的原点位于导弹质心，ox_b 与弹体纵轴重合指向运动方向，oy_b 垂直于 ox_b 位于导弹纵向对称面内，与 oz_b 构成右手坐标系。

（3）弹体执行坐标系。弹体执行坐标系 $Z_c(o_c x_c y_c z_c)$ 主要用于"$X-X$"气动布局的弹体，它是由弹体坐标系绕 ox_b 轴逆时针旋 $45°$ 转得到的。因其 oy_c 轴与 oz_c 轴分别位于两个控制舵面所在的平面内，故称执行坐标系。

（4）速度坐标系。速度坐标系 $Z_v(ox_v y_v z_v)$ 的原点位于导弹质心，ox_v 指向飞行速度方向，oy_v 垂直于 ox_v 位于导弹的对称平面内，与 oz_v 构成右手坐标系。

（5）弹上视线坐标系。弹上视线坐标系 $Z_{s1}(ox_{s1} y_{s1} z_{s1})$ 的原点位于雷达装备天线旋转中心上（近似地看作与导弹质心重合），ox_{s1} 沿视线方向，指向目标为正，oy_{s1} 在包含视线且垂直于 $x_b oz_b$ 平面的平面内，垂直于轴，向上为正，与 oz_{s1} 构成右手坐标系。

（6）ox_{s1} 视线坐标系。视线坐标系 $Z_s(ox_s y_s z_s)$ 的原点位于导弹质心，ox_s 沿视线方向，指向目标为正，oy_s 在包含 ox_s 的铅垂面内，垂直于 ox_s 轴，向上为正，与 oz_s 构成右手坐标系。

（7）弹上测量坐标系。弹上测量坐标系 $Z_{bm}(ox_{bm} y_{bm} z_{bm})$ 的原点位于雷达装备天线旋转中心（近似地看作与导弹质心重合），ox_{bm} 沿雷达装备敏感轴方向，指向目标为正，ob_{bm} 在包含 ox_{bm} 轴且与 $x_b oz_b$ 平面垂直的平面内，垂直于 ox_{bm} 轴，向上为正，与 oz_{bm} 构成右手坐标系。

（8）发射坐标系。发射坐标系 $z_f(ox_f y_f z_f)$，原点为导弹发射瞬间，导弹质心在水平面的投影，ox_f 为弹目视线在水平面的投影指向目标方向，oy_f 在包含 oy_f 的铅垂面内向上，oz_f 按右手坐标系确定。

其中，地理坐标系、地固坐标系主要应用于武器、目标的运动解算以及二维、三维态势显示；弹体坐标系、速度坐标系、视线坐标系、弹上视线坐标系、弹体执行坐标系主要应用于武器单元弹体姿态、制导律等模型的相关解算；弹上测量坐标系用于提供目标参数测量基准。

地理坐标系是以地理经线和纬线两组正交曲线构成的坐标系，该坐标系的建立是在大地球体上的任一点，引一条垂直于该点地平面的垂线，该垂线同赤道面相交的角（该交点一般不过地心）称为地理纬度。过该点的经线面（也称子午面）与起始经线面的夹角为地理经度，一般地理经度和地理纬度统称为经纬度，也称为天文经纬度。在模型中，所设定的每一目标的坐标位置就是地理坐标系中的经纬度。

地心坐标系是以长短半轴长度的旋转椭球体的质心为坐标原点，Z 轴指向地球北极（短轴方向），X 轴处于赤道面内（长轴方向）指向零子午线同赤道的交点，Y 轴与 Z、X 轴按右手法则构成的坐标系。

雷达测量坐标系如图 3-17 所示。位于地球表面高程为 H_0 的一点，对于高度为 h 的雷达装备，以天线回转中心为坐标原点，做过原点的水平面，并过天线回转中心做水平面的法线作为 Z 轴，Z 轴指向向上为正，Y 轴在水平面内过原点沿经线指向地轴的北极，X 轴按右手法则沿纬线指向东。

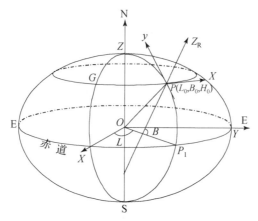

图 3-17　雷达测量坐标系

平台坐标系是以平台质心为坐标原点建立的一个运载平台坐标系，坐标系的 Y 轴同设备首尾中线相重合，并指向首向，通过 Y 轴的一个平面作为在这些载体上安装其他装置的一个基准平面，过质心并垂直于该平面的法线为 Z 轴，向上为正。X 轴按右手法则确定。同时假定所有安装在载体上的设备的坐标原点和载体质心相重合。描述平台坐标系相对大地雷达测量坐标系的参数有：

①航向角：把运载平台看作一个质点，该质点在大地雷达测量坐标系内的运动方向同真北的夹角，称为航向角。真北为零，顺时针为正。

②偏航角：运载平台首尾线 Y 轴在水平面内的投影同航向角间的夹角，顺时针为正。

③纵倾角：运载平台 Y 轴在垂直于大地平面内（龙骨面）相对大地水平面的转角，通常规定为首向下为正。

④横滚角：在运载平台肋骨面内 X 轴同大地水平面间的夹角。通常规定，面向 Y 轴，右手向下为正。

投影坐标系是用于将一个质点的运动轨迹投影到地图平面上，以便在显示电子地图的同时，显示一个质点在地图上的运动轨迹。大区域范围内的地图投影一般采用高斯投影。

坐标系变换模型主要包括地理坐标系到大地雷达测量坐标系的转换、雷达测量坐标系到平台坐标系的转换，便于不同参数的计算。

2. 坐标系变换模型

1) 地理坐标系到大地雷达测量坐标系的转换

输入条件：雷达装备天线的地理位置(L_R,B_R,H_R)，目标的地理坐标位置为(L_t,B_t,H_t)。

模型建立：该坐标变换用于把以经纬度和高程(L,B,H)表示的雷达装备天线和目标的坐标位置，变换为以雷达装备天线相位中心为坐标原点的大地雷达测量坐标系内的直角和极坐标位置。所谓大地雷达测量坐标系，是以雷达装备天线为坐标原点建立的一个直角坐标系，Z轴垂直于雷达装备相位中心处的地面，指向天顶；Y轴指向北极；X轴按右手准则指向东。

设定雷达装备天线的地理位置为(L_R,B_R,H_R)，目标的地理坐标位置为(L_t,B_t,H_t)。首先把雷达装备天线和目标的地理坐标位置变为在地心坐标系内的位置。地心坐标系的原点为地心，Z轴指向北极，X轴在赤道面内指向经度为零的方向，Y轴按右手法则确定。

对于目标的地心坐标为

$$X_t = (N_t + H_t)\cos B_t \cos L_t \tag{3-38}$$

$$Y_t = (N_t + H_t)\cos B_t \sin L_t \tag{3-39}$$

$$Z_t = [N_t(1-e^2) + H_t]\sin B_t \tag{3-40}$$

$$N_t = \frac{a}{(1-e^2\sin^2 B_t)^{1/2}} \tag{3-41}$$

式中：N_t为目标所处地理位置的卯酉圈曲率半径；H_t为目标的高程，$H_t = H + h$；H为目标位置的地面海拔高度；h为目标相对地面的高度；B_t为目标所处位置的地理纬度；L_t为目标所处位置的地理经度。

对于雷达的地心坐标位置为

$$X_0 = (N_R + H_R)\cos B_R \cos L_R \tag{3-42}$$

$$Y_0 = (N_R + H_R)\cos B_R \sin L_R \tag{3-43}$$

$$Z_0 = [N_R(1-e^2) + H_R]\sin B_R \tag{3-44}$$

$$N_R = \frac{a}{(1-e^2\sin^2 B_R)^{1/2}} \tag{3-45}$$

式中：L_R、B_R、H_R及N_R为雷达所处地理位置的经纬度、高程及卯酉圈曲率半径；a为地球椭球体的长半轴长度；e为第一偏心率。具体数值如下。

WGS - 84 椭球体参数：地球长轴——6378137.0000m；地球短轴——6356752.3142m；第一偏心率的平方——0.0066943799013；第二偏心率的

平方——0.00673949674227。

利用式（3-46）~式（3-48）获得目标在大地雷达测量坐标系内的直角坐标位置：

$$X_R = -(X_t - X_0)\sin L_R + (Y_t - Y_0)\cos L_R \quad (3-46)$$

$$Y_R = -(X_t - X_0)\sin B_R \cos L_R - (Y_t - Y_0)\sin B_R \sin L_R + (Z_t - Z_0)\cos B_R \quad (3-47)$$

$$Z_R = (X_t - X_0)\cos B_R \cos L_R + (Y_t - Y_0)\cos B_R \sin L_R + (Z_t - Z_0)\sin B_R \quad (3-48)$$

目标在大地雷达测量坐标系内的极坐标位置为

$$A_z = \begin{cases} \arctan\left(\dfrac{X_R}{Y_R}\right) & X_R \geq 0, Y_R > 0 \\ \pi/2 & X_R > 0, Y_R = 0 \\ \pi + \arctan\left(\dfrac{X_R}{Y_R}\right) & Y_R < 0 \\ 3\pi/2 & X_R < 0, Y_R = 0 \\ 2\pi + \arctan\left(\dfrac{X_R}{Y_R}\right) & X_R < 0, Y_R > 0 \end{cases} \quad (3-49)$$

$$E_L = \arctan\left(\dfrac{Z_R}{\sqrt{X_R^2 + Y_R^2}}\right) \quad (3-50)$$

$$R = \sqrt{X_R^2 + Y_R^2 + Z_R^2} \quad (3-51)$$

输出参数：目标在辐射源所在位置的大地雷达测量坐标系中的直角坐标位置和极坐标位置。

2）大地雷达测量坐标系到平台坐标系的转换

输入参数：目标在雷达所在位置的大地雷达测量坐标系内的直角坐标 (X_R, Y_R, Z_R)，雷达所在平台的航向角 φ_0，偏航角 φ，纵倾角 ψ_0，横滚角 θ_K。

模型建立：当雷达安装在一个移动的运载平台，如舰艇、车辆或飞机上。大地雷达测量坐标系内的一个目标在运载平台坐标系的直角坐标位置为

$$X_p = X_R[\cos\theta_K \cos(\varphi_0 + \varphi) - \sin\theta_K \sin(\varphi_0 + \varphi)\sin\psi_0] \\ - Y_R[\cos\theta_K \sin(\varphi_0 + \varphi) + \sin\theta_K \cos(\varphi_0 + \varphi)\sin\psi_0] - Z_R \sin\theta_K \cos\psi_0 \quad (3-52)$$

$$Y_p = X_R \cos\psi_0 \sin(\varphi_0 + \varphi) + Y_R \cos(\varphi_0 + \varphi)\cos\psi_0 - Z_R \sin\psi_0 \quad (3-53)$$

$$Z_p = X_R[\sin\theta_K \cos(\varphi_0 + \varphi) + \cos\theta_K \sin(\varphi_0 + \varphi)\sin\psi_0]$$

$$+ Y_R [\cos\theta_K \cos(\varphi_0 + \varphi)\sin\psi_0 - \sin\theta_K \sin(\varphi_0 + \varphi)] + Z_R \cos\theta_K \cos\psi_0$$

(3-54)

式中：φ_0 为运载平台运动的航向角（运动方向同真北的夹角），顺时针为正；φ 为偏航角（运载平台首尾线同运载平台运动方向的夹角），顺时针为正；ψ_0 为纵倾角（运载平台首尾线在垂直于地面的龙骨面内同地面的夹角），首向向下为正，角度范围$(-90°,90°)$；θ_K 为横滚角（运载平台台面在肋骨面内同水平面的夹角）；面向运载平台首向，右手侧下俯为正，角度范围$(-180°,180°)$。

目标在运载平台坐标系内的极坐标位置方位角为

$$\alpha_T = \begin{cases} \arctan\left(\dfrac{X_p}{Y_p}\right) & X_p \geq 0, Y_p > 0 \\ \pi/2 & X_p > 0, Y_p = 0 \\ \pi + \arctan\left(\dfrac{X_p}{Y_p}\right) & Y_p < 0 \\ 3\pi/2 & X_p < 0, Y_p = 0 \\ 2\pi + \arctan\left(\dfrac{X_p}{Y_p}\right) & X_p < 0, Y_p > 0 \end{cases} \quad (3-55)$$

俯仰角为

$$\beta_T = \arctan\frac{Z_p}{\sqrt{X_p^2 + Y_p^2}} \quad (3-56)$$

在多路径效应的计算中，需要计算在运载平台上无稳定装置的雷达天线在大地雷达测量坐标系内指向角位置，设定雷达天线在雷达天线坐标系内的指向，方位角为 α，俯仰角为 β。天线在雷达运载平台坐标系内的直角坐标位置为

$$x = \cos\beta\cos\alpha \quad (3-57)$$
$$y = \cos\beta\sin\alpha \quad (3-58)$$
$$z = \sin\beta \quad (3-59)$$

在大地雷达测量坐标系内天线指向的直角坐标位置为

$$x_A = x[\cos\theta_K \cos(\varphi_0+\varphi) - \sin\theta_K \sin(\varphi_0+\varphi)\sin\psi_0] + y\cos\psi_0 \sin\theta_K +$$
$$z[\sin\theta_K \cos(\varphi_0+\varphi) + \cos\theta_K \sin(\varphi_0+\varphi)\sin\psi_0] \quad (3-60)$$

$$y_A = -x[\cos\theta_K \sin(\varphi_0+\varphi) + \sin\theta_K \cos(\varphi_0+\varphi)\sin\psi_0] + y\cos(\varphi_0+\varphi)\cos\psi_0$$
$$+ z[\cos\theta_K \cos(\varphi_0+\varphi)\sin\psi_0 - \sin\theta_K \sin(\varphi_0+\varphi)] \quad (3-61)$$

$$z_A = -x\cos\psi_0 \sin\theta_K - y\sin\psi_0 + z\cos\psi_0 \sin\theta_K \quad (3-62)$$

天线指向的极坐标位置方位角为

$$A_z = \begin{cases} \arctan\left(\dfrac{x_A}{y_A}\right) & x_A \geqslant 0, y_A > 0 \\ \pi/2 & x_A > 0, y_A = 0 \\ \pi + \arctan\left(\dfrac{x_A}{y_A}\right) & x_A < 0 \\ 3\pi/2 & x_A < 0, y_A = 0 \\ 2\pi + \arctan\left(\dfrac{x_A}{y_A}\right) & x_A < 0, y_A > 0 \end{cases} \quad (3-63)$$

俯仰角为

$$E_L = \arctan\left(\frac{z_A}{\sqrt{x_A^2 + y_A^2}}\right) \quad (3-64)$$

输出参数：目标在雷达运载平台坐标系内的直角坐标和极坐标位置。

3.4.5 方向图模型

利用雷达对抗辐射式仿真考核雷达装备性能时，需要将雷达装备发射支路断开，通过线馈的方式将雷达装备的发射信号引入雷达对抗辐射式仿真。雷达对抗辐射式仿真接收信号后，根据弹目之间的相对空间关系，解算目标回波信号、杂波信号等，并通过天线阵列合适位置进行辐射。雷达对抗辐射式仿真辐射的信号由被试雷达装备接收后，对信号进行分析处理得到雷达装备制导控制系统所需的制导信息，制导控制系统根据制导信息以及导弹自身姿态等信息完成制导控制。从中可以看出，在雷达对抗辐射式仿真测试中，被试雷达装备发射天线没有引入半实物仿真闭环过程中，需要由雷达对抗辐射式仿真构建相应的模型，才能准确模拟出目标回波信号、杂波信号等。

1. 相控阵天线模型

目前已有雷达装备的天线采用相控阵天线。相控阵天线方向图波束宽度与阵元数量、布局、工作频段和波束指向密切相关。其方向图的波束宽度一般可以表示为

$$\theta_B = \frac{k\lambda}{Nd\cos\theta_0} \quad (3-65)$$

式中：k 为波束宽度因子；λ 为工作波长；N 为线阵阵元数；d 为阵元间距；θ_0 为扫描角，也就是波束指向。通常，均匀口径照射情况下 3dB 波束宽度的 $k = 0.886$，4dB 波束宽度的 $k = 1$。

2. 高斯模型

相控阵天线的波束宽度一般较小,可以采用高斯模型进行估算天线的波束宽度 θ_B 和平均副瓣电平 l。

$$f(\theta) = \begin{cases} \exp\left(-0.346574\left(\dfrac{\sin\theta}{\sin(\theta_B/2)}\right)^2\right) & f(\theta) \geqslant 10^{\frac{l}{20}} \\ 10^{\frac{l}{20}} & \text{其他} \end{cases} \quad (3-66)$$

3. 自定义天线方向图模型

主瓣宽度 θ_B(单位:rad),正偏角副瓣数 m,正偏角副瓣电平 $l_1,\cdots,l_m$(单位:dB);负偏角副瓣数 n,负偏角副瓣电平 $l_{-1},\cdots,l_{-n}$(单位:dB)。

模型建立:

$$f(\theta) = \left| \sum_{i=-n}^{m} (-1)^i 10^{\frac{l_i}{20}} \exp\left[-0.346574\left(\dfrac{\sin\theta}{\sin(\theta_B/2)} - 4i\right)^2\right] \right|$$
$$l_0 = 0 \quad (3-67)$$

4. 实测天线方向图模型

通过电磁仿真计算或实际测试,可以得到天线方向图、增益等辐射参数。将测量结果与角度关系一一对应,可以得到自定义方向图模型,自定义方向图模型格式见表 3-5 所列。

表 3-5 自定义天线方向图

θ	θ_1	θ_2	θ_3	…
$f(\theta)$	f_1	f_2	f_3	…

对于,自定义数据之外的角度,即当 $\theta_i \leqslant \theta \leqslant \theta_{i+1}$ 时,可以通过插值的方式构建方向图:

$$f(\theta) = \dfrac{f(\theta_{i+1}) - f(\theta_i)}{\theta_{i+1} - \theta_i}(\Delta\theta - \theta_i) + f(\theta_i) \quad (3-68)$$

3.4.6 目标特性模型

在进行雷达干扰机干扰效果仿真测试和雷达抗干扰效果测试时,建立与真实战情基本一致的雷达目标回波模型至关重要,它是保证仿真测试结果置信度的关键。

目标与周围介质的电磁参数不同,当电磁波照射到它上面时,产生感应电流和电荷,这样目标变成二次辐射源,向空间辐射电磁波,形成目标散射。根据目标材料、表面形状和状态的不同,有四种主要的散射方式:镜面反射、漫散射、绕射和表面波散射。对复杂形体所构成的目标来说，其散射特性是由其各部分散射矢量叠加而成，从而产生了其散射特性在幅度、极化、相位等方面的复杂性。在半实物仿真系统建立雷达目标回波模型时，一般需要考虑以下几种目标特性：

（1）目标平均雷达截面随频率和视角的变化。
（2）幅度起伏。
（3）幅度调制的谱分布。
（4）角闪烁。
（5）角噪声的谱分布。
（6）JEM谱调制。

在雷达目标回波建模过程中，一般不可能直接利用实测的幅度和相位随俯仰角和方位角变化的数据，而应该根据仿真测试的需要，使用不同复杂程度和逼近程度的模型，这些模型按复杂程度排列如下：点目标模型、经验目标模型、经验统计模型、确定式多散射体模型、扩展目标模型。

1. 目标雷达截面积模型

对于一个目标所产生的雷达反射信号强度可用平均雷达截面积表示。它代表目标把接收到的雷达辐射信号无方向性地向空间再辐射的能力。由于任一复杂的目标都可以看作在其蒙皮表面上由多个独立的小反射面组成，总的反射信号是面向雷达方向的这些小反射面反射信号的矢量和。因此，除简单的球形目标外，一般目标其雷达截面积均随雷达视角而变化。对于复杂目标的雷达截面随视角变化的规律通常难以用一个简单的数学公式来描述。因此，通常是对特定目标建立雷达截面数据库，以描述该目标在每一特定视角方向的小立体角范围内的平均雷达截面积。

1）幅度起伏模型

（1）模型描述。

也正因为一般目标所产生的目标回波是面向雷达方向的多个独立的反射信号的矢量和，随目标姿态的变化及目标运动中的姿态扰动，都会使雷达截面的幅度表现为随机变化。描述这种起伏特性，并同实际目标的起伏特性基本相符的是不同形状参数的韦布尔分布，Swerling Ⅰ/Ⅱ和Swerling Ⅲ/Ⅳ目标模型，以及对数正态分布等。

（2）幅度起伏的时间相关性。

幅度起伏的时间相关性可用两种方式描述，一种是纯数学的描述，另一种是根据实测目标的幅度起伏进行归纳所获得的数学模型。前一种方法更适合搜索雷达所产生的目标回波，后一种方法更适合对目标连续跟踪的跟踪雷达。

对搜索雷达，可以把目标的幅度起伏看作慢起伏和快起伏两种。慢起伏是指在一次天线扫描中所获得的脉冲串幅度完全相关，不起伏，而天线扫描周期间所获得的脉冲串完全不相关，按 Swerling Ⅰ和 Swerling Ⅲ所描述的规律产生幅度起伏。快起伏描述了脉间完全不相关的目标回波特性，这就是 Swerling Ⅱ和 Swerling Ⅳ所描述的情况。

对于跟踪雷达，被跟踪目标的回波信号是一个较长时间的连续过程。由上述方法所描述的目标回波性能，特别是慢起伏目标模型难以反映目标回波特性对雷达跟踪性能的影响，根据对飞机一类目标雷达截面测量的结果，幅度起伏可分为低频幅度噪声和高频幅度噪声，低频幅度噪声通常表现出幅度有周期性的变化，而这个幅度变化的频率随雷达工作频率的提高而提高，对于典型飞机的低频幅度噪声的数学模型可用马尔可夫谱来描述，在 X 波段其谱宽在 1~2.5Hz，飞机越大，谱宽也越大。高频幅度噪声由随机噪声和周期调制的尖峰组成，依赖于飞机的类型，高频幅度噪声在几百赫兹带宽内是平坦的，而周期调制部分是由飞机上的转动部分如螺旋桨、喷气滑轮发动机所产生的，也就是后面所描述的 JEM 谱线。

- 威布尔分布的数学模型

$$P_W(x) = \frac{m}{\alpha} x^{m-1} e^{-\frac{x^m}{\alpha}} \quad x > 0 \qquad (3-69)$$

式中：m 为形状参数，$m > 0$；α 为尺度参数，$\alpha > 0$。

令 $m = 1$，$\alpha = \bar{\sigma}$，可获得 Swerling Ⅰ/Ⅱ 分布的数学模型

$$P(\sigma) = \frac{1}{\bar{\sigma}} e^{-\frac{\sigma}{\bar{\sigma}}} \qquad (3-70)$$

式中：σ 为目标雷达截面；$\bar{\sigma}$ 为平均目标雷达截面。

- Swerling Ⅲ 和 Swerling Ⅳ 的目标雷达截面起伏模型为

$$P(\sigma) = \frac{4\sigma}{\bar{\sigma}^2} e^{-\frac{2\sigma}{\bar{\sigma}}} \qquad (3-71)$$

式中：$\bar{\sigma}$ 为平均目标雷达截面。

- 对数正态分布目标模型

$$P(x) = \frac{1}{\sqrt{2\pi}\sigma x} e^{-\frac{(\ln x - \mu)^2}{2\sigma^2}} \quad x > 0 \qquad (3-72)$$

式中：σ^2 为幅度的均方差；μ 为幅度的均值。

2) 幅度调制的谱分布模型

典型飞机的低频幅度噪声的数学模型为

$$A^2(f) = \frac{0.12B}{B^2 + f^2} \qquad (3-73)$$

式中：$A^2(f) = (相对调制)^2$，Hz；B 为半功率带宽，Hz；f 为频率，Hz。

2. 角闪烁模型

同样由于实际的目标，如飞机、导弹、舰艇等的回波是由许多独立的反射体所产生的反射信号的矢量和构成，随目标姿态的变化，它同样造成目标的视在位置相对于参考位置的随机变化。根据大量实测数据的统计结果，这种位置的变化基本服从高斯分布，其均方偏差同雷达观察目标方向的目标几何投影尺寸有关。其谱分布同射频频率和目标的随机运动有关，通常也可用马尔可夫谱来描述。

角闪烁模型为正态分布：

$$P(\theta) = \frac{1}{\sqrt{2\pi}\sigma} e^{-\frac{(\theta-\theta_0)^2}{2\sigma^2}} \tag{3-74}$$

式中：σ^2 为角闪烁的方差。

1）角噪声的谱分布模型

角闪烁的谱分布服从马尔可夫谱

$$N(f) = \sigma^2 \frac{2B}{\pi(B^2+f^2)} \tag{3-75}$$

式中：$N(f)$ 为角噪声的谱密度；B 为噪声带宽；f 为频率。

2）JEM 谱线模型

对于飞机一类的目标，由于螺旋桨、涡轮发动机叶片的旋转，造成各叶片至雷达之间的距离有微小的周期性的变化，从而使目标回波中附加了一个周期调相的分量，在信号的频谱上会等间隔产生一个个的尖峰信号，这些信号会影响某些工作体制的跟踪雷达的性能。其输出信号的频谱为

$$F = J_0(m)\sin(\omega t) + \sum_{i=1}^{\infty} J_i(m)[\sin(\omega+i\Omega)t] + (-1)^i \sin[(\omega-i\Omega)t]$$

$$\tag{3-76}$$

式中：ω 为载频频率；$J_i(m)$ 为 i 阶贝塞尔函数；Ω 为调制频率（$\Omega = Nf_{rot}$，N 为叶片数，f_{rot} 为涡轮转速）。

3.4.7 杂波信号模型

杂波信号在雷达装备有效带宽以及搜索窗口内，对雷达装备的设计有很大影响，也是影响雷达装备目标检测能力的重要因素之一。杂波散射体包括地貌（地面及海面）、气象（雨、雪等）等。由于雷达装备所用天线具有一个高增益的主瓣，所以当雷达装备俯视攻击时，主瓣杂波是其本身所处理的最大信号。窄波束将主瓣杂波的频率范围限制在多普勒频谱的一个较小的频段内。天

线方向的副瓣，则接收副瓣杂波。副瓣杂波通常远小于主瓣杂波，但覆盖很宽的频段。其中来自雷达装备正下方地面的副瓣杂波（高度线杂波）常常较大，这是因为地面在大入射角时反射系数大、地面反射的几何面积较大和离地面的距离近。在副瓣杂波区，只要杂波接近或超出接收机噪声电平，就需要考虑其对目标的测距性能的影响。

杂波是雷达装备信号检测和处理的固有环境，在杂波环境下进行信号处理也是雷达装备的基本任务之一，杂波的组成主要有：地面覆盖物、海面、云层、降雨、降雪等。由于杂波信号的强度远远超过目标信号，并且杂波谱常常接近目标，这些因素增加了杂波处理难度。

由于杂波对雷达探测性能的影响较大，在很多情况下，限制雷达探测性能能力的不是接收机的内部噪声，而是环境杂波信号。因此，近半个世纪以来，人们对杂波问题进行了大量的理论研究和测试测定，对杂波的特性认识已经逐渐深入，先后建立了包括瑞利分布、对数正态分布、威布尔分布和K分布等多种杂波统计模型。通过对杂波分析、建立准确的杂波统计模型，可以为雷达对抗辐射式仿真复杂电磁环境构建提供准确的杂波环境模型，提高雷达装备复杂电磁环境适应性考核。

1. 面杂波

面杂波主要由地面和海面反射形成。

雷达地理位置为 (L_0, B_0, H_0)，其在自身法线坐标系中的速度为 (v_{rx}, v_{ry}, v_{rz})，雷达方位波束宽度为 $\phi_B(\mathrm{rad})$，俯仰角波束宽度为 $\theta_B(\mathrm{rad})$，脉冲宽度为 $\tau(\mu s)$，当前发射脉冲的重复周期为 $T_i(\mu s)$。

由雷达高度 H_0 可以计算出雷达到射线切地点间的地面水平距离 G：

$$G = a_e \cdot \arccos \frac{a_e}{a_e + H_0} \tag{3-77}$$

将切地点内的战区划分成若干个网格，对每个网格当成一个点目标进行计算，网格划分方法如下：

（1）以雷达在地面上的投影为中心，以 $H_0 \cdot \phi_B$ 和 $H_0 \cdot \theta_B$ 为长短轴划分出第一块面积为 $\frac{\pi}{4} H_0^2 \cdot \phi_B \cdot \theta_B$ 的椭圆区域。

（2）向外每隔 $\frac{c \cdot \tau}{2}$ 宽度将战区划分成若干个圆环。

（3）将每个圆环以正北方为起点用角度 ϕ_B 将圆环分成 $\mathrm{int}\left(\frac{360}{\theta_B}\right)$ 份。

因为同一圆环上的各个网格点的回波信号具有相同的时延，对每个圆环分别进行以下运算：

(1) 求出圆环到雷达的距离，进而可以求出该圆环上各网格点的时延：

第 0 个圆环到雷达的距离 $R_0 = H_0$；

第 $i(i=1,2,\cdots)$ 个圆环到雷达的距离

$$\begin{cases} R_i = \sqrt{(H_0 + a_e)^2 + a_e^2 - 2(H_0 + a_e)a_e\cos\varphi_i} \\ \varphi_i = \dfrac{G_i}{a_e} \\ G_i = \dfrac{1}{2}[H_0 \cdot \phi_B + (i - 0.5) \cdot c \cdot \tau] \end{cases} \quad (3-78)$$

式中：a_e 为等效地球曲率半径，$a_e = 8493.33\text{km}$；c 为光速，$c = 299.97\text{m}/\mu\text{s}$；$\tau$ 为脉冲宽度，s。时延 $t_i = \dfrac{2R_i}{c}$。

判断该圆环的杂波是否在当前发射脉冲重复周期内到达：

如果 $\tau_i \leqslant T_i$，则在当前重复周期内输出该杂波信号，当前杂波信号的时延为 τ_i；

如果 $\tau_i > T_i$，则不在当前重复周期内输出该杂波信号。

判断前面第 $k(k=1,2,\cdots,n)$ 个发射脉冲的杂波信号是否在当前重复周期内到达。

(2) 由圆环到雷达的地面水平距离 G_i 和每个网格点的方位角 φ_{ij} 可以求出各网格点的地理坐标，进而可以计算各个网格点的多普勒频率 f_{di}：

各网格点的方位角：

$$\phi_{ij} = \phi_B \cdot j \quad j = 0,1,2,\cdots,\text{int}\left(\dfrac{360}{\phi_B}\right) - 1 \quad (3-79)$$

由网格点的地理坐标和雷达装备的地理坐标，可以求出网格点在雷达装备大地测量坐标系中的笛卡儿坐标位置 (x_t, y_t, z_t)。

设网格点接近雷达的速度方向为正，则网格点相对雷达运动速度的直角坐标分量为

$$\begin{cases} \Delta v_x = v_{rx} \\ \Delta v_y = v_{ry} \\ \Delta v_z = v_{rz} \end{cases} \quad (3-80)$$

网格点在雷达大地测量坐标系中的方位角和俯仰角为

方位角：

$$\phi = \begin{cases} \arctan\left(\dfrac{x_t}{y_t}\right) & x_t \geqslant 0, y_t > 0 \\ \pi/2 & x_t > 0, y_t = 0 \\ \pi + \arctan\left(\dfrac{x_t}{y_t}\right) & y_t < 0 \\ 3\pi/2 & x_t < 0, y_t = 0 \\ 2\pi + \arctan\left(\dfrac{x_t}{y_t}\right) & x_t < 0, y_t > 0 \\ 0 & x_t = 0, y_t = 0 \end{cases} \quad (3-81)$$

俯仰角:

$$R = \sqrt{x_t^2 + y_t^2 + z_t^2}$$

$$\theta = \begin{cases} \arcsin\dfrac{z_t}{R} & R \neq 0 \\ 0 & R = 0 \end{cases} \quad (3-82)$$

则网格点相对雷达的径向速度为

$$v = \Delta v_z \sin\theta + \cos\theta(\Delta v_y \cos\phi + \Delta v_x \sin\phi) \quad (3-83)$$

该网格点的杂波的多普勒频率为

$$f_d = \frac{2v}{\lambda} = 2v\frac{f}{c}\text{Hz} \quad (3-84)$$

式中: v 为网格点相对于雷达的径向速度, m/s; f 为雷达中心工作频率, MHz; $c = 299.79 \text{m}/\mu\text{s}$ 为电磁波传播速度。

(3) 求出每一网格点的平均雷达截面:

$$\sigma = \sigma^0 \cdot A \cdot \sec\phi \quad (3-85)$$

$$\phi = \arccos\left(\frac{a_e^2 + R_i^2 - (a_e + H_0)^2}{2a_e R_i}\right) - \frac{\pi}{2} \quad (3-86)$$

式中: σ^0 为单位面积的平均雷达截面, m^2/m^2; A 为网格面积, m^2; ϕ 为入射余角, rad; 雷达装备天线投影点的网格面积

$$A_0 = \frac{\pi}{4}H_0^2 \cdot \phi_B \cdot \theta_B \quad (3-87)$$

其他网格点的面积

$$A_i = \frac{c \cdot \tau}{2}R_i \cdot \phi_B \quad (3-88)$$

后向散射系数 σ^0 的计算:

① 地杂波。

地杂波后向散射系数可按下式计算：

$$\sigma^0 = p_1 + p_2\exp(-p_3 \cdot \theta) + p_4\cos(p_5 \cdot \theta + p_6)\text{dBsm} \qquad (3-89)$$

标准差

$$\text{SD}(\theta) = M_1 + M_2\exp(-M_3 \cdot \theta)\text{dB} \qquad (3-90)$$

式中：θ 为入射角，rad；p_1,p_2,p_3,p_4,p_5,p_6，M_1,M_2,M_3 为常数，取值见表 3-6。

表 3-6 不同物质参数表

地物类型	极化	p_1	p_2	p_3	p_4	p_5	p_6	M_1	M_2	M_3
高草地/庄稼地	HH	-99.0	92.382	0.038	1.169	5.0	-1.906	3.451	-1.118	1.593
	VV	-99.0	91.853	0.038	1.100	5.0	-2.050	2.981	-2.604	5.095
灌木丛	HH	-41.170	27.831	0.076	-8.728	0.869	3.142	2.171	4.391	4.618
	VV	-43.899	41.594	0.215	-0.794	5.0	-1.372	2.117	2.880	4.388
草地（矮植被）	HH	-99.0	79.050	0.263	-30.0	0.730	2.059	2.80	3.139	15.0
	VV	-99.0	80.325	0.282	-30.0	0.833	1.970	2.686	-0.002	-2.853
路面	HH	-94.900	99.0	0.694	30.0	1.342	-1.718	7.151	-5.201	0.778
	VV	-84.761	99.0	0.797	-30.0	1.597	1.101	3.174	0.001	-0.095
干雪	HH	-84.161	99.0	0.298	8.931	2.702	-3.142	-9.0	13.475	0.058
	VV	-87.531	99.0	0.222	7.389	2.787	-3.142	-9.0	13.748	0.076
湿雪	HH	43.630	-13.027	-0.860	29.130	1.094	2.802	-8.198	15.0	-0.082
	VV	-33.899	7.851	15.0	30.0	0.780	-0.374	5.488	1.413	0.552

② 海杂波。

海杂波后向散射系数可按下式估算：

$$\sigma^0 = -I - 3.376 \cdot \Delta \cdot \lg\frac{f_0}{0.3132}\text{dBsm} \qquad (3-91)$$

式中：f_0 为雷达工作频率，GHz；常数 I,Δ 是随海况和入射余角变化的，如表 3-7 所列。

表3-7 常数表

海况	0（无浪）		1（微浪）		2（轻浪）		3（中浪）		4（大浪）		5（巨浪）	
极化	H	V	H	V	H	V	H	V	H	V	H	V
入射余角（0.1°）												
I	100.5	109.5	95.5	100.5	101.1	104.9	95.6	99.4	77.0	78.0	78.4	77.9
Δ	-6.5	-6.5	-6.5	-6.5	-9.1	-9.1	-9.6	-9.6	-6.0	-6.0	-7.4	-7.4
入射余角（0.3°）												
I	90.3	99.7	81.0	95.4	83.4	91.4	77.1	84.0	67.0	66.7	62.3	68.7
Δ	-5.9	-5.5	-5.0	-6.5	-6.6	-7.6	-6.7	-7.7	-4.8	-5.0	-4.8	-6.6
入射余角（1°）												
I	80.1	90.0	75.0	88.0	66.0	80.6	61.14	73.4	55.1	57.4	64.6	65.5
Δ	-5.3	-5.0	-7.2	-7.2	-4.1	-6.75	-4.1	-6.2	-3.4	-4.2	-2.3	-6.5
入射余角（3°）												
I	66.0	80.1	61.0	72.4	58.4	67.7	48.8	61.7	40.4	54.0	39.9	54.7
Δ	-2.3	-5.1	-3.0	-4.5	-3.2	-4.5	-1.64	-4.1	-1.2	-3.4	-1.54	-4.6
入射余角（10°）												
I	48.1	64.4	47.0	61.1	39.1	57.4	34.6	54.4	30.9	50.3	26.9	47.7
Δ	-0.61	-2.50	-1.10	-2.70	-71.0	-2.75	-0.43	-3.4	-0.14	-3.2	-0.07	-3.3
入射余角（30°）												
I	43.6	47.1	39.1	44.6	34.5	42.3	29.9	41.8	30.1	40.4	21.3	41.6
Δ	-0.46	0.60	-0.39	0.10	-0.50	-0.50	-0.46	-1.40	-1.14	-1.40	-0.23	-3.1
入射余角（60°）												
I	33.7	34	25.1	21.6	22.7	21.2	20.1	20.2	17.4	16.9	15.7	16.8
Δ	-0.42	-0.78	0.18	1.00	-0.35	0.30	-0.64	0.00	-0.93	-0.30	-1.40	-1.2
入射余角（90°）												
I	17.50		-15.42		13.29		-10.71		-9.00		-5.93	
Δ	0.00		0.39		0.71		1.11		1.64		1.82	

(4) 对每个网格点分别代入雷达方程,然后对电压进行矢量和,得到杂波幅度:

$$p_r = \sqrt{10^{\frac{p_t+2G_t+60-L_t-L_r}{10}} \frac{\lambda^2}{(4\pi)^3 R_i^4} \sum_{j=0}^{\mathrm{int}\left(\frac{360}{\phi_B}\right)-1} f_t(\phi_{ij},\theta_{ij}) f_r(\phi_{ij},\theta_{ij}) \sqrt{\sigma_{ij}} \cdot e^{2\pi f_{dij} t}}$$

(3-92)

将其分成两路信号 $\mathrm{Re}(p_r)$ 和 $\mathrm{Im}(p_r)$。

式中:p_t 为雷达发射功率,dBkm;G_t 为雷达发射天线增益,dB;σ_{ij} 为以该网格点的瞬时雷达截面,服从一定的幅度分布和频谱分布,计算方法同目标雷达截面;L_t 为雷达装备发射天线馈线损耗,dB;L_r 为雷达装备接收天线馈线损耗,dB;λ 为雷达装备工作波长,m;f_t 为雷达装备发射天线方向图;f_r 为雷达装备接收天线方向图;t 为脉冲 TOA,s。

可以计算得到杂波模拟结果,如图 3-18 所示。

2. 体杂波

体杂波主要由云、雨、雪等产生。

雷达装备地理位置为 (L_0, B_0, H_0),方位波束宽度为 $\phi_B(\mathrm{rad})$,雷达装备在自身法线坐标系中的速度为 (v_{rx}, v_{ry}, v_{rz}),仰角波束宽度为 $\theta_B(\mathrm{rad})$,脉冲宽度为 $\tau(\mu s)$,当前发射脉冲的重复周期为 $T_{Bi}(\mu s)$。

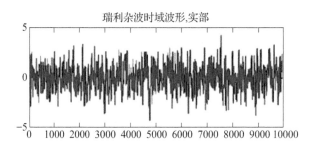

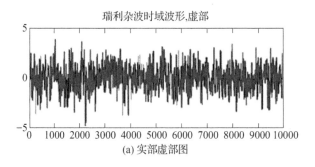

(a) 实部虚部图

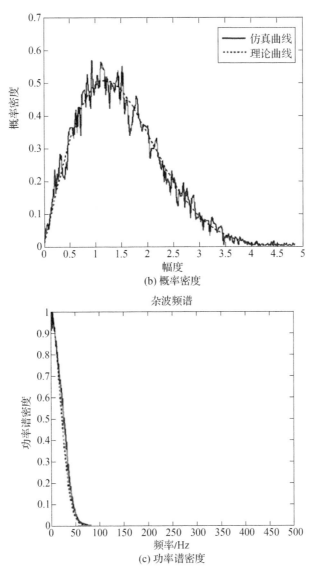

图 3-18 杂波模拟结果图

以被试雷达装备天线相位中心为中心，以 $\dfrac{c\cdot\tau}{2}$ 为距离增量将雷达装备作用距离 $R_{\max}$ 范围内的战区分成 $m=\mathrm{int}\left(\dfrac{2R_{\max}}{c\cdot\tau}\right)$ 个同心球；然后对每一个球环以天顶为起点，以 θ_B 为仰角分辨力，以 ϕ_B 为方位分辨力，将球环分成若干个网格，网格个数为

$$\begin{cases} n = k \cdot l + 1 \\ k = \text{int}\left(\dfrac{2\pi - \theta_B/2}{\theta_B}\right) \\ l = \text{int}\left(\dfrac{2\pi}{\phi_B}\right) \end{cases} \quad (3-93)$$

球环上各立体网格中心到被试雷达的距离为

$$R_i = \frac{c \cdot \tau}{2} \cdot i + \frac{c \cdot \tau}{4} \quad i = 0,1,\cdots,m-1, m = \text{int}\left(\frac{2R_{\max}}{c \cdot \tau}\right) \quad (3-94)$$

式中：c 为光速，$c = 299.97\text{m}/\mu\text{s}$。

同一球面上各网格的回波信号具有相同的时延，因此，对每一球环可以进行下式计算：

（1）时延。

$$\frac{2R_i}{c} = \tau \cdot i + \frac{\tau}{2} \quad i = 0,1,\cdots,m-1 \quad (3-95)$$

判断该球环的杂波是否在当前发射脉冲重复周期内到达：

如果 $\tau_i \leqslant T_i$，则在当前重复周期内输出该杂波信号，当前杂波信号的时延为 τ_i；

如果 $\tau_i > T_i$，则不在当前重复周期内输出该杂波信号。

判断前面第 $k(k=1,2,\cdots,n)$ 个发射脉冲的杂波信号是否在当前重复周期内到达。

（2）多普勒频率。

首先计算第 i 个圆环上每个网格的极坐标位置：

第一个网格在雷达大地测量坐标系中的极坐标为 $\left(R_i, 0, \dfrac{\pi}{2}\right)$。

编号为 No. $= \xi \cdot \eta + 1$ 的网格在雷达大地测量坐标系中的极坐标为

$$\left(R_i, \xi \cdot \phi_B, \frac{\pi}{2} - \eta \cdot \theta_B\right) \quad \xi = 0,1,\cdots,l-1; \eta = 1,2,\cdots,k \quad (3-96)$$

设网格点接近雷达装备的速度方向为正，则网格点相对雷达装备运动速度的直角坐标分量为

$$\begin{cases} \Delta v_x = v_{rx} \\ \Delta v_y = v_{ry} \\ \Delta v_z = v_{rz} \end{cases} \quad (3-97)$$

则网格点相对雷达的径向速度为

$$v = \Delta v_z \sin\theta + \cos\theta(\Delta v_y \cos\phi + \Delta v_x \sin\phi) \quad (3-98)$$

该网格点的杂波的多普勒频率

$$f_d = \frac{2v}{\lambda} = 2v\frac{f}{c} \text{Hz} \quad (3-99)$$

式中：v 为网格点相对于雷达的径向速度，m/s；f 为雷达中心工作频率，MHz；$c = 299.79 \text{m}/\mu\text{s}$ 为电磁波传播速度；ϕ 为网格点在雷达大地测量坐标系中的方位角，rad；θ 为网格点在雷达大地测量坐标系中的俯仰角，rad。

(3) 求出每一网格的平均雷达截面。

$$\begin{cases} \sigma = \sigma^0 \cdot V \\ V = R_i^2 \cdot \theta_B \cdot \phi_B \cdot \dfrac{c \cdot \tau}{2} \end{cases} \quad (3-100)$$

式中：σ 为平均雷达截面，m^2；σ^0 为该网格的后向散射系数，m^2/m^2；θ_B 为雷达发射天线俯仰角波束宽度，rad；ϕ_B 为雷达发射天线方位波束宽度，rad。

气象杂波都可以用下式计算：

$$\begin{cases} \sigma^0 = \dfrac{\pi^5}{\lambda^4} |K|^2 Z_m \text{ m}^2/\text{m}^3 \\ Z_m = Z \times 10^{-18} \end{cases} \quad (3-101)$$

式中：对于雨或雪 $Z = a \cdot r^b$，对于云 $Z = 0.048M$，对于雾 $Z = 8.2M^2$；λ 为雷达工作波长，m；r 为降雨率或降雪率（等效液态水含量），mm/h；M 为水蒸气含量，g/m；a，b 为常数。

对于雨杂波有以下近似：$|K|^2 = 0.93$。当降雨为层状雨时，$Z = 200 \cdot r^{1.6}$；当降雨为山地雨时，$Z = 3 \cdot r^{1.71}$；当降雨为雷暴雨时：$Z = 486 \cdot r^{1.37}$。

对于雪杂波有以下近似：

$$\begin{cases} |K|^2 = 0.197 \\ Z = 1050 \cdot r^2 \quad 干雪 \quad T < 0℃ \\ Z = 1600 \cdot r^2 \quad 湿雪 \quad T > 0℃ \end{cases} \quad (3-102)$$

(4) 对每个网格点分别代入雷达方程，然后对电压进行矢量和，得到杂波幅度，将其分成两路信号 $\text{Re}(p_r)$ 和 $\text{Im}(p_r)$。

$$p_r = \sqrt{10^{\frac{p_t + 2G_t + 60 - L_t - L_r}{10}} \frac{\lambda^2}{(4\pi)^3 R_i^4} \sum_{j=0}^{\text{int}\left(\frac{360}{\phi_B}\right)-1} f_t(\phi_{ij}, \theta_{ij}) f_r(\phi_{ij}, \theta_{ij}) \sqrt{\sigma_{ij}} e^{2\pi f_{dij} t}} \quad (3-103)$$

式中：p_t 为雷达发射功率，dBkm；G_t 为雷达发射天线增益，dB；σ_{ij} 为以该网格点的瞬时雷达截面，服从一定的幅度分布和频谱分布，计算方法同目标雷达截面；f_{dij} 为 i，j 点的多普勒频率，Hz；L_t 为雷达发射天线馈线损耗，dB；

L_r 为雷达接收天线馈线损耗，dB；λ 为雷达工作波长，m；f_t 为雷达发射天线方向图；f_r 为雷达接收天线方向图；t 为脉冲 TOA，s。

3.4.8 干扰信号模型

雷达对抗干扰按照干扰方式可分为无源干扰和有源干扰。

1. 无源干扰

箔条云由大量箔条纤维组成，对于扩散中的每根箔条纤维，其取向、位置和速度随着时间的变化而随机变化。因此，需要从统计学的角度来研究箔条云的极化散射特性。Wickliff 研究表明：当箔条云中箔条的间距大于 2λ 时，箔条之间的耦合可以忽略。无特别声明，本书的分析均基于该假设条件开展研究。为此，假设箔条云中有 N 根箔条纤维，则箔条云雷达回波是所有单根箔条纤维雷达回波的总和，那么各极化通道箔条云的雷达回波可表示为

$$\hat{s}_{pq} = \sum_{i=1}^{N} A_{pq,i}(\theta_c, \varphi_c) \exp(j\psi_{pq,i}) \qquad (3-104)$$

式中：$A_{pq,i}(\theta_c, \varphi_c)$ 为极化通道 pq 中的第 i 根箔条的幅度大小（为了方便书写，后面的 $A_{pq,i}(\theta_c, \varphi_c)$ 简写成 $A_{pq,i}$），且 $\{p,q\} = \{h,v\}$；$\psi_{pq,i}$ 为第 i 根箔条的相位；j 为虚数单位。

此外，对于箔条云中的任意一根箔条，其在空气中的取向和运动是随机的，因而对于任意一根箔条，其振幅和相位亦是随机的。为此，假设箔条云中每根箔条的取向和运动是相互独立的，那么箔条云中每根箔条的振幅和相位也是相互独立的。在此条件下，对于各个极化通道，有

$$\hat{s}_{pq} = \sum_{i=1}^{N} A_{pq,i} \exp(j\psi_{pq,i}) = \sum_{i=1}^{N} (x_i + jy_i) \qquad (3-105)$$

令 $x_i = A_{pq,i} \cos\psi_{pq,i}$ 表示第 i 根箔条回波的实部，$y_i = A_{pq,i} \sin\psi_{pq,i}$ 表示第 i 根箔条回波的虚部，进一步假设箔条云的相位在 $[0, 2\pi]$ 内服从均匀分布，则有

$$\begin{cases} E[x_i] = E[A_{pq,i} \cos\psi_{pq,i}] = 0 \\ E[y_i] = E[A_{pq,i} \sin\psi_{pq,i}] = 0 \end{cases} \qquad (3-106)$$

$$\begin{cases} \text{var}[x_i] = E[x_i^2] - (E[x_i])^2 = \frac{1}{2}E[A_{pq,i}^2] = \frac{1}{2}\bar{\sigma}_{pq} \\ \text{var}[y_i] = E[y_i^2] - (E[y_i])^2 = \frac{1}{2}E[A_{pq,i}^2] = \frac{1}{2}\bar{\sigma}_{pq} \end{cases} \qquad (3-107)$$

$$\begin{cases} E[x_m x_n] = 0, & m \neq n \\ E[y_m y_n] = 0, & m \neq n \\ E[x_m y_n] = 0 \end{cases} \qquad (3-108)$$

式中：var[·]表示求方差操作符；$E[·]$表示求均值操作符；$\bar{\sigma}_{pq}$为各极化通道单根箔条的平均RCS。根据式（3-108），可得到

$$\begin{cases} E[x] = 0, & \mathrm{var}[x] = \dfrac{1}{2}N\bar{\sigma}_{pq} \\ E[y] = 0, & \mathrm{var}[y] = \dfrac{1}{2}N\bar{\sigma}_{pq} \end{cases} \quad (3-109)$$

x和y分别为箔条云回波的实部和虚部。根据大数定律，则x和y均服从高斯分布，其PDF为

$$\begin{cases} p(x) = \dfrac{1}{\sqrt{\pi N\bar{\sigma}_{pq}}}\exp\left(-\dfrac{x^2}{N\bar{\sigma}_{pq}}\right) \\ p(y) = \dfrac{1}{\sqrt{\pi N\bar{\sigma}_{pq}}}\exp\left(-\dfrac{y^2}{N\bar{\sigma}_{pq}}\right) \end{cases} \quad (3-110)$$

由于箔条云回波的实部x和虚部y彼此间相互独立，因此，两者的联合PDF可写为

$$p(x,y) = p(x)p(y) = \dfrac{1}{\pi N\bar{\sigma}_{pq}}\exp\left(-\dfrac{x^2+y^2}{N\bar{\sigma}_{pq}}\right) \quad (3-111)$$

设A_{pq}和ψ_{pq}分别表示各极化通道箔条云的幅度和相位，则通过变量替换，可求出各极化通道箔条云幅度和相位的PDF分别为

$$p(A_{pq},\psi_{pq}) = \dfrac{A_{pq}}{\pi N\bar{\sigma}_{pq}}\exp\left(-\dfrac{A_{pq}^2}{N\bar{\sigma}_{pq}}\right) \quad (3-112)$$

进一步可分别求出箔条云幅度和相位的边缘分布，即

$$p(A_{pq}) = \dfrac{2A_{pq}}{N\bar{\sigma}_{pq}}\exp\left(-\dfrac{A_{pq}^2}{N\bar{\sigma}_{pq}}\right), \quad 0 \leqslant A_{pq} \leqslant \infty \quad (3-113)$$

$$p(\psi_{pq}) = \dfrac{1}{2\pi}, \quad \psi_{pq} \in [0, 2\pi] \quad (3-114)$$

由式（3-114）可知，各极化通道箔条云回波的幅度和相位彼此相互独立，其幅度和相位分别服从瑞利分布和均匀分布。此外，箔条云幅度的PDF只与箔条数量和单根箔条的平均RCS有关，且对于不同的极化通道，箔条云幅度的PDF不同。令各极化通道箔条云的RCS为$\sigma_{pq}^T = A_{pq}^2$，则可求出箔条云RCS的PDF为

$$p(\sigma_{pq}^T) = \dfrac{1}{\bar{\sigma}_{pq}^T}\exp\left(-\dfrac{\sigma_{pq}^T}{\bar{\sigma}_{pq}^T}\right) \quad (3-115)$$

式中：$\bar{\sigma}_{pq}^T = N\bar{\sigma}_{pq}$。当箔条数量满足大数定律时，箔条云的RCS服从指数分布，其RCS的PDF只与箔条数量和单根箔条的平均RCS有关，且不同的极化

通道，箔条云的平均 RCS 亦不同。

图 3-19 给出了不同极化通道箔条云散射幅度和 RCS 概率分布图，其中横坐标都统一除以箔条根数 N。仿真过程中箔条数量为 2 万根，箔条云的分布类型为球面均匀分布。从图 3-19 中可见，箔条云的仿真结果与理论推导结果一致，同时也可以看出，由于单根箔条在不同极化通道的平均 RCS 不同，其箔条云的幅度和 RCS 概率分布曲线亦不同。

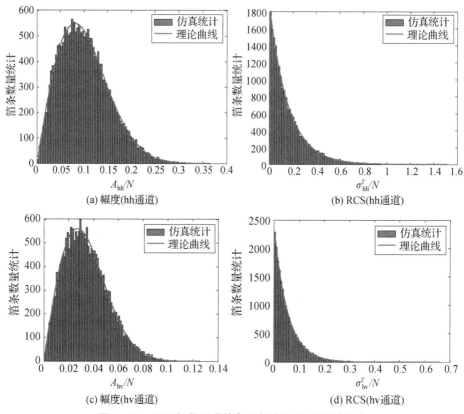

图 3-19 不同极化通道箔条云幅度和 RCS 概率分布

前面分析了单根箔条的 PSM、各极化通道箔条云回波的幅度、相位以及 RCS 的统计特性，为了进一步揭示箔条云的极化散射特性，下面从箔条云 PSM 的二阶统计特性角度来研究箔条云的极化散射特性。考虑到箔条云由大量箔条纤维组成，其散射波为部分极化波。为此，对于这种去极化目标，除了上述表征方法来描述其极化散射统计特性外，通常还需采用相干矩阵或协方差矩阵来刻画其极化散射特性。为此，根据极化目标分解理论，假设雷达目标满足互易性条件，则其相干矩阵可以写成

$$\boldsymbol{T}_3 = \begin{bmatrix} T_{11} & T_{12} & T_{13} \\ T_{21} & T_{22} & T_{23} \\ T_{31} & T_{32} & T_{33} \end{bmatrix} = \begin{bmatrix} T_{11} & T_{12} & T_{13} \\ T_{12}^* & T_{22} & T_{23} \\ T_{13}^* & T_{23}^* & T_{33} \end{bmatrix} \quad (3-116)$$

其中

$$T_{11} = \langle |s_{hh} + s_{vv}|^2 \rangle / 2 \quad T_{12} = \langle (s_{hh} + s_{vv})(s_{hh} - s_{vv})^* \rangle / 2 \quad (3-117)$$

$$T_{13} = \langle (s_{hh} + s_{vv}) s_{hv}^* \rangle \quad T_{22} = \langle |s_{hh} - s_{vv}|^2 \rangle / 2 \quad (3-118)$$

$$T_{23} = \langle s_{hv}(s_{hh} - s_{vv})^* \rangle \quad T_{33} = 2\langle |s_{hv}|^2 \rangle \quad (3-119)$$

式中：符号 *、⟨·⟩ 和 |·| 分别代表复共轭、求平均运算符和取模数运算符。

箔条取向的统计特性对相干矩阵中各元素具有决定性作用。Zrnic 和李金梁分别研究了箔条云共极化与交叉极化通道间回波的相关性问题，研究表明，当箔条云取向分布满足球面均匀分布时，箔条云共极化与交叉极化通道间回波是不相关的。在此基础上，李金梁指出箔条云的其他取向分布也具有这种特性，但没有给出相应的理论分析和严格的数学证明。事实上，若箔条云的方位角服从均匀分布，则其共极化与交叉极化通道间回波是不相关的，且这与箔条云的天顶角取向分布无关。从数学角度上来讲，箔条云共极化与交叉极化通道间回波的不相关性可表示为

$$\langle s_{hh} s_{hv}^* \rangle = \langle \sum_{n=1}^{N} s_{hh,n} \exp(j\psi_{hh,n}) \sum_{m=1}^{N} s_{hv,m}^* \exp(-j\psi_{hv,m}) \rangle$$

$$= \langle \sum_{n=1}^{N} s_{hh,n} s_{hv,n}^* \rangle = N \langle s_{hh} s_{hv}^* \rangle_{\text{single}} = 0 \quad (3-120)$$

式中：$\langle s_{hh} s_{hv}^* \rangle_{\text{single}}$ 为单根箔条共极化（hh）与交叉极化（hv）通道回波的相关性。同理，箔条云共极化（vv）与交叉极化（hv）通道间回波的不相关性可表示为

$$\langle s_{vv} s_{hv}^* \rangle = \langle \sum_{n=1}^{N} s_{vv,n} \exp(j\psi_{vv,n}) \sum_{m=1}^{N} s_{hv,m}^* \exp(-j\psi_{hv,m}) \rangle$$

$$= \langle \sum_{n=1}^{N} s_{vv,n} s_{hv,n}^* \rangle = NN \langle s_{vv} s_{hv}^* \rangle_{\text{single}} = 0 \quad (3-121)$$

根据箔条云共极化与交叉极化通道间回波不相关这一极化散射特性，则箔条云的相干矩阵表达式可统一写为

$$\boldsymbol{T}_3 = \begin{bmatrix} T_{11} & T_{12} & 0 \\ T_{21} & T_{22} & 0 \\ 0 & 0 & T_{33} \end{bmatrix} = \begin{bmatrix} T_{11} & T_{12} & 0 \\ T_{12}^* & T_{22} & 0 \\ 0 & 0 & T_{33} \end{bmatrix} \quad (3-122)$$

下面用数值仿真实验来验证箔条云共极化与交叉极化通道间回波的不相关性。图3-20给出了三类典型箔条云分布情况下箔条云共极化与交叉极化通道间回波相关性$\langle s_{hh} s_{hv}^* \rangle$随角度$\gamma_s$的变化曲线，其中仿真中箔条数量是1000根，仿真数值计算结果是1000次蒙特卡罗的统计平均。从图中可以看出，其数值计算结果具有统计意义，数值结果在理论值处上下随机波动。类似地，图3-21给出了三类典型箔条云分布情况下$\langle s_{hh} s_{hv}^* \rangle$随着角度$\phi_s$的变化曲线。由于角度$\gamma_s$和角度$\phi_s$可同时确定雷达视线方向，因此，可以得出以下结论：雷达观察视角的变化不会改变箔条云共极化与交叉极化通道间回波的不相关性，这也与理论分析结果是完全一致的。此外，考虑到箔条云在实际扩散情况下，由于箔条的数量有限，且因箔条非人为弯曲变形、海风等因素影响，箔条云的方位角满足统计意义上的均匀分布，此时虽然$\langle s_{hh} s_{hv}^* \rangle$的值不为0，但其相关性很小。

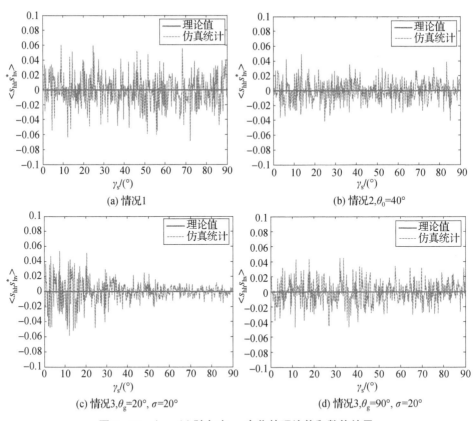

图3-20 $\langle s_{hh} s_{hv}^* \rangle$随角度$\gamma_s$变化的理论值和数值结果

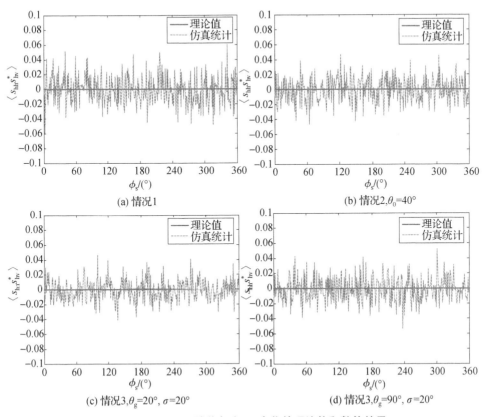

图 3-21 $\langle s_{hh}s_{hv}^* \rangle$ 随着角度 ϕ_s 变化的理论值和数值结果

2. 压制干扰

雷达装备通过对目标回波信号进行检测与跟踪发现目标的存在，并测量目标的各类速度和方位等信息，而对雷达装备进行干扰的目的就是破坏或阻碍雷达装备发现、跟踪目标以及测量目标参数。压制干扰正是利用噪声或者类似噪声的信号压制或淹没目标回波信号，阻止雷达装备正常检测和跟踪目标。任何雷达装备都存在外部噪声和内部噪声，雷达装备对目标信息的检测和跟踪都是在这些噪声环境中进行的，而其检测又基于一定的概率准则。一般来说，若目标信号的能量 S 与噪声的能量 N 的比值（信噪比 S/N）超过一定的目标检测门限 D，那么雷达装备可以保证在一定的虚警概率 P_{fa} 下，达到一定的检测概率 P_d，称为可发现目标，否则称为不可发现目标。压制干扰正是使强干扰噪声进入雷达装备接收机，使信噪比尽可能降低，以达到阻碍雷达装备对目标的检测和跟踪的目的。

压制干扰主要是通过发射大功率噪声实现的，它能够干扰任何类型的雷达装备信号。根据噪声的不同产生方式,雷达装备有源压制式干扰按照干扰信号中心频率f_i、谱宽Δf_i相对雷达装备接收机中心频率f_s、带宽Δf_s的关系,可以分为连续噪声干扰、间断噪声干扰、扫频噪声干扰和灵巧噪声干扰。

1) 连续噪声

连续噪声干扰一般满足:

$$\Delta f_i > 5\Delta f_r, \Delta f_s \in [f_i - \Delta f_i/2, f_i + \Delta f_i/2] \qquad (3-123)$$

式中:干扰信号中心频率f与Δf带宽根据系统引导设置。

由于干扰信号带宽Δf_i较宽,一方面对频率引导的精度要求比较低,降低频率引导设备的复杂性;另一方面也能够同时干扰频率分集雷达、频率捷变雷达和多部不同工作频率的雷达。

连续噪声不对噪声信号进行调制,直接上变频输出,只选择输出不同的噪声带宽即可。

2) 间断噪声

间断噪声干扰是在连续噪声之后加上占空比可调的间断脉冲产生。

可按照固定间断周期与固定占空比进行调制,也可设置随机跳变的间断周期与间断占空比。

间断调制是对噪声信号的输出叠加脉冲调制,脉冲高时信号输出,脉冲低时信号关闭。间断的类型可分为固定间断与杂乱间断,即用固定周期与脉宽的脉冲,或杂乱脉冲进行调制。

3) 扫频噪声

扫频噪声干扰属于遮盖性有源干扰,一般满足:

$$\Delta f_i > (2 \sim 5)\Delta f_r, f_i = f_s \pm kt, t \in [0, T] \qquad (3-124)$$

即干扰信号的中心频率为连续、以T为周期的函数。扫频噪声干扰的原理是使带通噪声的中心频率以速度α,周期性地从$f_{\min}$到$f_{\max}$逐渐变化。扫频周期

$$T = \frac{f_{\max} - f_{\min}}{\alpha} \qquad (3-125)$$

扫频噪声干扰可以对雷达造成周期性间断的强干扰,扫频范围较宽,也能够干扰频率分集雷达、频率捷变雷达和多部不同工作频率的雷达。

扫频噪声干扰在基带处理单元内的实现,可实现多种扫频函数,包括:阶梯变化、正弦、锯齿递减、锯齿递增、三角,如图3-22所示。

扫频调制,其根本原理为按照扫频函数规律对噪声的中心频率进行调制。

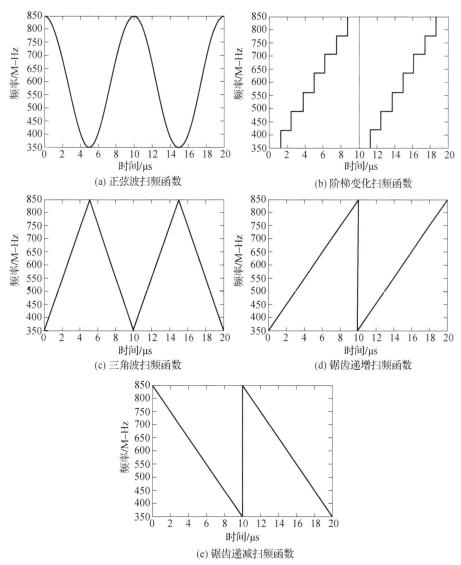

图 3-22 扫频函数波形图

4）灵巧噪声

假设雷达装备作用于目标的冲击响应函数为 $h(t)$，则回波信号即为发射信号 $s(t)$ 与冲击响应函数的卷积，即

$$s_r(t) = s(t) * h(t) \quad (3-126)$$

式中：$*$ 表示卷积运算。

则回波信号的频谱即为

$$S_r(t) = S(t) * H(t) \quad (3-127)$$

式中：$S_r(\omega)$、$S(\omega)$ 与 $H(\omega)$ 分别为 $s_r(t)$、$s(t)$ 与 $h(t)$ 的频谱。根据脉冲压缩原理，回波信号经过脉冲压缩处理后的频谱 $S_0(\omega)$ 为

$$S_0(\omega) = S_r(\omega) S^*(\omega) = H(\omega) |S(\omega)|^2 \quad (3-128)$$

进行逆傅里叶变换可得输出信号 $S_0(t)$ 为

$$S_0(t) = F^{-1}(S_0(\omega)) = F^{-1}(H(\omega)|S(\omega)|^2) = h(t) * \mathrm{psf}(t) \quad (3-129)$$

其中

$$\mathrm{psf}(t) = F^{-1}(|S(\omega)|^2) \quad (3-130)$$

称为目标信号的点扩展函数。由此可见雷达装备回波信号经脉冲压缩后，输出结果是目标的冲击响应函数与雷达信号点扩展函数的卷积，其增益来自雷达信号点扩展函数。灵巧噪声干扰正是根据此设计产生的。

灵巧噪声干扰是将接收到的雷达装备照射信号与噪声进行卷积或复乘，从而产生干扰信号的一种干扰形式。灵巧噪声干扰的频率随照射信号的频率变化而变化，因此干扰机不需要测频和频率引导，就能自动瞄准信号频率。灵巧噪声干扰可以产生高密度、多假目标的干扰。因此灵巧噪声干扰不仅具有噪声干扰的特性，还可以对目标回波在时域和频域上产生重叠和覆盖的干扰效果，从而提高了对雷达装备的干扰效果。

通过复乘获得的灵巧噪声，将雷达装备信号的脉冲调制信息以及频率、相位信息均带入噪声信号中，加强了干扰信号的能量利用率，并具有时域和频域上精准的瞄准性。

通过卷积获得的灵巧噪声干扰在复乘灵巧噪声干扰的基础上叠加了多个随机的假目标，从而增强了干扰波形的随机性，增加了雷达装备获取真实目标的复杂性。

基于复乘运算的灵巧噪声，是将噪声 IQ 信号与目标回波 IQ 信号进行复乘。基于卷积运算的灵巧噪声，是在基带处理单元中对噪声信号与目标回波信号进行 FFT 变换，对得到的频率 IQ 信号进行复乘，再对复乘结果进行 IFFT 变换，得到卷积结果。

5）梳状谱干扰

数字梳状谱干扰是在较宽的频带上，实现多个点频的干扰信号，从而对雷达装备相干处理进行破坏，达到较大功率的干扰效果。

首先实现零中频的窄带噪声，再采用多频点 DDS 相加的方式，对窄带噪声进行调制，进而实现在大带宽进行压制式干扰。

梳状谱干扰兼具欺骗性与压制性，梳状谱干扰是指在雷达装备的工作频段内进行阻塞干扰，即加入有梳状频谱的强干扰信号，这些干扰信号集中在

频段内的某些频率点上,从而破坏雷达装备目标回波信号的相关性,使雷达装备无法对目标进行正确的判断。以 J 个正弦波信号的和表示梳状谱干扰信号:

$$J(t) = \sum_{j=1}^{J} b_j \sin(2\pi f_j t) \qquad (3-131)$$

在发射信号确定的情况下,f_j 的取值范围就确定了,考虑雷达装备的噪声,则雷达装备接收机收到的回波信号为

$$S_{rj}(t) = S_r(t) + J(t) + N(t) \qquad (3-132)$$

当雷达装备扫描工作方式为大时宽带宽信号形式,在很宽的频率范围内干扰雷达装备会因为干扰功率的频域分散而降低干扰效果。

3. 欺骗干扰

欺骗干扰的作用原理是:采用假的目标和信息("假"是指不同于"真"的目标和信息)作用于雷达装备的目标检测和跟踪系统,针对接收机的处理过程,使其失去测量和跟踪真实目标的能力,即欺骗干扰要达到的目的是掩蔽真正的目标,使雷达装备不能正确地检测真正的目标或者不能正确地测量真正目标的参数信息,从而达到迷惑和扰乱雷达装备对真正目标检测和跟踪的目的。

1)速度拖引干扰

速度跟踪的基本原理是跟踪目标的多普勒频率。雷达装备中接收的是目标回波,相对于其发射信号,目标回波的多普勒频移为

$$f_d = \frac{2v_r}{\lambda} = \frac{2v_r}{c} f_c \qquad (3-133)$$

式中:v_r 为目标相对于雷达装备的径向速度。由于雷达装备的工作频率 f_c 已知,故根据测得的多普勒频率 f_d 即可算出目标的径向速度。

使用在频率上覆盖多普勒频率的干扰,原理上能够阻碍雷达装备获得目标的多普勒频移。但是由于雷达装备的多普勒滤波器的带宽很窄,因此如果实施频率瞄准式干扰,其频率引导精度必须很高;而若实施阻塞式干扰,进入速度波门的干扰功率又将很低,所以这两种干扰方法并不常用。对于速度跟踪系统来讲,常用的干扰方法是欺骗干扰,即速度波门拖引干扰。

速度波门拖引干扰在原理上和距离波门拖引干扰是相同的,其过程包括干扰捕获速度波门、拖引、关机三个阶段。下面讨论实现速度波门拖引的条件。

在干扰捕获速度波门阶段,干扰机转发接收到的雷达装备照射信号,为了使干扰信号能够捕获速度波门,通常要求进入雷达装备的干扰信号功率比大于

10dB，从而使速度波门只跟踪假目标，停拖捕捉的时间大于雷达装备跟踪的响应时间。

在拖引阶段，增加或降低转发信号的多普勒频率，使速度波门随着干扰信号的假多普勒的移动而移动。干扰拖引速度必须小于雷达装备速度波门的最大跟踪度。

干扰机产生的假目标的多普勒频率与目标回波的多普勒频率的最大差值（多普勒频率拖引量 Δw）应大于速度波门带宽的 5~10 倍，并使最大的多普勒频率小于多普勒滤波器的带宽。根据多普勒频率拖引速度，可计算出拖引时间。

干扰机关闭后，速度波门内既无回波，又无干扰，速度波门转入搜索。关机时间应小于速度波门由搜索到重新截获目标的多普勒频率的平均时间。

在速度波门拖引干扰中，干扰信号多普勒频率 f_{df} 的变化过程如下：

$$f_{df}(t) = \begin{cases} f_d & 0 \leq t < t_1 \\ f_d + v_f(t - t_1) & t_1 \leq t < t_2 \\ f_{dmax} & t_2 \leq t < t_J \end{cases}$$

（3 – 134）

v_f 正负取决于拖引的方向（也是假速度目标加速度的方向）。拖引频谱示意图如图 3 – 23 所示。

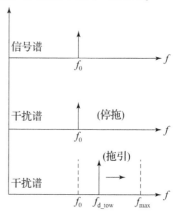

图 3 – 23　速度拖引频谱示意图

对测速跟踪系统实施的速度波门拖引干扰的时间关系如图 3 – 24 所示。

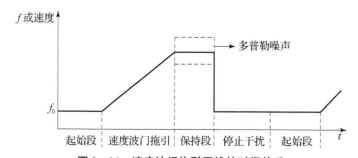

图 3 – 24　速度波门拖引干扰的时间关系

2）距离拖引干扰

距离拖引干扰的作用是以距离欺骗的方式诱使雷达错误跟踪干扰信号，并最终使雷达丢失目标，从而达到干扰雷达装备正常工作的目的。

根据目标回波信号模型，且不考虑雷达装备载频捷变和线性调频等因素，那么在雷达装备接收机接收到的目标回波信号形式为

$$S_{\text{RF}}(t) = A_S \cdot \exp\left[j(\omega_c + \omega_d)\left(t - \frac{2R(t)}{c}\right)\right] \quad (3-135)$$

要对距离波门实施距离拖引干扰时，此处的干扰信号形式应该为

$$J_r(t) = A_J \cdot \exp\left[j(\omega_c + \omega_d)\left(t - \frac{2R(t)}{c} - \Delta t\right)\right] \quad (3-136)$$

式中：A_S、A_J 分别为真实回波信号、干扰信号的幅度，且 $A_J > A_S$；ω_c 为雷达信号的载频，ω_d 为雷达回波信号的多普勒频移；$R(t)$ 为真实目标与雷达之间的距离；Δt 为距离拖引干扰信号相对于真实目标的正常回波信号的延迟时间；c 为光速。

由此可得距离波门拖引干扰的信号仿真数学模型为

$$J(t) = A_J \cdot \exp\left[j\omega_d\left(t - \frac{2R(t)}{c} - \Delta t\right)\right] \quad (3-137)$$

对自动距离跟踪系统所实施的距离波门拖引的方法如下：

停拖期：干扰机收到雷达装备发射脉冲后，以最小的延迟转发一个干扰脉冲，干扰脉冲幅度 U_n 大于回波信号幅度 U_s，一般 $U_n/U_s \approx 1.3 \sim 1.5$ 时便可有效地捕获距离波门，然后保持一段时间（此时的 $\Delta t_f = 0$），这段时间称为停拖，其目的是使干扰信号与回波信号同时在距离波门上。停拖时间要求大于雷达装备接收机自动增益控制电路的惯性时间。

停拖时间段内，干扰机转发接收脉冲，真假目标出现的空间和时间近似重合，雷达装备很容易监测和捕获。由于假目标的能量高于真目标，雷达装备捕获后 AGC 电路将按照假目标信号的能量来调整接收机增益（增益降低），以便对其进行连续测量和跟踪，停拖时间段的长短对应雷达装备监测和捕获目标所需的时间，也包括雷达装备接收机 AGC 电路增益调整时间。

拖引期：真假目标在预定的欺骗干扰参数上逐渐分离，且分离的速度在雷达装备跟踪正常运动目标时的速度响应范围内，直到真假目标的参数达到预定的程度。由于在拖引前已经被假目标控制了接收机增益，而且假目标的能量高于真目标，所以雷达装备的跟踪系统很容易被假目标拖引开，而抛弃真目标。拖引段的时间长度主要取决于最大误差和拖引速度。

当距离波门可靠地跟踪到干扰脉冲以后，干扰机每收到一个雷达装备照射脉冲，便可逐渐增加转发脉冲的延迟时间（令 Δt_f 在每一个脉冲重复周期按照预设的规律进行变化），使距离波门随干扰脉冲移动而离开回波脉冲，直到距离波门偏离回波若干个波门的宽度。拖引时间对一般的跟踪雷达装备为 5 ~

10s，拖引速度要小于距离波门所允许的最大跟踪速度，即距离波门的最大移动速度。

干扰关闭：当距离波门被干扰脉冲从目标上拖开足够的距离以后，干扰机关闭，即停止转发干扰脉冲一段时间。使假目标突然消失，造成雷达装备跟踪信号突然中断。在一般情况下，雷达装备需要滞留和等待一段时间，AGC电路也需要重新调整雷达装备接收机的增益（增益提高）。如果信号重新出现，则雷达装备可以继续进行跟踪。如果信号消失达到一定的时间，雷达装备确认目标丢失后，才能重新进行目标信号的搜索、检测和捕获。关闭时间段的长度主要取决于雷达装备跟踪中断后的滞留和调整时间待距离波门跟踪上目标以后，再重复以上3个步骤的距离波门拖引程序。

距离波门拖引和角度欺骗干扰综合使用时，常常可以增大角度欺骗干扰的效果。方法是先将距离波门从目标回波上拖开，拖离到最大值后，立即接通角度欺骗干扰。这时，距离波门没有信号，干扰与信号之比为无穷大，从而角度欺骗可达到最佳效果。

3）拖曳干扰

拖曳式雷达诱饵（towed radar active decoy，TRAD）是由被保护的载机通过拖曳线牵引而随其一起运动的有源雷达假目标。当载机的预警雷达发现被导弹跟踪上时，立即释放诱饵，如果诱饵的干扰功率足够大，使雷达装备收到的诱饵功率大于收到的载机回波功率，那么导弹会自动跟踪诱饵而放弃目标载机，最起码也会跟踪二者的"能量中心"。

为了确保有效干扰，诱饵与载机能够同时处于雷达装备的瞬时波束范围内。由于诱饵和被保护的目标载机一起运动，可以很好地模拟载机的运动特性，使得一般的雷达装备难以通过运动特征来识别载机和诱饵，形成对的质心转移干扰，采用"舍卒保车"的方法，达到诱偏导弹的目的，以诱饵的牺牲来换取载机的生存。

拖曳式诱饵具有以下的主要特点。

（1）诱饵与目标载机需要同时处于雷达装备的波束范围内，以实现真正的方位欺骗。

（2）诱饵与载机具有相同的运动特性，不易被识别；容易实现多样式的复合干扰和载机内外的协同作战；体积较小、质量较轻，对载机的机动性影响较小；回收率较高，成本较低，投放设备比较简单。

雷达装备将同时接收到两个信号：目标回波信号和诱饵干扰信号。其中目标回波信号功率为

$$P_{rs} = \frac{P_t G_t \sigma A}{(4\pi R^2)^2} = \frac{P_t G_t^2 \sigma \lambda^2}{(4\pi)^3 R^4} \qquad (3-138)$$

式中：P_t、G_t 分别为雷达装备的发射功率和天线增益；σ 为目标载机的散射截面积；λ 为雷达装备工作波长；A 为雷达装备天线的有效面积，$A = G_t \lambda^2 / 4\pi$；R 为雷达装备到载机的距离。

拖曳式诱饵通常有两种工作方式，即转发式和应答式两种干扰体制，在这两种干扰体制下诱饵的干扰方程具有不同的表达式。

转发式拖曳式诱饵的等效干扰功率 P_{rde} 表达式为

$$P_{rde} = \frac{kP_t G_t \sigma}{4\pi \cos^2\theta} \left(\frac{1}{R} - \frac{R_d}{R^2}\cos\alpha \right)^2 \qquad (3-139)$$

式中：k 为雷达装备接收机中的干扰压制系数，在欺骗干扰时，$k \geq 2$；R_d 为载机与诱饵之间的拖曳线长度；θ 为雷达装备到载机与雷达装备到诱饵连线的夹角；α 为雷达装备到载机与载机到诱饵连线的夹角。

转发式拖曳式诱饵的干扰方程同投掷式有源雷达诱饵的干扰方程的表达方式一样，不同的只是拖曳式诱饵的 R_d 为常量。由式（3-139）可知，诱饵的等效干扰功率随着 R 的变化而变化，令 P_{rde} 对 R 求导，可推导出诱饵的等效干扰功率最大的条件是 $R = 2R_d \cos\alpha$。

在应答式干扰体制下工作时，诱饵的干扰功率是一个常数。对于固定发射功率的情况，只要保证诱饵的等效干扰功率满足使其最大的条件，即可保证干扰在全过程中有效，将 $R = 2R_d \cos\alpha$ 代入式（3-139）可得应答式拖曳式诱饵的等效干扰功率 P_{rde} 为

$$P_{rde} = \frac{kP_t G_t \sigma}{64\pi R_d^2 \cos^2\theta \cos^2\alpha} \qquad (3-140)$$

当雷达装备接收机距离载机中远程距离时，可以近似地认为 $R = \theta = 0°$，式（3-140）可以简化为

$$P_{rde} = \frac{kP_t G_t \sigma}{64\pi R_d^2} \qquad (3-141)$$

就是计算拖曳式诱饵最大干扰功率的公式。

拖曳式诱饵是一种载机外有源干扰，当载机收到威胁信号时，释放诱饵，机动形成"三角态势"，以保证对雷达装备的干扰效果。拖曳式诱饵主要用于干扰雷达装备的速度跟踪系统和角度跟踪系统，下面介绍我们常用的对速度跟踪系统进行的干扰。

为分析拖曳式诱饵速度跟踪系统的影响，以具有速度分辨能力的脉冲多普勒雷达为例，设载机和拖曳式诱饵为空间点源 S_1 和 S_2，两点源相距 R_d。一般

运动目标的多普勒频移 f_d 为

$$f_d = \frac{2V'}{\lambda} \quad (3-142)$$

式中：V' 为运动目标的径向速度；λ 为雷达装备工作波长。

由于拖曳式诱饵由载机牵引着一起运动，诱饵具有和载机相似的运动特性。根据图 3-25 所示的速度矢量关系，当雷达装备距离载机较远时，弹目距离 R 远大于 R_d，两点源的张角相对于雷达的张角 θ 很小，可以认为两点源的运动速度 $V_1 = V_2 = V$，两点源的径向速度 $V_1' = V_2'$，将其代入

$$f_d = \frac{2V'}{\lambda} \quad (3-143)$$

可得

$$f_{d1} = f_{d2} \quad (3-144)$$

式中：f_{d1}、f_{d2} 分别为 S_1、S_2 对雷达的多普勒频移。

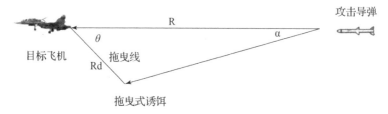

图 3-25 拖曳式诱饵工作态势图

拖曳式诱饵对于速度跟踪系统干扰的目的，就是使雷达装备无法获得目标载机的多普勒频移。中远距离下，诱饵 S_2 与载机 S_1 两点源相对雷达装备的张角 θ 小于雷达装备波束宽度，S_1 和 S_2 同时落入雷达装备的主瓣波束内，速度跟踪系统的鉴频特性零点会跟踪在 f_{d1}、f_{d2} 之间，如果 $f_{d1} = f_{d2}$，两条频率特性曲线必然重合，从而使雷达装备速度跟踪系统无法分辨 S_1 和 S_2。随着弹目距离 R 的减小，θ 逐渐增大，两点源的径向速度的差异越来越大，当二者产生的多普勒频差超过雷达装备的速度分辨力时，雷达装备就会分辨出载机和诱饵。由于诱饵的干扰功率大于信号的功率，速度波门将跟踪诱饵，当速度差异超过速度跟踪波门宽度时，载机信号将逃离速度跟踪波门。

4) 多假目标干扰

多假目标干扰作为一种重要的欺骗干扰样式，其意图是给雷达装备提供许多与真实目标距离不同的假目标，使得雷达装备不能区分真假目标或因难以识别而延缓识别真目标的时间。虽然多假目标干扰的原理比较简单，但对其技术战术及干扰效果所做的定量分析还远远不够，无法满足电子对抗作战效能分析

的需要。在分析多假目标干扰机理的基础上,建立近距离干扰、自卫干扰等多种战术行动的数学模型,最后对多假目标在不同战术背景下的干扰效果进行定量分析,并以仿真手段加以验证。

多假目标干扰通过存储的雷达装备发射信号进行时延调制和放大转发来实现的。设 R 为真实目标的距离,经雷达装备接收机输出的回波脉冲包络时延为

$$t_r = \frac{2R}{c} \qquad (3-145)$$

式中:t_r 为真实目标回波脉冲包络时延;c 为光速。

设 R_f 为假目标的视在距离,则雷达装备接收机输出的干扰目标回波包络时延

$$t_f = \frac{2R_f}{c} \qquad (3-146)$$

当满足 $|R_f - R| > \Delta R$ 时,形成假目标。通常,t_f 由两部分组成:

$$t_f = t_{f0} + \Delta t_f, t_{f0} = \frac{2R_f}{c} \qquad (3-147)$$

式中:R_J 为雷达装备与干扰机之间的视在距离;t_{f0} 为由雷达装备与干扰机之间距离引起的电波传输时延;Δt_f 为干扰机收到雷达装备信号后的转发时延。

根据转发延时的不同,可以形成近距离假目标和远距离假目标。近距离假目标是指在距离上比真实目标更接近雷达装备的假目标;而远距离假目标则相反,所形成的假目标比真实目标距离雷达装备要远。近距离假目标是由雷达装备的周期外假目标脉冲形成的,比较依赖于两个脉冲间隔内雷达 RF(载频)和 PRF(脉冲重复周期)的稳定性;远距离假目标则是在同一脉冲周期内形成的。

如图 3-26 所示,图中假目标 1 为近距离假目标,假目标 2 为远距离假目标。t_r 为真实目标回波延时,t_{f1}、t_{f2} 为干扰机转发延时 Δt_f 与干扰机与雷达之间距离 R_J 所引起的电波传播延时之和。

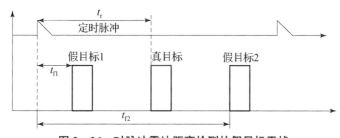

图 3-26 对脉冲雷达距离检测的假目标干扰

4. 灵巧干扰

灵巧干扰包括密集复制干扰、重复转发干扰、间歇采样干扰、多普勒阻塞、多普勒闪烁干扰等多种干扰方式。下面进行详细介绍。

1) 密集复制干扰

密集复制干扰方式下，对雷达装备发射信号进行多次延迟复制、移频后求和。雷达装备对信号进行脉压处理后，会在一个距离门内看到多个干扰信号。为加强干扰信号的干扰效果，在频率上可以为每个延迟复制出来的雷达装备脉冲信号调制一个一定范围内的随机多普勒频率，在频率跟踪上对雷达装备进行干扰，随机跳变的多普勒频率范围可配置。其产生原理为

在图 3-27 中，t_1 为雷达装备信号脉宽，t_2 为干扰前置时间，t_3 为叠加时转发延时，t_4 为叠加合成的干扰信号脉宽，$f_{d0} \sim f_{dN}$ 为给每个脉冲调制的随机多普勒频率，这里每次都是将调制多普勒之前的脉冲进行延迟复制，通过自动配置随机数产生模块的参数保证每个脉冲调制不同的随机多普勒。

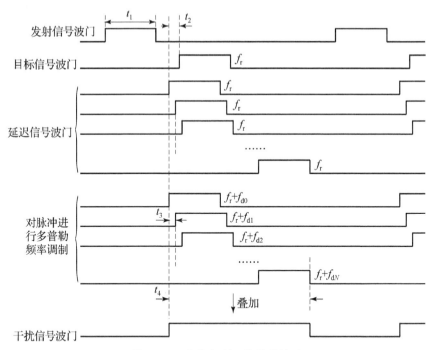

图 3-27 密集复制干扰信号波形

2) 重复转发干扰

重复转发干扰对雷达装备发射信号的脉冲进行采样，并进行存储，然后根据设置的转发间隔进行多次转发，在时域上覆盖较广的范围，对每个复制出的

脉冲信号可调制脉间跳变或脉组跳变的随机多普勒频率,其信号产生原理如图 3-28 所示。

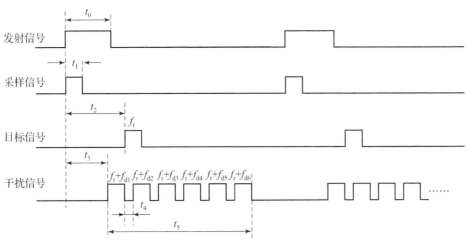

图 3-28 重复转发干扰信号产生原理

在图 3-28 中,t_0 为雷达装备信号脉宽,t_1 为信号采样脉宽,t_2 为目标距离延时,t_3 为干扰信号距离延时,t_4 为转发间隔时间,t_5 为覆盖距离范围,$f_{d0} \sim f_{dN}$ 为给每个复制的脉冲调制随机多普勒频率。

仿真参数设置为:输入信号脉冲宽度 pw = 200,脉冲周期 prt = 3000,转发间隔 dg = 100,随机多普勒跳变间隔 $n = 2$(个 PRT)。

如图 3-29 所示,输入信号按照顺序存入 RAM,根据输入的转发间隔和信号脉宽产生转发使能信号,按照该信号进行多次转发,与随机多普勒信号复乘,并使用干扰覆盖距离参数对干扰范围进行限制。

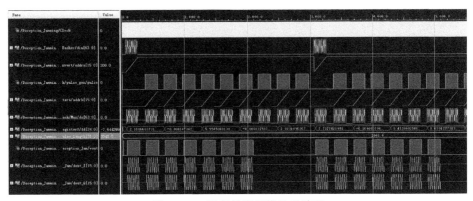

图 3-29 重复转发干扰信号波形

重复转发假目标的覆盖范围可通过配置假目标个数和覆盖距离分别控制，覆盖范围更近的有效。

3）间歇采样干扰

间歇采样转发技术的实现是将截获的雷达装备信号经接收天线进入带通滤波器和低噪声放大器，然后射频信号进入 DRFM 系统实现采样、存储，并在处理控制器的调度下，对接收信号进行调制转发，经上变频后发射干扰信号。

采用一个矩形脉冲串作为间歇采样信号，如图 3 – 30 所示。

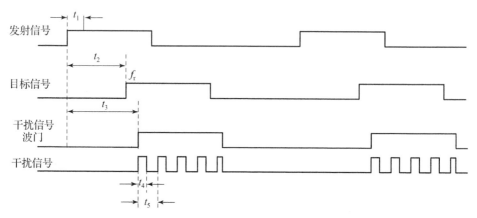

图 3 – 30　间歇采样信号

式中：定义 τ 为采样脉宽，T_s 为间歇采样周期。间歇采样信号为

$$p(t) = \mathrm{rect}\left(\frac{t}{\tau}\right) * \sum_{-\infty}^{\infty} \delta(t - nT_s) \qquad (3-148)$$

根据傅里叶变换原理：

$$\mathrm{rect}\left(\frac{1}{\tau}\right) \leftrightarrow \tau \mathrm{sa}(\pi f \tau) \qquad (3-149)$$

$$\sum_{-\infty}^{\infty} \delta(t - nT_s) \leftrightarrow \frac{1}{T_s} \sum_{-\infty}^{\infty} \delta(f - nf_s) \qquad (3-150)$$

式中：$f_s = \dfrac{1}{T_s}$ 为采样频率，

$$\mathrm{sa}(x) = \sin(x)/x \qquad (3-151)$$

可知 $p(t)$ 的频谱为

$$p(t) = \sum_{-\infty}^{\infty} \tau f_s \mathrm{sa}(\pi n f_s \tau) \delta(f - nf_s) = \sum_{-\infty}^{\infty} a_n \delta(f - nf_s) \qquad (3-152)$$

假设雷达装备发射一时宽为 T、带宽为 B 的信号 $x(t)$，其频谱为 $X(f)$。对其进行间歇采样处理，相当于与间歇采样信号做相乘运算，则采样后信号为

$$x_{\text{sample}}(t) = p(t)x(t) \qquad (3-153)$$

采样信号频谱为

$$X_{\text{Sample}}(f) = p(f) * X(f) = \sum_{-\infty}^{\infty} a_n X(f - nf_s) \qquad (3-154)$$

从式 (3-154) 中可以看出, $X_{\text{sample}}(f)$ 是 $X(f)$ 的周期加权延拓,幅度加权系数为 a_n,延拓周期为 T_s。之所以密集复制与重复转发,是因为间歇采样干扰作为一类干扰样式设计与封装,可将以上三种干扰样式进行组合,达到更强的干扰效果。

先密集复制再重复转发信号波形如图 3-31 所示。

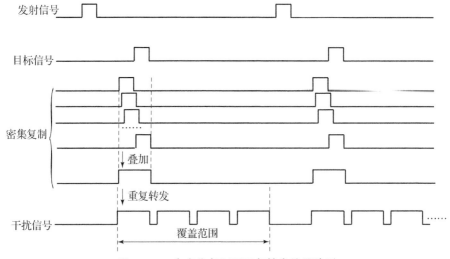

图 3-31　先密集复制再重复转发信号波形

先重复转发再密集复制信号波形如图 3-32 所示。

间歇采样重复转发信号波形如图 3-33 所示。

4)多普勒阻塞

多普勒阻塞干扰的基本原理是:在雷达装备速度跟踪电路的跟踪带宽 Δf 内,根据设置的周期,产生不同频移的干扰信号,干扰信号的多普勒频率周期性地在设置的范围内随机跳变,造成雷达装备速度跟踪波门在干扰频率范围内摆动,始终不能正确、稳定地捕获目标速度。

5)多普勒闪烁干扰

当信号的多普勒按照一定的周期在两个确定的多普勒值之间跳变时,即成为多普勒闪烁干扰。

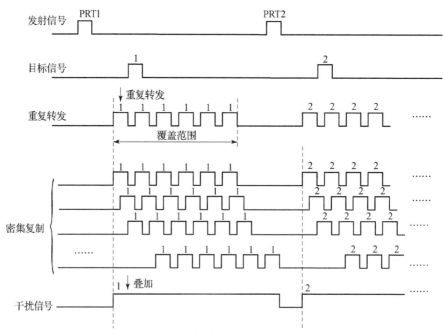

图 3-32　先重复转发再密集复制信号波形

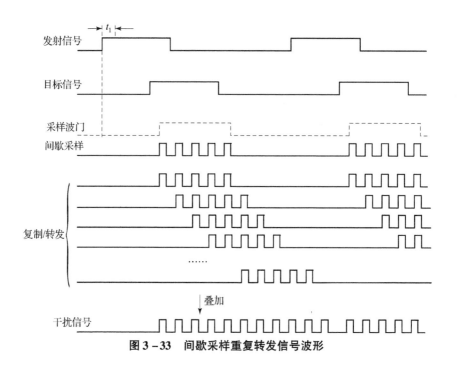

图 3-33　间歇采样重复转发信号波形

多普勒闪烁干扰方法是针对雷达装备处于速度搜索或速度跟踪时的干扰方法。当机载多功能雷达采用脉冲多普勒（PD）体制对目标进行测速和速度跟踪时，我们可以用闪烁假目标速度欺骗干扰对其进行干扰。

闪烁假目标速度欺骗干扰主要是产生多普勒假目标，它的产生机理是：在雷达装备工作频点的一侧设置2个干扰频点，即 $f_{i1}=f_i+f_{d1}$, $f_{i2}=f_i+f_{d2}$，其中 f_i 是雷达装备的工作频率，f_{d1} 和 f_{d2} 则需要根据雷达装备的脉冲重复频率、工作波长、干扰机载体相对于地面的运动速度以及雷达装备相对于地面的运动速度进行选取，其值不能大于脉冲重复频率的一半，如图 3-34 所示。

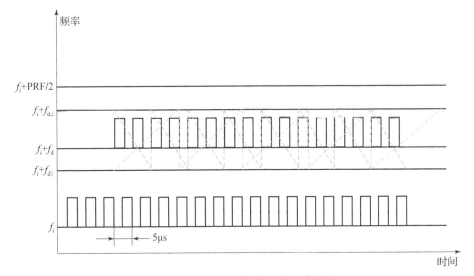

图 3-34　多普勒闪烁假目标形成原理

当雷达装备采用脉间相干方式发射射频信号时，欺骗干扰信号必须与雷达装备回波信号相干，至少在雷达装备处理时间内与雷达装备信号保持相干。要使干扰有效，必须采用数字射频存储器产生相干干扰信号，否则，雷达装备就会检测到存在干扰。

第4章 电磁辐射平台运动模拟技术

电磁辐射平台运动模拟是通过控制输出电磁信号的角度,来模拟辐射平台在空间角度上的运动,在径向距离上的运动主要依靠控制电磁信号的时延,来模拟电磁信号在空间的传输时间,达到模拟电磁辐射平台距离变化的目的。电磁信号的时延控制在电磁信号模拟系统中实现;输出电磁信号的角度控制由电磁辐射平台运动模拟系统完成,电磁辐射平台运动模拟系统分布在辐射平台空间角度运动范围内,将信号模拟系统送来的雷达信号、雷达回波信号、干扰信号、杂波信号等射频信号按照测试设计的空间角度辐射到暗室内,形成复杂、动态、高密度、高逼真度的雷达信号环境,以考核电子信息装备、反辐射武器等在不同环境下的侦察识别能力、抗干扰能力和攻击精度。

电磁辐射平台运动模拟在设定的主视角范围内,接收电磁信号模拟系统产生的雷达信号、雷达回波信号、干扰信号及杂波信号,对输入的射频信号进行幅度、相位控制,并通过开关控制,从而将雷达信号、目标回波信号、干扰信号和杂波信号从指定的角位置、以一定的功率和极化方式向在暗室中的待测品辐射,以模拟电磁辐射平台运动及电磁信号的强度变化,形成动态、高密度的雷达信号环境。

在微波暗室内,典型的电磁辐射平台运动模拟主要由天线阵列与射频馈电通道等来实现。但在电磁辐射平台运动模拟需求较为简单时,也可以通过机械式平台运动模拟器来实现。

天线阵列分布在仿真测试覆盖的角度范围内,常用的天线阵形式有面阵、线阵和点阵。其中面阵采用"三元组"合成的方式实现目标信号空间角位置的连续、精确模拟,主要用于模拟雷达辐射源、目标回波、欺骗干扰等信号,但是这种形式的天线阵辐射天线多、馈电复杂、设备硬件量多、建设成本高、建设周期长;线阵采用"二元组"合成的方式实现目标信号一维角度的连续模拟,主要用于部分侦察装备一维向测角精度等,这种形式的天线阵辐射天线数量相对少、馈电较为简单、设备硬件量较少,建设成本相对低,可以在较短时间内建成;点阵采用单天线独立工作的方式实现目标信号空间角位置跳变模拟,主要用于模拟对角度不敏感信号的模拟,如远距离支援干扰机,其信号一般从被试设备副瓣进入,对角度模拟精度要求不高,这种形式的天线阵辐射天线少、馈电简单、设备硬件量少、建设成本低,建设周期短,是内场仿真的一种重要辅助手段,通过在阵面上均匀布设辐射天线,可以在方位和俯仰两维角度上实现干扰信号位置跳变模拟。在被试设备测试中,要求系统能够模拟目标信号、干扰信号在二维空间角位置的变化,因此一般采用面阵和点阵两种形式,即面阵作为天线阵的主阵主要用于模拟控制目标回波信号、雷达信号在空间角位置的连续变化,而点阵作为干扰阵用于传输远距离支援干扰(压制干扰)信号。

天线阵列由阵面支架、天线阵元组件、阵列维护平台等组成。其中,阵面支架主要为天线阵元组件、吸波材料、射频电缆等的安装与布设提供基础支撑;阵列维护平台主要为馈电控制子系统、射频馈电通道安装和天线阵列维护等提供平台,方便阵列安装、调试与维护等;天线阵元组件包括辐射天线和六自由度夹具。根据需要,天线阵元组件分为微波天线阵元组件、W 天线阵元组件两种,两者相互交错布局。为了降低阵面反射信号的影响,需要在阵面上贴敷吸波材料。合理选择吸波材料的尺寸,以减小吸波材料对辐射天线辐射特性的影响。

为了保证系统性能稳定性,在天线阵列馈电通道布设区域采取相应的温控措施,对环境温度进行控制和调节。该区域的温控设备由系统配套基建工程建设。为了提高温控设备对天线阵列馈电通道布设区域环境温度控制效果,阵列维护平台设计时,需要兼顾温控设备的安装,在设计承重时,预留一定的承重能力,便于温控设备的安装、调试。

馈电控制主要是依据雷达辐射源、雷达目标、干扰机等射频信号的辐射角位置、中心频率、功率、极化等信息,结合射频通道幅相标校数据、近场效应修正数据等,计算出目标所在三元组及其对应射频馈电通道中各电子开关、程控衰减器、程控移相器等射频器件的控制码,结果送射频馈电通道。

射频馈电通道主要根据馈电控制发送的控制码完成通道中各电子开关、程控衰减器、程控移相器等器件工作状态的快速控制与切换,实现射频信号传输通道分配与信号幅度、相位、极化等控制,确保信号从指定角位置、以指定的极化形式和功率辐射,在空间实现信号合成。

4.1 天线阵列技术

天线阵列主要由阵面支架、天线阵元组件、阵列维护平台等组成。考虑到微波器件适用频率范围的限制，阵列一般根据功能和工作频段，划分为不同的部分。若阵列工作频段覆盖微波和毫米波，那么整个天线阵列需要分为微波阵列和毫米波阵列两部分，两部分的阵元采用交错布局，分别辐射微波、毫米波频段的雷达辐射源信号、有源诱饵信号以及雷达目标回波信号、杂波信号和干扰信号。

阵面支架主要由球面板和相应的背架构成，用于支撑安装天线阵元组件、吸波材料及射频电缆等，是整个天线阵面的支撑设备；天线阵元组件主要包括辐射天线和天线安装夹具，辐射天线通过安装夹具固定安装于阵面支架球面板上；阵列维护平台主要为馈电控制子系统、射频馈电通道、消防设施、温控设备的安装以及天线阵列维护等提供平台，方便阵列安装、调试与维护等。阵列维护平台与阵面支架之间无物理连接，并各自采用独立地基，避免维护平台上人员活动产生的震动、结构变形等对阵面产生影响。下面将对天线阵列相关设计技术进行介绍。

4.1.1 三元组间隔选择准则

天线阵列一般通过三元组模拟目标信号的运动。当三元组辐射天线间距过大时，三元组将无法合成一个目标，被试设备会将三元组各个辐射天线辐射的信号看成是独立的目标。三元组的间距与被试设备天线波束宽度相关。同时为了便于阵面布设，不同频段三元组的间距取倍数关系。

三元组辐射天线等效直径 d 示意图如图 4-1 所示。

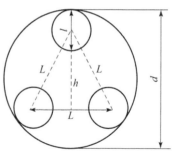

图 4-1 三元组辐射天线等效直径示意图

根据等边三角形的几何关系，可得到

$$\frac{d}{2} = \left(\frac{l}{2} + \frac{2}{3}h\right) = \left(\frac{l}{2} + \frac{2\sqrt{3}}{3}\frac{L}{2}\right) \quad (4-1)$$

$$d = l + \frac{2\sqrt{3}}{3}L = l + \frac{2}{\sqrt{3}}L = l + \frac{L}{\cos 30°} \quad (4-2)$$

$$d = l + \frac{L}{\cos 30°} \quad (4-3)$$

式（4-1）中，l 为单个辐射源天线的口径，mm；L 为辐射源间距，mm。

式（4-3）两边同除以距离 R，得到

$$\frac{d}{R} = \frac{l}{R} + \frac{L}{R} \cdot \frac{1}{\cos 30°} \quad (4-4)$$

式（4-4）中，根据几何关系可以得到：

$\dfrac{d}{R} = \psi$——三个辐射天线外接圆相对于测试平台中心的张角；

$\dfrac{l}{R} = \psi_1$——单个辐射天线口径相对于测试平台中心的张角；

$\dfrac{L}{R} = \psi_2$——两个辐射源中心相对于测试平台中心的张角。

可改写成：

$$\psi = \psi_1 + \frac{\psi_2}{\cos 30°} \quad (4-5)$$

采用三元组辐射天线进行目标信号模拟的工程约束条件为：三元组辐射天线外接圆必须位于被试天线在测试距离 R 处的辐射功率下降 3dB 的两个方向的夹角内，即被试天线在测试距离 R 处的波束宽度应大于三元组外接圆相对平台中心所成夹角，示意图如图 4-2 所示。

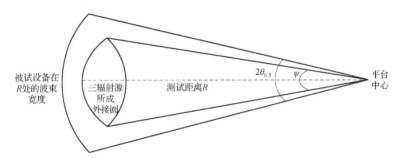

图 4-2 三元组辐射源目标模拟工程约束条件示意图

被试设备天线波束宽度与三元组张角 ψ 之间应当满足：

$$2\theta_{0.5} \geq \psi \quad (4-6)$$

令

$$\psi = k(2\theta_{0.5}) \quad 0 < k \leq 1 \quad (4-7)$$

则由式（4-6）和式（4-7）可得

$$\psi_2 = \frac{\sqrt{3}}{2}[k(2\theta_{0.5}) - \psi_1] \quad (4-8)$$

4.1.2 三元组工作原理

天线阵列的主阵列采用三元组天线合成辐射的方式，通过等效辐射中心的移动模拟射频信号的空间角度特性。

如图 4-3 所示，A、B、C 为三元组天线，P 为接收天线，三元组天线的俯仰角分别为 θ_1、θ_2、θ_3，方位角分别为 ϕ_1、ϕ_2、ϕ_3。

假设在 P 处接收到的各天线辐射的信号分别为

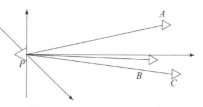

图 4-3 三元组天线喇叭几何位置示意图

$$E_A = E_{mA}e^{j(\omega t - kR_a)} \quad (4-9)$$

$$E_B = E_{mB}e^{j(\omega t - kR_b)} \quad (4-10)$$

$$E_C = E_{mC}e^{j(\omega t - kR_c)} \quad (4-11)$$

式中：$k = \dfrac{2\pi}{\lambda}R$。

假设三路信号的相位一致，则合成场强为

$$E = E_m e^{j\omega t} \quad (4-12)$$

合成场强的指向为三元组等效能量辐射中心指向，它可以由方位角和俯仰角来描述，由空间矢量叠加原理可得，其正切分别为

$$\tan\theta = \frac{E_A\sin\theta_1 + E_B\sin\theta_2 + E_C\sin\theta_3}{E_A\cos\varphi_1 + E_B\cos\varphi_2 + E_C\cos\varphi_3} \quad (4-13)$$

$$\tan\varphi = \frac{E_A\sin\varphi_1 + E_B\sin\varphi_2 + E_C\sin\varphi_3}{E_A\cos\varphi_1 + E_B\cos\varphi_2 + E_C\cos\varphi_3} \quad (4-14)$$

接收点 P 距三元组天线较远，则各天线相对于 P 点的俯仰角和方位角均很小，则可近似如下：

$$\tan\theta = \theta, \tan\varphi = \varphi$$
$$\sin\theta_1 = \theta_1, \sin\theta_2 = \theta_2, \sin\theta_3 = \theta_3$$
$$\sin\varphi_1 = \varphi_1, \sin\varphi_2 = \varphi_2, \sin\varphi_3 = \varphi_3$$
$$\cos\varphi_1 = 1, \cos\varphi_2 = 1, \cos\varphi_3 = 1$$

则可将方位角和俯仰角表示为

$$\theta = \frac{E_A\theta_a + E_B\theta_b + E_C\theta_c}{E_A + E_B + E_C} \quad (4-15)$$

$$\varphi = \frac{E_A\varphi_a + E_B\varphi_b + E_C\varphi_c}{E_A + E_B + E_C} \quad (4-16)$$

以上两式说明，在三元组天线的三路射频信号相位相同的条件下，三元组天线等效能量辐射中心的俯仰角和方位角是由各辐射天线的位置和各天线的辐射功率共同决定的。在辐射天线位置固定的情况下，改变各辐射源的辐射功

率,可改变等效能量辐射中心的位置,实现仿真目标在三元组天线围成的三角形区域内运动。

对 A、B、C 三点方位、俯仰偏角做归一化处理,归一化三元组坐标示意图如图 4-4 所示。

可以得到工程上普遍采用的三元组天线单元等效辐射中心的控制公式,一般称其为幅度重心公式。因此,在天线阵列各单元位置调整好以后,根据模拟目标的角度,可计算三元组天线各天线辐射能量的大小。

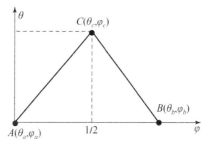

图 4-4 归一化三元组坐标示意图

$$E_A = 1 - \varphi_0 - \frac{\theta_0}{2} \quad (4-17)$$

$$E_B = \varphi_0 - \frac{\theta_0}{2} \quad (4-18)$$

$$E_C = \theta_0 \quad (4-19)$$

图 4-5 为三元组天线阵列示意图,图中圆点为喇叭天线,每相邻的三个天线都形成一个三元组,那么模拟的目标在天线阵列运动时,首先要确定目标所在的三元组号,确定三元组的朝向和原点类别,计算目标在三元组内的归一化坐标,再利用幅度重心公司计算三元组各天线辐射能量,完成目标的运动控制。对应在阵列控制中分为"粗位控制"(简称粗控)与"精位控制"(简称精控)两部分。

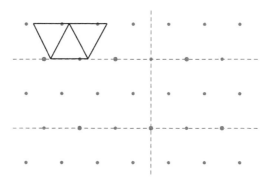

图 4-5 三元组天线阵列示意图

粗控的主要任务有:确定目标处于阵列上三元组号,确定三元组的朝向和原点类别,给出目标在三元组内的精确坐标(归一化),即幅度重心公式中的 (ϕ_0, θ_0)。

三元组的切换是通过开关矩阵来完成的，因此需要给出阵列开关矩阵的开关控制字。对于一个目标至少有三个开关矩阵，即要求粗位控制算法输出三个开关控制字。确定目标属于哪一个三元组时，还应包括判别目标是否"离阵"。所谓"离阵"是指目标位置处于阵列单元所包含的范围（阵列视场角）之外。如果判定目标已经离阵，粗位控制算法应当给出一种特殊的开关控制字，使所有通向阵列天线的射频通道都断开，同时还发出离阵指示信号。

三元组的朝向类型分为"朝上"型和"朝下"型两种，如图4-6所示。三角形的单顶点在上者为"朝上"型；单顶点在下者为"朝下"型。

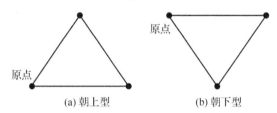

图4-6　三元组的朝向类型示意图

三元组的辐射单元分为A、B、C三种。由此所构成的三元组有三类："A"类、"B"类和"C"类。这三种类型是根据三元组"原点"天线的类型来决定的。三元组的"原点"定义为三元组最左边的点。

目标在三元组坐标系内的坐标是按直角坐标系给出的。该坐标系的定义已经在三元组天线归一化处理中给出，坐标原点在三元组的"原点"上。仿真实验系统中的ϕ和θ的坐标是相对于目标阵列球面的球心所呈现的张角，因此需要将其转换到幅度重心公式中的(ϕ_0, θ_0)归一化坐标。

粗控采用交叉定位法，天线交叉线的定义如图4-7所示。

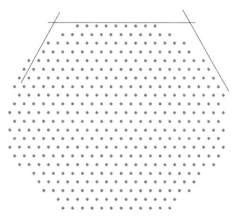

图4-7　天线阵列交叉线示意图

假设天线单元间距为 k，因此在 (ϕ,θ) 坐标系中：

第 1 条水平线方程为

$$\theta = lk\sqrt{3}/2$$

第 j 条右斜线的方程为

$$\theta = \sqrt{3}\varphi + k\sqrt{3}(j - 25.5)$$

第 i 条左斜线的方程为

$$\theta = -\sqrt{3}\varphi + k\sqrt{3}(i + 4.5)$$

由此可得，点 (ϕ,θ) 的位置：

在水平线的第 $l_1 = \left(\dfrac{2\theta}{k\sqrt{3}}\right)$ 条与第 $l_2 = l_1 + 1$ 条之间

在右斜线的第 $j_1 = \left(\dfrac{\theta - \sqrt{3}\varphi}{k\sqrt{3}} + 25.5\right)$ 条与第 $j_2 = j_1 + 1$ 条之间

在左斜线的第 $i_1 = \left(\dfrac{\theta + \sqrt{3}\varphi}{k\sqrt{3}} - 4.5\right)$ 条与第 $i_2 = i_1 + 1$ 条之间

通过判断 l、i、j 的具体数值，可最终判断出目标点 (ϕ,θ) 所在的三元组。

精控主要根据粗位控制算法所提供的 (ϕ_0,θ_0) 计算三元组天线能量大小，产生阵列馈电控制系统的程控衰减器和移相器的控制字。为了达到上述要求，精位控制算法主要完成以下几项任务：近场效应误差修正；计算三元组辐射信号的振幅；路径长度/损耗修正。

近场误差修正值的求取是利用幅度重心公式得到辐射信号幅度与利用此幅度值控制三元组天线时实际幅度的角度的差值得到的，计算流程如图 4-8 所示。

根据所期望的目标位置 (ϕ_0,θ_0)，利用"幅度重心公式"计算辐射信号的幅值 (E_1,E_2,E_3)，将求得的幅度进行目标精确位置的计算（计入近场效应的影响），得到实际控制输出角度，如果其精度达不到要求，差值作为目标位置的修正值 (ϕ',θ')，再代入"幅度重心公式"，如此循环直到修正后的目标位置坐标 (ϕ_c,θ_c)，为预期的目标位置 (ϕ_0,θ_0)。

根据上述表述，目标的近场效应误差为

$$\begin{cases} \Delta\varphi = \varphi_c - \varphi_0 \\ \Delta\theta = \theta_c - \theta_0 \end{cases} \quad (4-20)$$

显然，上述近场效应误差修正过程中所使用的修正值 (ϕ',θ') 与前面所说的近场效应误差 $(\Delta\phi,\Delta\theta)$ 是完全不同的两回事。

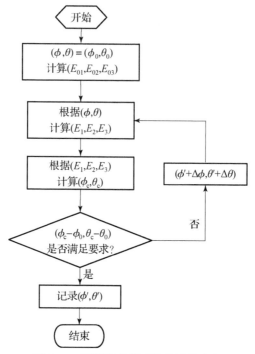

图 4-8 近场误差修正值的计算流程

计算目标的精确位置,并采用迭代的方法可以得到近场误差修正值(ϕ', θ')。将这些数据列成表格,便可得到两份表格:ϕ'表和θ'表。由于每一个三元组都可以分成左右对称的两个直角三角形,而且这两个直角三角形内各点的近场效应误差是完全对称的,因此,近场效应误差修正表格是按直角三角形(半个三元组)给出的(图 4-9)。以美国陆军高级仿真中心的 RFSS 为例,在 ϕ 和 θ 两个方向上各分成 16 个等分,因此共有 153 个节点。每一个节点(直线的交叉点)坐标(ϕ_0, θ_0)代表目标在三元组坐标系中的坐标,它也是误差修正表格的"入口"。每个节点上的 ϕ_0 和 θ_0 值,都对应有两个修正值 ϕ' 和 θ',最终得到两份修正表格。这两份表格预先存入计算机内,以便实时调用。调用时,如果目标的位置不在节点上,可以采用两维线性插值。

在得到经过修正的目标坐标值(ϕ_0, θ_0)后,应用"幅度重心公式"进行计算便可得三元组辐射信号的幅度值。正是由于采用了前面所说的误差修正方法,才使得对幅度值的计算特别简便,非常适合实时进行。

由于射频信号所经过的馈线路径长度不同,必然造成信号的幅度和相位的偏差。这些偏差对于每一个辐射单元的每一条路径都是不同的。若阵列有 N 个单元,则有 N 条不同的路径。如果考虑变极化控制,则每个单元有垂直极

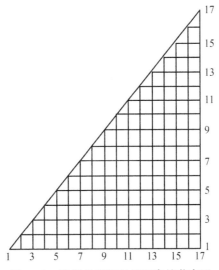

图 4-9　近场效应误差修正表的节点图

化和水平极化两个端口，因此总共有 $2N$ 条通路。根据事先进行的测试，可以建立两份修正表格（幅度修正表格和相位修正表格）。表格的入口为辐射单元的天线号。因此，对于一个目标可以通过查表得到 6 个修正值（3 个幅度修正值和 3 个相位修正值）。如果考虑具有正交的极化控制（垂直极化和水平极化），则每个目标总共可得到 12 个修正值。

移相器/衰减器的迭代修正。程控移相器的移相值改变时，移相器的插入损耗也会改变；同样，程控衰减器的衰减值改变时，衰减器的插入相移也会改变。换句话说，无论改变移相器的移相值还是改变衰减器的衰减值，对整个通路的信号幅度和相位都会有影响。为了减少这种相互交叉的影响，可以采用迭代修正的办法。迭代时，需要有衰减器控制字所对应的衰减器插入相移值的数据表格以及移相器控制字所对应的移相器插入衰减值的数据表格。这些表格均为预先通过测试来获得，并存入计算机内供实时调用。

4.1.3　天线阵元组件

天线阵元组件包括辐射天线和天线安装夹具，辐射天线通过安装夹具固定安装于阵面支架球面板上。

1. 辐射天线

天线阵列馈元一般使用加脊的喇叭天线，高频段用四脊圆锥喇叭天线，低频段使用四脊角锥喇叭天线，它们具有频带宽的特点，比较适合辐射式仿真实验系统使用。为保证辐射天线单元性能稳定，防止毫米波暗室吸波材料脱落碳粉对天线性能造成影响，天线需采取防氧化和防灰尘处理，包括外表面喷漆、内表面涂覆油脂、天线口面密封等。

2. 天线安装夹具

天线安装夹具由调整机构、轴向调整螺栓、锁紧螺母和支撑架等组成，可以进行上下平移、左右平移、前后平移、俯仰角、方位角和旋转调整等六个自由度的调整，六自由度的调整互相独立，互相耦合小。通过这六个自由度的调整可完成馈元的位置、指向和极化调整，每个自由度都有调整螺栓和锁紧螺母，当完成馈元位置、指标和极化调整后，拧紧锁紧螺栓即可完成天线位置的固定，可实现辐射天线位置、指向、极化的独立调节。

天线安装夹具主要用于馈元的支撑、固定，馈元的位置、指向和极化调整。夹具的外形如图4-10所示。结构设计需满足辐射天线单元安装、调整以及馈电连接需要，便于辐射天线后端馈电电缆和波导的安装、调整，表面需进行防锈处理。

图4-10 六自由度调整的天线安装夹具

4.1.4 天线阵面结构

阵面支架由球面板和背架构成，是整个天线阵列的安装基础。球面板为一个切割球面，安装于背架上，与背架连为一体，球面板将暗室空间分割成工作区与维护区，靠近球心一侧为工作区，另一侧为维护区。球面板上相应位置开设有直径大小适中的圆孔，用于安装天线阵元组件，确保辐射天线口面能够穿过球面板，对准阵面球心。球面板表面粘贴吸波材料，以降低电磁信号反射对暗室静区性能的影响。背架是球面板、天线阵元组件、吸波材料以及射频电缆等的安装基础，可采用钢结构，以框架形式搭建，其安装精度、结构稳定性等对天线阵列角模拟精度指标具有重要影响，因此背架需安装在专用的隔振基础上，与周围其他基础物理隔离，以减小周围基础振动对背架的影响。

阵面支架球面半径的取值主要考虑以下两个方面的因素：满足待测品的远场条件；确保天线阵面能够安装下仿真测试所需波段的辐射天线。

由于天线支架上开有辐射天线安装孔，降低了阵列维护区域与暗室工作区域之间的隔离度，增大了射频馈电通道泄露信号通过辐射天线安装孔泄露至暗室内的功率，当泄露信号功率较大时，将对系统角模拟精度指标产生影响，甚至可能产生虚假目标。为此，天线支架需要采取以下措施：在满足辐射天线安装的前提下，尽量减小安装孔的尺寸；辐射天线与阵面之间缝隙需要进行屏蔽处理。对于本次建设预留的、没有安装辐射天线的安装孔，需要进行封堵处理，以减小信号泄露的影响，封堵方式应便于后续改造扩展时拆除。

为加工、运输、安装、调试等方便，天线阵列球面板通常采用拼装结构，即整个天线阵列球面板由若干块较小尺寸的球面板拼接而成。因此，需对每块球面板的曲率加工精度、安装精度等进行详细设计，以保证整个天线阵面的曲率精度满足系统需求。天线阵列球面半径的取值主要考虑以下两个方面因素：一是满足被试设备天线远场条件；二是确保天线阵面空间能够安装仿真测试所需频段的辐射天线。

1. 满足被试设备的远场条件

在毫米波暗室内开展精确制导武器被试设备半实物仿真测试时，要求被试设备天线处于远场区，以确保天线阵列所辐射的球面波在被试设备天线口径范围内可以近似成为均匀平面波。当被试设备天线与天线阵列辐射天线之间间距满足下式时，即可认为满足远场条件。

$$R \geqslant 2D^2/\lambda \tag{4-21}$$

式中：R 为被试设备天线与天线阵列辐射天线之间间距，m；D 为被试设备天线口径直径，m；λ 为工作波长，m。

从式（4-21）可以看出，在相同口径下，波长越短，所需的远场距离越大。

经初步调研，微波被动雷达被试设备的天线口径一般不超过 450mm，Ka 雷达被试设备天线口径一般不超过 300mm，W 频段雷达被试设备天线口径一般不超过 170mm。根据上述远场条件，可以计算得到远场距离分别为 24.3m、24.0m 和 18.5m。

2. 满足所需波段辐射天线安装要求

电磁辐射平台运动模拟系统需要覆盖微波、Ka 和 W 频段三个波段的辐射天线的安装，为了便于工程实现，三个波段的辐射天线间距可以为倍数关系。其中，微波频段的被试设备天线波束宽度最宽，Ka 频段次之，W 频段最窄。因此，电磁辐射平台运动模拟系统在设计时，三个波段辐射天线的间距也是微波频段间距最大，Ka 频段次之，W 频段最小。辐射天线布设时，需要在 W 频段辐射天线（口径约为 30mm）的三元组内布设微波频段辐射天线（口径约为 140mm）。同时辐射天线单元安装口的间隔不小于 100mm，确保天线阵列安装面的机械稳定度。根据几何关系，可以计算得到当微波、Ka 和 W 频段三元组间隔分别为 40mrad、20mrad 和 10mrad 时，天线阵的半径应不小于 35m。

4.2 馈电通道技术

馈电通道将电磁信号模拟系统产生的各种射频信号传输到微波暗室天线阵列，主要完成由信号源系统产生的各种雷达信号、各种干扰信号、雷达目标回波信号及杂波信号到机载雷达测试区（稀阵）和地面雷达测试区（密阵）的传输，完成辐射信号的强度、极化与三元组天线的控制。

馈电通道的典型链路设计如图4-11所示，分为高、低两个频段。它主要由位于接口机柜的衰减器、放大器，位于幅相控制机柜的四路功分器、I/Q 矢量调制器（用作移相器）、衰减器，位于切换箱的高、低频段切换开关和主阵列/线阵切换开关、放大器，位于主阵箱的放大器、开关矩阵、合成器、稀密阵切换开关，极化开关及射频电缆组成。馈电通道在功分器后分为组成结构都相同的三路信号，图中仅显示其中一路。接口机柜的衰减器、放大器用于输入射频信号的补偿与均衡。功分器将信号分成三路信号，作为三元组天线的三路信号，由位于幅相控制机柜的I/Q 矢量调制器、衰减器完成三元组天线输出信号的功率和相位控制，最后由切换箱、主阵箱的射频开关矩阵完成三元组天线馈电通道的选择，模拟信号在空间的分布和目标的连续运动。

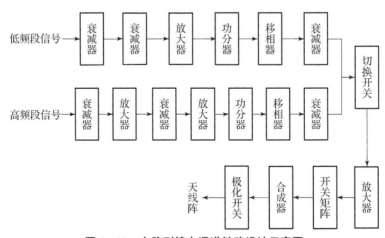

图4-11 主阵列馈电通道链路设计示意图

一般情况下，馈电通道是要区分目标信号与干扰信号的。干扰阵馈电通道主要完成干扰信号的传输，信号的强度、极化和辐射位置的控制。

典型干扰阵馈电通道链路设计如图4-12所示，分为高、低两个频段。主要由位于接口机柜的衰减器、放大器、功率合成器，位于干扰阵箱的衰减器、

第4章 电磁辐射平台运动模拟技术

开关矩阵，合成器，放大器，极化开关及射频电缆组成。接口机柜的衰减器、放大器用于输入射频信号的补偿与均衡；干扰阵箱的射频开关矩阵完成幅度和相位控制及干扰天线的选择，模拟信号在空间的分布和在天线间的跳跃式运动。

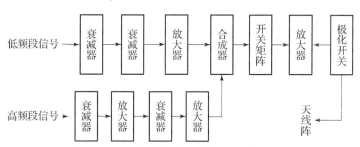

图 4-12　干扰阵馈电通道链路设计示意图

4.3　电磁辐射平台运动模拟系统标校技术

标校工作主要用于天线阵列初始值、平衡值、角模拟精度和极化特征的测试；设备维护工作模式主要用于故障诊断。检查采用每个三元组的中心位置作为精度测试点，测试并记录每个检测点的角模拟误差值。测试采用相位干涉仪的原理，利用比相法测量每个测试点的角模拟误差值。标校设备的原理组成图如图 4-13 所示。

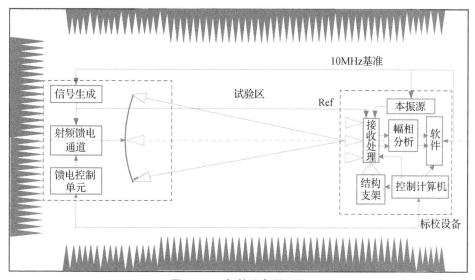

图 4-13　标校设备原理图

标校设备的工作是基于幅相干涉仪的原理，进行比幅和比相测试。

（1）比相方式（图4-14）。若接收天线的中心距为 d，辐射源的视在方向与干涉仪轴线方向夹角为 θ，射频信号波长为 λ，则2路信号相位差为

$$\phi_d = \frac{2\pi d}{\lambda}\sin\theta (\text{rad}) \qquad (4-22)$$

当 θ 趋近0时：

$$\phi_m \approx \frac{2\pi d\theta}{\lambda}(\text{rad}) \qquad (4-23)$$

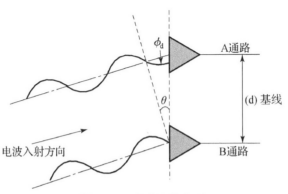

图4-14 比相工作方式

（2）比幅方式。当干涉仪轴线与辐射单元方向图轴线一致时，干涉仪A、B两通路的信号幅度相等，如图4-15所示。

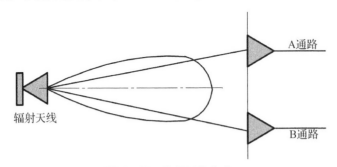

图4-15 比幅工作方式

标校设备的组成原理图如图4-16所示。

根据标校设备原理图，微波接收处理模块由微波喇叭天线A、B（俯仰通道）或C、D（方位通道）接收阵列辐射的电磁波信号，经过各自微波开关进行输入选择后与相应混频器进行混频处理，形成中频信号，再经中频放大滤波

后送入幅相分析模块处理，得到幅相测试数据，完成初始值、平衡值、角模拟精度测量、极化特征的测试。

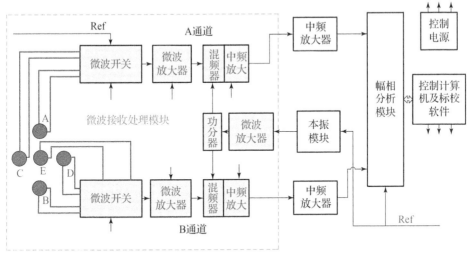

图 4-16　标校设备组成原理图

1. 微波接收处理模块

微波接收处理模块主要由宽带双极化四脊微波喇叭天线、微波开关、微波放大器、微波宽带混频器、中频放大器及宽带功率分配器组成，完成接收信道的选择、接收和处理，使处理后的信号满足信号调理模块的输入要求。微波接收处理模块是标校设备的前级信号输入端，其性能指标直接影响标校工作的可靠性和置信度，微波接收处理模块的结构布局示意图如图 4-17 所示。

微波放大器主要用来调整微波链路的功率，实现辐射信号的功率放大，同时，放大器的合理配置可补偿链路的功率损耗，保证各微波器件处于正常工作范围。微波放大器是标校设备的核心器件，增益及其平坦度和线性度等技术指标是影响标校系统全系统性能的关键技术指标。

六路开关用于被测信号的选通，实现指定信号的测量。为确保测量准确度，对开关的隔离度技术指标具有较高的要求。

2. 幅相分析模块

幅相分析模块主要用来对信号接收处理模块的输出中频信号进行接收处理，完成信号的比幅、比相测试。

标校设备结构设计是标校设备设计研制的关键，特别是接收天线的间距直接影响着标校设备的校准精度技术指标。

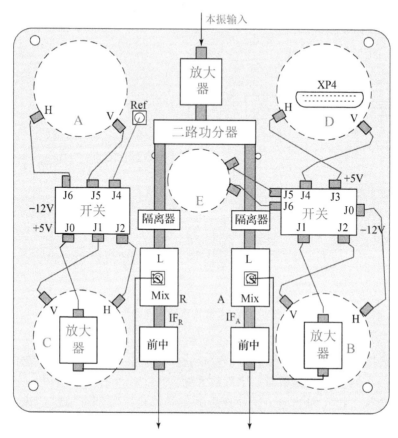

图 4-17 微波接收处理模块结构布局示意图

根据比相的测试原理，2 个天线接收到的辐射信号引起的相位差为

$$\phi_d = \frac{2\pi d}{\lambda}\sin\theta \tag{4-24}$$

式中：ϕ_d 为 2 个接收天线的相位差；d 为 2 个接收天线的间距；λ 为波长；θ 为辐射源的视在方向与干涉仪轴线方向夹角。

对式（4-24）微分得

$$d\theta = \frac{1}{2\pi\cos\theta} \times \frac{\lambda}{d}d\phi_d \tag{4-25}$$

根据以上微分结果，d 值越大，$\frac{\lambda}{d}$ 越小，$d\theta$ 越小，则具有更高的测角精度。同时，d 的取值又不能过大，d 的取值范围过大将会导致 θ_d 超出 $(-\pi,\pi)$ 范围以至引起相位模糊，因此，d 的选取应保证 ϕ_d 在 $(-\pi,\pi)$ 范围，即

$$-\pi < \left(\phi_d = \frac{2\pi d}{\lambda}\sin\theta\right) < \pi \quad (4-26)$$

$$d < \frac{\lambda}{2\sin|\theta|} \quad (4-27)$$

从以上分析可知，d 的取值不能过大，也不能过小。标校设备应保证在一个三元组内不产生相位模糊，根据稀阵天线间距为24mrad，在18GHz 频率下，d 取最小值，应满足不大于 0.348m。

综合考虑校准精度、接收处理模块的安装空间及防止相位模糊等技术指标要求，设计接收天线间距为 0.3m。

标校设备是集成了信号发生器、网络分析仪、转台等较多硬件的高精度测试校准设备。

4.4 近场效应修正技术

根据雷达测角原理，雷达所观测到的目标视在方向，就是目标散射的电磁波在雷达天线口径面上的相位波前的法线方向。如果辐射天线的辐射信号在接收口面满足天线理论的远场条件，接收天线所接收到的是一个平面波，则接收天线所观测到的相位波前法线方向指向辐射单元所在位置。

目标阵列采取三元组天线辐射，各个辐射单元在接收天线口径面上所产生的电磁场相互叠加形成合成场。因此，三元组天线辐射条件下，接收天线所观测到的复合目标的视在方向为合成场在接收天线口径面上的相位波前法线方向。由于合成场在接收天线口径面上各个点相对于单天线辐射将会产生的相位波前畸变，从而引入三元组目标模拟的近场效应误差，根据以上分析可以得到：

（1）接收天线的口径面越小，近场效应误差越小。

（2）当三元组辐射单元之间的距离越小，合成场的相位波前畸变越小，近场效应误差也越小。

目前，常用的近场修正误差修正方法如下。

（1）电磁场理论分析，分析三元组等效发射目标信号，接收天线位置处的电场参数，得到近场误差规律特征，并根据规律特征确定误差修正方法，提供给阵列控制计算机使用。该方法的优点是：前期理论分析完成后得到规律，补偿计算量较小；缺点是：通过理论分析方法得到的误差与实际情况出入较大，在实际应用中存在较多的环境因素影响实际的误差定位精度，从而导致该方法所显示规律与实际误差可能存在较大的偏离。

(2) 利用阵列目标标校系统对目标定位误差进行实际测量，建立误差模型进行修正。这种方法是在实际工作环境内，测试目标定位误差精度数据，归纳总结测量数据的规律特征，建立误差模型生成校准表格，提供给阵列控制计算机使用。这种方法的优点是：可以较为充分地结合工作环境内的误差因素，建立误差模型规律，相比电磁场理论分析数据方法，偏离度较小。缺点是：规律总结存在一定的偏离度。

(3) 将目标辐射阵划分为等距表格，对表格内的每一个节点进行目标定位误差测试。生成整个阵面的误差数据表格，并根据误差数据进行误差定位修正迭代。该方法的优点是：根据表格的细分程度，有效提高目标定位精度，目标定位精度的提高取决于表格的细分度。缺点是：工作量巨大，测量耗时时间长，需对每一个工作频率均进行误差测试及迭代修正，工程实施难度大。

(4) 根据近场误差分析和实际工程经验，可根据理论分析结合工程数据参数调整的误差修正方法。

① 选择目标信号的理论辐射中心（即微波三元组内等效相位中心的位置）。

② 应用幅度重心公式计算微波三元组的三个天线应该给予的输入功率。

③ 利用电磁仿真软件 XGTD 进行仿真并且获得该三元组等效发射的目标信号时接收天线位置处的电场参数。

④ 应用相位梯度法并且利用仿真获得的电场参数计算等效相位中心的偏移量 l_x、l_y，得到测角误差，测角误差计算公式如下：

$$d_x = \frac{l_x}{R}, \ d_y = \frac{l_y}{R} \tag{4-28}$$

式中：R 为射频阵列的阵面半径。

⑤ 根据各点的测角误差值理论值，生成精度变化图和变化表，得到误差规律曲线和近场误差修正理论公式。

⑥ 应用近场误差修正理论公式，进行目标定位算法的误差修正，并在实际工作环境中对修正后的目标定位精度进行测试。

⑦ 根据修正后的误差测试结果，迭代调整修正公式中的参数，并重新测量，实现近场误差的修正。

软件流程图如图 4-18 所示。

修正后，测向精度有了很大的提高，最大值从 2mrad 减小到小于 0.2mrad。根据调整修正参数后的测向误差，统计由近场效应带来的角模拟精度偏差小于 0.2mrad。

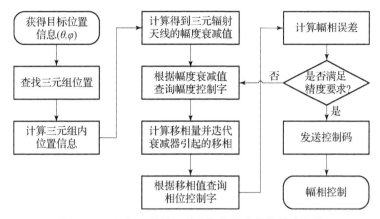

图4-18 近场误差修正前目标位置定位软件流程图

4.5 极化控制技术

极化表示电磁波与目标、传输介质相互作用的过程中，电场矢量末端随时间变化的轨迹，是各种矢量波的共有特性，最早见诸于光学，通常称为光的偏振。作为电磁波的本质属性，极化是除幅度、频率、相位以外的又一重要基本参量。与光学目标相似，雷达目标在散射电磁波的同时会改变入射电磁波的极化状态，称之为目标极化散射特性（简称目标极化特性）。该特性蕴含了丰富的目标物理属性信息，对提升雷达被试设备抗干扰、目标检测、分类和识别等能力具有巨大潜力。

目标的极化特性是目标识别的重要信息源，随着极化测量技术的发展，越来越多的极化被试设备相继研制成功并投入使用，以进一步提高被试设备目标识别和抗干扰能力，对目标极化特性的模拟精度将直接决定雷达被试设备半实物仿真测试的准确性。目前，常规的仿真系统已能够实现对目标散射截面积、多普勒频率等参量的精确模拟，但对目标极化特性的精确模拟尚未完全解决，究其原因在于作为矢量的极化参量的模拟工作远比其他标量的模拟更为复杂。目标的极化特性本质上讲是目标的变极化特性，若要实现对目标极化特性测模拟首先要实现仿真系统对任意极化信号极化状态的测量与模拟能力。目前，对任意极化信号极化状态的测量与模拟工作面临的挑战主要来自以下三个方面：

一是从仿真系统本身来看，目标极化特性的模拟精度不仅与系统的硬件水平相关，更依赖于极化测量数据处理理论与技术。目前，我国半实物仿真系统硬件的性能指标已趋于国际先进水平，但对目标极化特性数据的产生和处理方法相对落后。对大多数半实物仿真系统而言，单纯依靠定标体对半实物仿真系统模拟误差进行统一标校，并未真正理清极化测量各环节中误差的产生和传递机理，各误差源间相互耦合，最终导致目标极化特性模拟结果存在不可预测的时变性，给雷达被试设备半实物仿真测试的开展带来严峻挑战。

二是从观测对象来看，雷达的观测目标从传统"静态、确定性、点目标"不断向"动态、起伏性、扩展目标"的方向拓展。通常，目标极化特性反映的是目标在某一观测时刻的固有属性，不随目标运动形式的变化而变化，属于相对稳定的"静态特性"；而目标运动信息则是目标的"动态特性"。如何化解"动"与"静"的矛盾，模拟目标运动产生的多普勒调制效应和快起伏变化特性对极化雷达测量工作的影响，将是运动目标极化特性模拟工作面临的首要问题。

三是从应用需求来看，雷达被试设备在抗干扰、目标检测、分类和识别领域的应用需求，催生了对目标极化特性精密测量及模拟的需求。

根据电磁波基本理论可知，任意极化都可以分解成两个正交线极化，可以由两个正交分量的幅度和相位关系来分析电磁波的极化形式。天线阵列采用圆锥喇叭天线，可以输入、产生两路正交的线极化，根据极化原理，通过控制两路信号的幅度和相位，可以改变信号极化样式，因此对于天线阵馈电通道而言，模拟单个变极化信号需要两路馈电通道。不同制导体制被试设备对极化模拟需求不同。

4.5.1 不同极化的实现

1. 线极化

当两正交线极化分量的相位差为0°或180°，合成电场的矢端在一直线段上来回振动，称为线极化波。

2. 圆极化

当两正交线极化分量幅度相等、相位差为90°时，合成电场的大小不随时间变化，矢端轨迹是一圆周。若电场矢量的旋转方向与电磁波的传播方向符合右手螺旋的原则，则称为右旋圆极化；反之，若电场矢量旋转方向与电磁波的传播方向符合左手螺旋的原则，则称为左旋圆极化。

3. 椭圆极化

若两正交线极化分量幅度和相位差不存在任何限制条件，合成场矢端是一

个长轴同 x 轴夹角为 β 的椭圆方程,如图 4 – 19 所示。若合成场矢量的旋转方向与电磁波的传播方向符合右手螺旋的原则,则称为右旋椭圆极化;反之,若合成场矢量的旋转方向与电磁波的传播方向符合左手螺旋的原则,则称为左旋椭圆极化。一般来说天线辐射波是椭圆极化,线极化和圆极化仅仅是椭圆极化的两种特殊情况,当椭圆变成一条直线和一个圆时,就分别实现了线极化和圆极化。

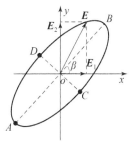

图 4 – 19 椭圆极化场的矢端曲线

椭圆极化两个重要指标轴倾角 β 和轴比 AR 计算公式见式 (4 – 29) 和式 (4 – 30)。工程实践中,轴倾角和轴比这两个指标转化成旋向和轴比(针对圆极化天线)、倾角和交叉极化电平(针对线极化天线)。

$$\beta = \frac{1}{2}\arctan\left(\frac{2E_1 E_2}{E_1^2 - E_2^2}\cos\phi\right) \tag{4-29}$$

$$\mathrm{AR} = \frac{AB}{CD} = \sqrt{\frac{E_1^2 \cos^2\beta + E_1 E_2 \sin(2\beta)\cos\phi + E_2^2 \sin^2\beta}{E_1^2 \sin^2\beta - E_1 E_2 \sin(2\beta)\cos\phi + E_1^2 \cos^2\beta}} \tag{4-30}$$

式中:E_1、E_2 为两正交分量的幅度;ϕ 为两正交分量的相位差。

4.5.2 影响极化因素分析

合理设置两正交线极化分量的幅度比与相位差,可实现不同极化方式及性能指标的控制。

1. 幅度比对合成场圆极化性能影响

两正交线极化分量幅度比与轴比的关系如图 4 – 20 所示,ϕ 为两正交分量的相位差。由幅度比 – 轴比曲线斜率特点可知,两正交分量相位差固定,轴比对两正交分量幅度比不敏感。两正交线极化分量幅度比与轴倾角的关系如图 4 – 21 所示,可知:不同相差情况下,幅度比对轴倾角影响不同。

2. 相位差对合成场圆极化性能影响

两正交线极化分量相位差对轴比影响如图 4 – 22 所示,可知,相位差为 180°或 0°附近斜率大,线极化交叉极化电平对相位差变化敏感;相位差为 90°附近斜率小,圆极化轴比对相位差变化不敏感。两正交线极化分量相位差对轴倾角影响如图 4 – 23 所示,可知:相位差为 180°或 0°附近斜率小,线极化倾角对相位差变化不敏感;相位差为 90°附近斜率大,圆极化轴倾角对相位差变化敏感。

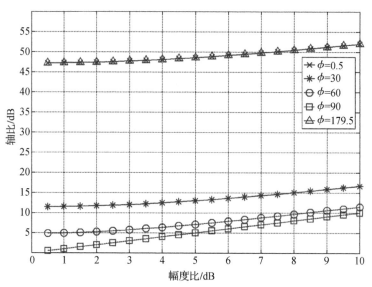

图 4-20 幅度比-轴比曲线

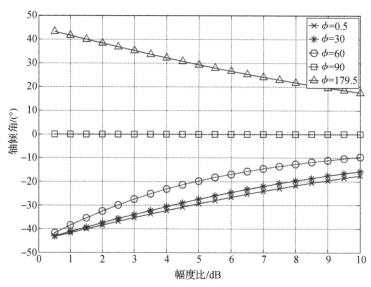

图 4-21 幅度比-轴倾角曲线

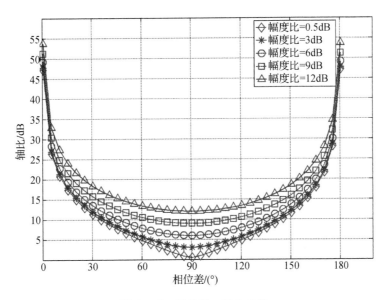

图 4-22 相位差-轴比曲线

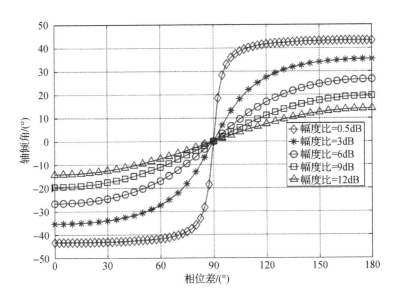

图 4-23 相位差-轴倾角曲线

第 5 章　姿态运动模拟技术

在雷达对抗辐射式仿真测试中，待测品姿态运动模拟器是半实物仿真不可缺少的关键部件之一，其品质的优劣直接关系到仿真测试的可靠性和置信度，是保证待测品精度和性能的基础，在航空航天工业和国防建设中具有重要的意义。

早期的待测品（包括导弹、飞机、地面雷达等）在研制的过程中，需要进行多次的现场实验，这不仅浪费了大量的人力、物力、财力，造成高额的研制费用，而且由于现场实验的数量和质量的限制，难以得到准确和完整的实验数据及规律，造成研制周期的延长。而现代军备新旧更迭的加快要求设计者必须降低各种类型装备的研制费用，缩短研制周期，这导致和促进了待测品姿态运动半实物仿真系统的产生和发展。系统仿真技术是以控制论、相似原理、系统技术和信息技术为基础，以计算机和专用物理设备为工具，利用系统模型对实际的或假想的系统进行测试研究的一门综合技术。采用系统仿真技术来取代过去的现场实验，具有良好的可控性、无破坏性、安全性、不受气象条件和空域场地的限制等优点，加之可多次重复，其经济性是原有的现场实验所无法比拟的。因此，系统仿真技术，特别是半实物仿真系统，一经产生就显示出其强大的生命力，进而在航空、航天领域和其他众多领域得到了广泛的应用和发展，取得了巨大的经济效益。

姿态运动模拟器作为航空、航天等领域中进行半实物仿真和测试的关键硬件设备，在装备的研制过程中起着极其重要的作用。姿态运动模拟器可以真实地模拟飞行器在空间实际飞行时的各种姿态，重复其运行时的动力学特征，从而对飞行器的制导系统、控制系统及其相应器件的性能进行反复测试，获得实验数据，并据此对其进行重新设计和改进，达到飞行器总体设计的性能指标要求。姿态运动模拟器性能的优劣直接关系到仿真和测试实验的可靠性和置信度，是保证航空、航天型号产品和武器系统的精度和性能的基础，因此，姿态运动模拟器的研究和制造，在航空、航天和国防建设的发展中具有重要的意义。

随着航空、航天技术的迅猛发展，特别是世界各国对军事制空权的争夺，对导航和制导设备的性能和精度要求不断提高，其自动化水平也日益完善。航

第 5 章
姿态运动模拟技术

空、航天领域对姿态运动模拟器日益苛刻的高精度、高频响、高实时性的技术指标要求,给姿态运动模拟器的整体制造水平提出了新的课题,也给姿态运动模拟器伺服控制系统的设计与实现提出了更高的要求。

5.1 概述

姿态运动模拟器是一种高精度的复杂控制系统,作为半实物仿真的关键设备,用来模拟飞行器在空中的运动姿态。姿态运动模拟器按自由度分有单轴、双轴、三轴、五轴等。按驱动方式可分为间接驱动和直接驱动,其中间接驱动方式属于较原始的驱动方式,已基本淘汰。按控制算法的实现方式又分为模拟式和数字式,其中模拟式控制方式广泛应用于 20 世纪六七十年代,其控制算法由硬件电路实现,改变控制算法就需改变电路结构,调试周期长,且由于电路器件参数可能随环境条件变化而变化,控制稳定性很差,这种控制方式现已基本淘汰;数字式控制方式即为计算机控制,控制算法由软件实现,在不改变电路基本结构的情况下,可随意改变控制算法及控制参数,调试极为方便,同时也为复杂控制算法的实现提供了可能。按驱动元件分液压式、电动式和气动式,其中电动方式又分直流有刷电动机、直流无刷电动机、永磁同步电动机等驱动。对于液压姿态运动模拟器,其运动部分转动惯量较小,加速性能较好,系统响应速度快,提供的扭矩一般较大,且输出受外界负载的影响小,精度较高,其伺服回路增益也较高,频带也较宽。由于制造技术的发展,现在的电动姿态运动模拟器逐步克服了诸如频带窄、扭矩小等缺点,且不存在液压姿态运动模拟器的泄露问题,应用越来越广泛。

5.1.1 姿态运动模拟器发展状况

世界上第一个姿态运动模拟器于 1945 年诞生于麻省理工学院仪表实验室(MIT Instrument Lab),被称为 A 型转台,该转台采用普通的滚珠轴承,交流力矩电机直接驱动,角位置测量元件采用滚珠与微动开关。A 型转台采用的测量元件和驱动元件的精度都比较低,并且存在许多缺点,精度很低,实际上并没有使用,但它的诞生为以后的转台研制工作奠定了基础。经过几年时间的研究改进,麻省理工学院于 1950 年和 1953 年又相继研制成功了 B 型和 C 型转台,这两种型号的转台主要是将 A 型转台的直接驱动改为精密齿轮系驱动,转台的精度有了一定的提高。1954 年,麻省理工学院研制的 D 型转台投入使用,它改为直流力矩电机直接驱动,精密锥形的滚动轴承支承台体以减小轴系的径向振动，电敏感系统构成角位置测量元件，其性能比 B 型和 C 型转台有很大的提高。1968 年，在 D 型转台的基础上，设计和制造了 E 型转台，E 型转台的主要结构材料是非磁性 356 号铝，采用轴向和径向带有压力补偿的液体轴承，并在耳轴上采用了空气轴承，用光学元件读出系统测量角位移，定位精度在 3s 之内。

国际上，美国的姿态运动模拟器研究一直处于世界领先地位，美国的 CGC 和卡克公司等生产的姿态运动模拟器代表了当今世界研制的最高水平。德国、英国和法国姿态运动模拟器的发展深受美国影响，其中德国 MOB 公司生产的姿态运动模拟器性能和质量仅次于美国，具有一定代表性。而法国 Belfert 公司和瑞士 Acutroni 公司生产的姿态运动模拟器近年来已逐步打入我国市场。国外仿真频响可达二三十赫兹（位相差 = 90°），最小平稳角速度可达 $0.001(°)/s \sim 0.0001(°)/s$，调速范围可达到 50 万倍 ~ 150 万倍，位置精度可达 $0.001°$，且产品均系列化、标准化。

美国专门研制和生产姿态运动模拟器的主要厂商是位于宾夕法尼亚州匹兹堡的康特维斯-戈尔兹公司（CGC），从 20 世纪 60 年代开始，姿态运动模拟器的主要部件，如轴承、驱动马达和检测元件等得到了系统的改进，专用于转台的空气轴承和液压轴承，大调速比、高精度液压马达和高分辨率的检测元件相继研制成功，把转台的整体技术水平提高到了一个新的台阶。

自 1985 年以来，美国姿态运动模拟器的研制和生产以进入到系列的模块化阶段，所使用的精密轴承、测角测速和驱动马达等都已有配套设备。为了适应对姿态运动模拟技术要求的进一步提高，1984 年 CGC 公司提出了高精度三轴测试台（improved three axis test table，ITATT）的设计制造方案，在方案中规定 ITATT 是一个超高精度三轴测试设备，能够评定下一代惯性系统和惯性元件，能够测定下一代空间/天体定位仪表。ITATT 代表着当今世界仿真测试姿态运动模拟器的最高研制水平，其设计指标为 0.1″ 的综合指向精度以及 200Hz 的伺服带宽。为了达到 ITATT 所要求的性能指标，ITATT 在机械结构、材料、轴承类型、驱动装置、测角元件、控制系统、信号传输等进行了广泛研究，并采用了许多新技术。在台体材料和机械结构方面，采用石墨复合材料——碳纤维增强塑料及球形结构，改善了姿态运动模拟器的对称性和偏转特性；在轴承方面对气浮轴承和有源磁悬浮轴承进行了详细分析，前者简单可靠，后者精度高，方案中推荐使用有源磁悬浮轴承；在电机方面，利用多相感应式电机代替无刷直流电机，以期消除电机的齿槽效应和波动力矩；采用滚珠代替目前常用的滑环进行信号传输，降低了摩擦力矩，有利于提高速率平稳型和控制精度，也有利于提高可靠性；在测角系统中，比较了两种测角元件：感

第5章 姿态运动模拟技术

应同步器和绝对光学编码器（光码盘），认为感应同步器成本低，容易进行误差补偿，而绝对光学编码器稳定性好，最后决定将二者结合使用；在控制方面，CGC 公司原有的一些测试台采用的是模拟/数字技术，而 ITATT 采用数字状态反馈，为误差补偿创造了条件。ITATT 方案中采用的这些新技术，不仅有助于该高精度姿态运动模拟器达到总体设计指标，而且将会成为先进武器指向跟踪系统所需惯性元件和惯导系统设备的新标准。

纵观美国仿真测试转台的发展史，可以看出，姿态运动模拟器的整体性能要求向着高精度、高频响、多功能、自动化的方向发展。为了适应这一要求，姿态运动模拟器由单轴走向多轴势在必行，驱动由交流力矩电机发展为直流力矩电机，驱动方式由间接驱动发展为直接驱动，转轴的支承由机械轴承发展为液体静压轴承、气浮轴承甚至是有源磁悬浮轴承以减少摩擦，同时，计算机控制作为提高测试转台的自动化程度的有力手段，已经成为姿态运动模拟器控制系统实现的必然趋势。

我国的转台研制工作起步比较晚，开始于 20 世纪 70 年代初，较美国晚了 20 年，由于国家的重视，经过广大科研工作者的努力，发展速度是非常快的，与世界先进水平的差距也在一步一步地减小。我国研制转台的历程大致如下。1974 年，航天部 707 所成功研制了 DT-1 型低速姿态运动模拟器。1975 年，航天部 303 所研制成功了 SFT-1-1 型伺服姿态运动模拟器，首次使用光栅作为精密测角元件，可以测定漂移为 36″/h 的陀螺。1979 年，哈尔滨工业大学与原六机部 6354 所及 441 厂合作，研制出我国第一个 TPCT-Ⅰ型双轴伺服控制模拟器，内外均采用空气静压轴承支承，用感应同步器作为测角元件，交流力矩电机直接驱动，能够测定漂移为 36″/h 的惯性系统。1987 年，哈尔滨工业大学与 6354 所共同研制成功了 CCGT 型测试姿态运动仿真模拟器，该姿态模拟器是我国第一台计算机控制的双轴测试转台，可测定漂移是 3.6″/h 的陀螺，测角精度为 1.5″。1987 年，哈尔滨工业大学成功研制了"GZT"型双轴位置台，采用端齿盘作为角位置测量元件，位置精度达到 0.1″。1990 年，303 所研制成功了 SGT-1 型三轴测试模拟器，是我国第一台计算机控制的高精度三轴测试台，三轴回转精度是 ±2″，相邻两轴垂直度为 ±1″，测角精度为三轴综合 1″（RMS）。

我国姿态运动模拟器事业的发展，尽管起步较晚，但其发展速度是很快的。虽然在许多方面与国际先进水平有着差距，但经过广大科技工作者的不懈努力，我国在数控模拟器的研制方面取得了长足进步。近几年来，国内新研制成功了一些姿态运动模拟器，以高性能计算机作为测控系统的核心，顺应计算机参与状态控制与测试这一发展趋势，进而大大提高了姿态运动模拟器的自动化水平，使我国的姿态运动模拟器研制工作在某些方面已经接近甚至赶上了国际先进水平。

三轴飞行模拟器是典型的高精度快速跟踪伺服系统。控制系统包括电流环、速度环和位置环，电流环用于改善电机的动态特性，速度环对系统频带有较大的影响，位置环用于保证精度。模拟器的三个轴具有较大刚度，各轴的控制电机功率较大，各轴的位置测量元件精度较高，这就要求很高的控制精度。

近 20 年来，随着控制理论和技术的发展，以及计算机控制技术的飞速发展，使很多新的控制方法在高性能位置伺服系统中得到应用，尤其在航空和电子工业领域发展得比较快。

5.1.2 姿态运动模拟器控制方法研究现状

姿态运动模拟器是高精度的复杂的伺服控制系统，其控制方法是控制系统的核心，也是影响转台控制性能的最关键因素之一。姿态运动模拟器系统中存在众多的非线性因素和不确定因素，如摩擦力矩、电机的力矩波动、元件的死区和非线性特性以及环境因素等，它们会直接影响系统的控制性能。在模拟器传感器精度和驱动电机等硬件条件一定的情况下，尽可能地采用先进的控制方法开发出转台元件的潜力，提高系统抗干扰能力，改善转台的控制性能，一直是国内外众多学者研究的重点和关键问题。经过多年的研究和实验，从经典控制策略到先进的智能控制策略，逐步形成了许多行之有效的控制方法。

经典控制策略，如 PID 控制、复合控制等控制方法都具有控制算法结构简单、可靠性高和稳定性能好等优点，适用于具有精确数学模型的线性系统，其控制精度与所建立的数学模型的精确度有关。而模拟器中存在众多非线性和不确定因素，想要建立准确的数学模型是十分困难的。所以，采用传统控制策略进行控制时，往往忽略掉非线性因素的影响，将系统当作线性系统进行控制。这样的控制无疑是不够准确的，在实际系统中的控制效果也不佳。

继经典控制策略，专家学者又引入了现代控制理论，对转台的控制进行研究，常用的现代控制策略主要包括自适应控制、变结构控制和鲁棒控制等。

自适应控制是在被控对象数学模型建立的基础上提出来的一种控制算法，其研究对象多是不确定系统，它能够在系统运行过程中，通过不断地在线辨识系统的实时状态信息，不断完善系统模型，形成自适应控制律，从而将外界干扰的影响作用降低，达到系统最优控制的目的。

变结构控制（variable structure control，VSC），是一种非线性控制方法，采用变结构控制方法，系统的控制结构是可以变化的，可以让被控系统的状态根据设计者的要求来发生变化，达到提高系统响应速率，增强其抗干扰能力的

第5章 姿态运动模拟技术

目的。但是采用变结构控制，不可避免地会对系统产生抖振等不良影响。

近年来，随着智能控制理论的形成与发展，为了解决传统控制策略无法解决的非线性系统控制问题，智能控制方法成为控制界众多学者们研究的热点问题。智能控制方法以控制理论、人工智能、运筹学、计算机科学为基础，主要包含模糊控制、专家控制和神经网络控制等控制方法。模糊控制方法和神经网络控制方法均不依赖于转台的准确数学模型，能够抑制转台非线性因素造成的干扰，并具有自学习和自调整的功能。

模糊控制是传统控制方法发展进入高级阶段的产物，主要是实验人员根据实际调试经验设计出一套体现系统输入与输出关系的模糊规则，模拟人对事物的模糊推测过程，从而进行模糊性的判断。它不依赖于控制系统具体的准确的数学模型，其控制精度主要取决于设计者对控制系统的熟悉程度。模糊控制具有在线或离线学习的功能，能够根据系统参数的变化和外界的干扰，实时地调整系统控制参数，抑制外部干扰，提高控制精度，在实际工程应用中有着重要使用价值和广阔应用前景。在姿态运动模拟器控制系统中，在运行过程中负载的改变、转动惯性的变化、电机波动力矩和摩擦力矩的干扰都可以看作外界对姿态运动模拟器系统造成的干扰，采用模糊控制方法相比于其他方法，能够省略掉复杂的建模和补偿方法的设计过程，有效地提高模拟器的抗干扰能力，实现高精度控制。

神经网络是人工智能的一个重要分支，是科学家从模仿人脑神经细胞的组成、结构及工作机理出发，提出的一套思想方法，其目的是使一个系统能够完成人脑所具有的功能。神经网络之所以为众多研究者所关注，是由于它具有很强的自学习能力、并行处理能力、非线性处理能力、信息综合能力和容错能力等，在系统控制中可以取得良好的控制效果。理论上，只要有足够多的神经元单元，神经网络能够逼近任一非线性系统模型，实现系统的高精度控制。在控制系统中，神经网络控制具有很强的学习和自适应功能，能够根据模拟器运行状态的变化，实时地调整控制参数，有效抑制摩擦等非线性因素造成等干扰，提高控制精度，从而满足模拟器的性能指标要求。

智能控制方法因其学习和自适应能力，能够在一定程度上改善转台系统的控制性能，但其发展还不完善。如模糊控制的控制规则的建立难度大，比例因子和量化因子的选择主要依靠专家经验。神经网络的算法复杂度高、实现困难、训练时间较长、算法实时性差、系统的暂态响应难以保证等。因此，针对姿态运动模拟器智能控制方法的研究仍是当前研究的重点。

5.2 姿态运动模拟器

5.2.1 姿态运动模拟器的主要任务

姿态运动模拟器按照被控对象不同可以分为飞行姿态运动模拟器和导弹姿态运动模拟器。飞行姿态运动模拟器用于承载机载雷达对抗设备进行仿真测试，模拟载机在偏航、纵倾、横滚三维上的运动。导弹姿态运动模拟器用于承载反辐射武器测试的导引头，并模拟反辐射无人机机身或反辐射导弹弹体姿态运动。导弹姿态运动模拟器同时作为天线标校设备的承载台，为天线阵列进行机械和电性能校准。

姿态运动模拟器在辐射式半实物仿真实验系统中具有四种工作方式：

（1）仿真测试。姿态运动模拟器控制计算机接收武器计算机发送的反辐射武器姿态控制信息，并通过伺服驱动装置操纵姿态运动模拟器，自动跟踪，模拟飞行载体的姿态，把转轴的角位置信息返回武器计算机或待测品，构成武器系统飞行和目标攻击过程的闭合测试回路。

（2）系统自检。系统自检方式是通过姿态运动模拟器本机操作或主控台远程操作检查测试三轴飞行姿态运动模拟器及计算机控制系统的主要功能、性能。主要完成系统启动完备性检测及重要部件的故障检测、运动控制状况检测（包括速率状态、位置状态、摇摆状态）和系统运行状态参数的自动记录和分析。

（3）对心校准。仿真测试前，必须使用对心设备测定天线阵列球心和待测品天线回转中心的同心度，根据测量得到的对心误差调整姿态运动模拟器的高度、横向、纵向位移，直至对心误差在允许的范围内。

（4）仿真系统标校。仿真系统需定期标校，使用姿态运动模拟器承载标校设备接收天线对天线阵列单元的机械和电性能进行标校。

5.2.2 姿态运动模拟器的结构组成

姿态运动模拟器主要由机械台体、控制系统和专用电缆等组成。采用 UOO 形式的精密机械轴系支撑的高强度铝合金框架结构，通过无刷直流力矩电机直接驱动，具有机械锁紧、软件限位、限位缓冲、掉电刹车等安全保护功能，并配备结构平衡调整装置。基座底部有滑动连接装置和快速锁定机构。

姿态运动模拟器采用测速电机和角编码器作为运动测量反馈元件，以 DSP

运动控制器为控制基础,采用数字前馈与位置伺服相结合的数字闭环复合控制;通过相应传感器与控制计算机相结合实现多级限位、超速、过载、掉电等状态的自动监测和系统保护。

1. 姿态运动模拟器机械台体

姿态运动模拟器机械台体外形如图 5-1 所示。

姿态运动模拟器机械台体有三个自由度,台体结构由横滚轴(内框)、纵倾轴(中框)、偏航轴(外框)、底座等组成,三轴相交于一点。偏航轴垂直于地平面,纵倾轴垂直并相交于偏航轴。横滚轴垂直并相交于纵倾轴。

姿态运动模拟器要兼顾多种待测品,负载空间很大。台体结构形式为 U-O-O 形:横滚轴为 O 形(负载空间为圆环形),纵倾轴也为 O 形,偏航轴为 U 形。有的姿态运动模拟器横滚轴设置有导电滑环。

图 5-1 姿态运动模拟器机械台体外形示意图

横滚轴由大尺寸环形内框架、特大型轴承、特大型力矩电机、负载安装过渡架(适应不同负载)和特大型的带尺光电编码器组成,通过轴承支承在纵倾轴 O 形框上。轴向尺寸做得尽可能小,并具有较大的刚度。

纵倾轴有限角度旋转,由纵倾 O 形框、驱动电机、测速机、光电编码器等组成,通过轴承支承在偏航轴 U 形框上。基本为左右对称,具有大的结构刚度,左右轴各有一个力矩电机。纵倾轴 O 形框设有配平衡装置用来平衡由于负载与横滚轴所产生的不平衡力矩以及纵倾轴本身的不平衡力矩。

偏航轴结构紧凑,结构刚度大,由偏航 U 形框、驱动电机、测速机、光电编码器等组成。通过轴承支撑于姿态运动模拟器底座上。

底座作为整个姿态运动模拟器的承重部件,又是姿态运动模拟器与平台连接部件,提供与平台连接的安装孔与精密调平机构。底座上装有电源插座、控制信号输入、输出物理接口及待测品信号接口。

三个转动轴均采用精密机械轴承支承,无刷直流力矩电机直接驱动,直流测速机进行速度反馈(横滚轴除外),光电角度编码器作为角度传感器。配重能力可根据待测品情况在一定范围内调整,各个框配置有电器、机械限位及缓冲机构,框与框之间设有框锁,便于负载安装与姿态运动模拟器运输。

姿态运动模拟器自身所用电机、测速机、编码器、保护开关、框锁的按钮开关等电缆均通过姿态运动模拟器轴内腔和框架内腔或框架外壁连接到姿态运动模拟器的底座的电连接器。待测品所需的电缆也可通过姿态运动模拟器台轴内腔和框架内腔或框架外壁连接到姿态运动模拟器的底座的电连接器。

姿态运动模拟器的负载安装过渡架为负载的安装提供安装基准，负载通过专用夹具固定到姿态运动模拟器的负载安装过渡架上，专用夹具根据负载的具体形式进行设计。

2. 姿态运动模拟器控制系统

1) 功能组成

控制系统是三轴姿态运动模拟器实现运动控制及飞行仿真功能并最终达到技术性能指标的重要组成部分。电控系统主要包括：①电控系统的构成及其主要技术特征；②轴角运动的测量及信号反馈；③电机及驱动；④控制系统的综合；⑤系统运行和安全保护。

控制系统采用主流工控 PC 计算机与专用 DSP 轴控系统相结合的多机数字位置闭环复合控制结构。其具有友好的人机界面，提供姿态运动模拟器操作，并能显示姿态运动模拟器运动参数和系统工作状态，直流无刷力矩电机及相应的驱动放大器直接驱动，位置基准编码信号的高分辨率光电增量式轴角编码器作为姿态运动模拟器轴运动测量反馈元件，以及计算机自动故障监测和系统保护等特点。

姿态运动模拟器控制计算机是电控系统的核心部分，它完成与仿真计算机的通信、姿态运动模拟器的操作、各种数据/命令的输入输出和各功能模板的管理功能。搭载于平姿态运动模拟器控制计算机的运动控制模板分别与驱动单元、运动机构、轴角测量反馈单元构成位置闭环系统，实现三轴姿态运动模拟器的运动和仿真控制。通过搭载于平姿态运动模拟器控制计算机的各数字通信模板可以与远控仿真计算机通信，实现姿态运动模拟器的仿真功能。该电控系统采用的以平姿态运动模拟器控制计算机为核心的计算机控制方式及模块化结构既可满足系统的快速性、实时性要求，也为配置和操作提供了灵活性。平姿态运动模拟器控制计算机组成如图 5-2 所示。

控制系统中分别采用了系统自检与自校、故障分类监测及处理等安全保护措施。并通过主控计算机分级监测处理，提高了系统的可靠性。

2) 伺服驱动器的选择原则

为了保证三轴姿态运动模拟器高精度、高动态和极低速率性能的实现，应选择采用直流无刷力矩电机和配套生产的电流型功率放大器。选择的原则如下。

（1）选用的电机结构尺寸应能满足台体结构安装的要求，减少轴向尺寸和重量，从而降低各运动轴的转动惯量；

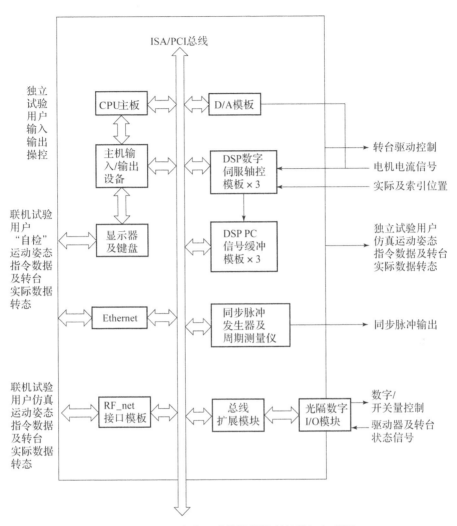

图 5-2 平姿态运动模拟器控制计算机组成图

（2）选用的电机应能提供足够的力矩，包括提供克服加速时的惯性力矩、摩擦力矩、动力学耦合力矩时所需要的驱动力矩；

（3）选用的电机应有适当的温升规律，以利于控制姿态运动模拟器特定工作方式下的运行时间；

（4）驱动器应能提供电机所需要的、足够的驱动功率；

（5）驱动器应具有与控制信号相适应的接口，包括力矩补偿接口；

（6）驱动器应能最大限度地保证在整个动态范围内的一致性；

（7）驱动器安全运行的各种保护措施；

（8）驱动器电磁兼容性和较高的效率；

（9）中框双电机并联驱动。

3）轴角运动测量传感器的选择原则

轴角运动的测量与反馈是实现姿态运动模拟器运动控制的关键技术之一。为了可靠地实现姿态运动模拟器运动控制，三轴姿态运动模拟器选用可靠性和稳定性好的高分辨率、高精度的光电增量式轴角编码器及配套的电子插补装置作为姿态运动模拟器轴角运动测量与反馈部件。编码器为内置轴承组装结构，以降低对安装结构精度的要求。编码器信号经过电子内插装置处理输出为A、B两路正交信号，A、B信号经过轴控器四倍频电路处理形成具有方向特征的位置增量脉冲计数，实现轴角位置的测量和反馈。编码器还具有基准标记信号，用于姿态运动模拟器转角零位基准位置的确定。选择编码器的原则是：

（1）编码器的测量精度应能满足指标要求；

（2）编码器的安装尺寸应能满足结构要求；

（3）编码器输出信号应能与控制器方便接口；

（4）编码器实际输出信号频率应小于其响应频率及细分装置最大输入频率，细分输出频率应小于控制器最大输入频率；

（5）为了保证低速性能，适当提高分辨率；

（6）安装与调整。

4）控制状态

姿态运动模拟器的控制状态可以分为系统自检、仿真运动自检、仿真测试三种测试状态。另外还有数据测量及处理、紧急停车、限位及故障处理功能。

（1）系统自检。利用"系统自检"测试可对姿态运动模拟器各轴实现系统启动完备性自检：闭合、释放、归零、位置方式运动、速率方式运动、角位置摆动运动、用户规划轨迹位置运动、停止运动等。

（2）仿真运动自检。利用"仿真运动自检"测试用以考核系统的动态频响指标及数字仿真控制功能可对姿态运动模拟器各轴实现如下四种控制：数字位置仿真、数字速率仿真、模拟位置仿真及模拟速率仿真。

（3）仿真测试。利用"仿真测试"可对姿态运动模拟器各轴实现"数字仿真"控制，实现用户系统数字仿真控制功能。可进行数字位置仿真和数字速率仿真两种操作。

5.2.3 姿态运动模拟器的工作原理

姿态运动模拟器是一种典型的伺服系统，又称为位置随动系统。随动系统的主要特点是给定信号的变化规律是事先不知道的随机信号。这类系统的任务是使输出快速、准确地跟随给定值的变化而变化,这就要求系统具有稳定性、快速性和准确性。伺服控制系统采用典型的位置、速度和电流三闭环控制方式,一般要求姿态运动模拟器的机械固有频率为系统工作带宽的 10 倍左右,由于受到姿态运动模拟器机械结构固有频率限制,低的固有频率将限制系统带宽的扩展,仅仅采用速度、位置反馈环节控制很难实现姿态运动模拟器宽频带的动态性能指标。三轴姿态运动模拟器增加了具有速率前馈的校正环节进行复合控制,复合控制的优点在于可以将精度指标和稳定性分开,因为应用复合控制,传递函数的特征方程的根是不变的,因此不影响系统的稳定性,也不影响系统的响应速度,同时利用前馈速度、加速度补偿或者反馈校正,可以大大提高系统的精度,减少稳态误差。

姿态运动模拟器通过实时内存网接收主控计算机发出的飞行载体姿态信息,控制姿态运动模拟器各轴的转动,用于模拟载体的运动姿态。各轴角位置信息由姿态运动模拟器计算机经 I/O 适配器作为机载惯导设备的输出信息送给机载雷达。机载雷达利用飞机姿态信息实现雷达的自身控制。在对反辐射武器进行辐射式仿真测试时,反辐射武器导引头、制导装备和自动驾驶仪安装在姿态运动模拟器上。姿态运动模拟器用来模拟反辐射武器在攻击过程中的飞行姿态变化,姿态运动模拟器各转轴的角位置信息通过实时内存网返回武器计算机,经 I/O 适配器送给被试反辐射武器的制导装置和自动驾驶仪,构成一个反辐射武器系统在飞行时对辐射源所产生的新的动态战情数据。同时姿态运动模拟器具有一定的姿态角运动能力和较高的定位精度,可以承载天线标校设备,完成对天线阵列各辐射单元进行机械和电性能校准和检测辐射信号位置控制精度的天线阵列校准任务。

5.3 姿态运动模拟器伺服控制方法

5.3.1 姿态运动模拟器控制系统建模

1. 伺服电机传递函数

运动控制中常用的伺服电机有直流伺服电机、无刷直流伺服电机、交流伺服电机和步进电机。直流伺服电机的启动、停止、改变方向均能得到很好的控制;具有良好的调速性;调速范围宽、线性度好;机械特性和调节性好。

直流伺服电机的构造与普通的直流电机一样,也是由定子(磁极)、电枢绕组、电刷和换向器组成。在电枢绕组两端施加直流电压,在磁场作用下使电枢绕组产生电磁力，进而形成带动负载旋转的电磁转矩。通过控制绕组中电流的大小和方向，就能达到控制电机的速度和转向的目的。

图 5-3 所示为采用电压控制式伺服电机电枢的等效电路。电枢绕组的电感用 L_a 表示，电阻用 R_a 表示，负载转矩用 T_L 表示，控制电压用 u_a 表示。电枢绕组中电流用 i_a 表示，当电枢绕组中通有电流时，会在电枢导体中产生电磁力使转子旋转；另外，绕组在定子磁场中以一定转速旋转切割磁力线，进而产生感应电动势，这里电枢导体的转速用 ω 表示，感应电动势用 E_a 表示，由于 E_a 方向与电流 i_a 方向相反，故又称为反电势。

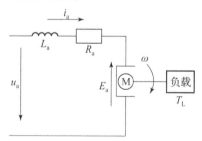

图 5-3 电压控制式电枢等效电路

电机的输入输出关系就是电机的数学模型，电机是电压控制，所以输入是控制 u_a，输出是转速。根据电磁学原理和物理学原理可列以下时域方程：

电压平衡方程：

$$u_a(t) = R_a i_a(t) + L_a \frac{d i_a(t)}{dt} + E_a(t) \tag{5-1}$$

感应电动势方程：

$$E_a(t) = K_e \omega \tag{5-2}$$

电磁转矩方程：

$$T(t) = K_t i_a(t) \tag{5-3}$$

转矩平衡方程

$$T(t) = J \frac{d\omega(t)}{dt} + B\omega(t) + T_d(t) \tag{5-4}$$

式中：K_e 为感应电动势系数；K_t 为电磁转矩系数，T 为伺服电机转轴产生的转矩；J 为等效到电机控制轴上的转动惯量；B 为等效到电机控制轴上的阻尼系数；$T_d(t)$ 为电机空载转矩与负载等效到电机轴上的转矩之和。

为得到传递函数，将式（5-1）~式（5-4）进行拉式变换可得

$$U_a(s) = R_a I_a(s) + L_a s I_a(s) + E_a(s) \tag{5-5}$$

$$E_a(s) = K_e \Omega(s) \tag{5-6}$$

$$T(s) = K_t I_a(s) \tag{5-7}$$

$$T(s) = J s \Omega(s) + B \Omega(s) + T_d(s) \tag{5-8}$$

联立式（5-5）~式（5-8）（忽略 T_d），可以得到输入为电枢电压 $U_a(s)$、输出为电机转速 $\Omega(s)$ 的传递函数为

$$\frac{\Omega(s)}{U_a(s)} = \frac{K_t}{L_a J s^2 + L_a B s + R_a J s + R_a B + K_e K_t} \tag{5-9}$$

式（5-9）是伺服电机速度控制系统的输入输出关系式，可以看出该系统是一个二阶系统。根据式（5-5）～式（5-8）可以画出电压控制式直流电机系统方框图，如图5-4所示。

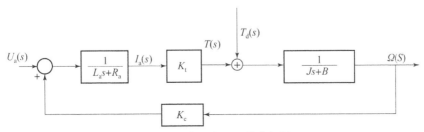

图 5-4　直流电机系统方框图

上面推导了电机系统的精确模型，实际中因为一些参数比较小，可以忽略，所以也常常使用其 Ω 简化模型。如果当电机的电磁常数 $\tau_a = L_a/R_a$ 极小时，可以忽略电枢电感 L_a，同时也可以不考虑黏性阻尼系数 B 的影响，这时伺服电机系统的传递函数可以近似为一个惯性环节，表达式如式（5-10）～式（5-11）：

$$\frac{\Omega(s)}{U_a(s)} = \frac{1/K_e}{1 + \frac{R_a J}{K_e K_t} s} \tag{5-10}$$

$$\frac{\Omega(s)}{U_a(s)} = \frac{K}{1 + \tau s} \tag{5-11}$$

式（5-11）中：

$$K = 1/K_e \tag{5-12}$$

$$\tau = \frac{R_a J}{K_e K_t} \tag{5-13}$$

2. 传动装置传递函数

伺服电动缸将转轴的旋转运动转化为直线运动，设电机转角为 θ，输出直线位移记为 Y，f_L 是等效到丝杠轴上的导轨黏性阻尼系数，S 是丝杠导程，K_L 是等效到丝杠轴上的机械传递装置总刚度，n 为齿轮减速比，J_L 是等效到轴上的总惯量。由上可得到关于输入电机转角与输出直线位移的微分方程，即

$$J_L \frac{d^2 Y}{dt^2} + J_L \frac{dY}{dt} + K_L Y = \frac{S}{2\pi n} K_L \theta \tag{5-14}$$

对式（5-14）两边同时进行拉式变换得

$$J_L[(s^2Y(s)-sy(0)-\dot{y}(0))]+f_LsY(s)+K_LY(s)=\frac{S}{2\pi n}K_L\Theta(s) \quad (5-15)$$

在零初始条件下即 $y(0)$，由上式可得输入为电机转角 $\Theta(s)$（单位是度）、输出为直线位移 $Y(s)$（单位是 mm）的传动装置的传递函数为

$$\frac{Y(s)}{\Theta(s)}=\frac{\frac{S}{2\pi n}K_L}{J_Ls^2+f_Ls+K_L} \quad (5-16)$$

如果忽略掉 f_L 和 J_L，则上式可简化为

$$\frac{Y(s)}{\Theta(s)}=\frac{S}{2\pi n}K=SK \quad (5-17)$$

$$K=\frac{K_L}{2\pi n} \quad (5-18)$$

5.3.2 控制方法研究

通过 5.3.1 节可以求得伺服电机和机械传动装置的传递函数，有了被控对象的传递函数便能利用控制理论和相应方法设计控制器，实现对其的控制。当知道传递函数时可以利用经典控制理论和方法对被控对象进行控制；当知道状态空间描述时可以利用现代线性控制理论和方法；如果因为某些原因不能获得被控对象的详细模型时，可以采用智能理论和方法进行控制。

经典控制理论形成于 20 世纪三四十年代，它是以奈奎斯特判据的发明、波特图的引入和根轨迹的提出三项理论性成果为标志的。经典控制理论在第二次世界大战期间得到了广泛应用。第二次世界大战结束后，已经形成了相对完整的控制理论体系，称之为经典控制理论，它的研究对象主要是单输入单输出线性时不变系统，用传递函数和频率响应描述被控对象的数学模型。

1960 年，卡尔曼将在力学分析中广泛应用的状态空间描述方法引入到了控制理论中，这标志着控制理论已经从经典控制理论阶段过渡到了现代控制理论阶段。现代控制理论用状态变量描述系统，它不仅能用在单输入时不变系统，也能用在多输入和线性时变系统，状态空间描述是对系统内部的描述。

现在研究的系统往往比较复杂，其中很多是非线性系统，而且还涉及鲁棒性和离散事件动态系统等，对于这些复杂系统和难以获得数学模型的系统来说，不管是经典控制理论还是现代控制理论都已经无法解决，在计算机技术、信息技术及其他相关学科的飞速发展和学科间相互渗透的推动作用下，控制理论已经从现代控制理论阶段发展到智能控制理论阶段。常用的智能控制方法包

括模糊控制、神经网络控制、专家控制、遗传算法等。

1. PID 控制

PID 控制方法作为经典控制理论中的重要方法在实际中已被广泛应用。P 代表比例环节，I 代表积分环节，D 代表微分环节，PID 控制就是对实际输出与期望输入之间的偏差进行比例、积分、微分的联合运算后，将叠加的结果作为被控对象的输入对其进行控制的方法。PID 一词最早出现在一篇美国的专利文献 *The past of pid controllers* 中，PID 控制方法从产生到现在已有七十多年的历史了。PID 控制器凭借其结构简单、容易调节、稳定好等优点，在实际工业控制中扮演者重要角色，不仅适用于数学模型已知的系统，而且适用于数学模型不确定的系统。当给定一个不熟悉的系统，由于测量不便等其他原因而无法获得详细结构参数和数学模型时，PID 控制器依然适用，不过分依赖被控对象的模型，这一点和智能控制方法有些类似，所以 PID 也常常和一些智能控制方法混合使用，比如模糊 PID、神经网络 PID 等控制方法。

1）模拟 PID

图 5-5 为 PID 控制系统原理图，其中用虚线框标出的部分就是 PID 控制器的内部结构。PID 控制器的输入是期望输入 $r(t)$ 与实际输出 $y(t)$ 之间的差值，记为 $e(t)$，将 $e(t)$ 经过比例、微分和积分线性运算后的叠加结果作为控制量。控制器在时域的输出与输入关系表示为

$$u(t) = K_\text{P}\left[e(t) + \frac{1}{T_\text{i}}\int_0^t e(t)\mathrm{d}\tau + T_\text{d}\frac{\mathrm{d}e(t)}{\mathrm{d}t}\right] \tag{5-19}$$

$$u(t) = K_\text{P}e(t) + \frac{K_\text{P}}{T_\text{i}}\int_0^t e(t)\mathrm{d}\tau + K_\text{P}T_\text{d}\frac{\mathrm{d}e(t)}{\mathrm{d}t} \tag{5-20}$$

$$u(t) = K_\text{P}e(t) + K_\text{I}\int_0^t e(t)\mathrm{d}\tau + K_\text{D}\frac{\mathrm{d}e(t)}{\mathrm{d}t} \tag{5-21}$$

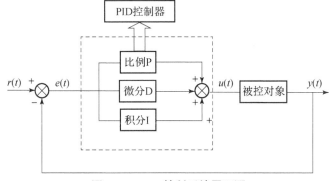

图 5-5 PID 控制系统原理图

式中

$$e(t) = r(t) - y(t) \tag{5-22}$$

$$K_I = \frac{K_P}{T_i} \tag{5-23}$$

$$K_I = K_P T_d \tag{5-24}$$

K_P 为比例控制系数；K_I 为积分控制系数；K_D 为微分控制系数；T_i 为积分时间常数；T_d 为微分时间常数。控制系数和时间常数的关系见式（5-23）和式（5-24）。

对式（5-21）两边进行拉式变换可求出 PID 控制器传递函数：

$$\frac{U(s)}{E(s)} = K_P + \frac{K_I}{s} + K_D s \tag{5-25}$$

PID 控制器中包含了比例、积分和微分三种运算，这三种运算对控制都起到了不同的作用，它们分别负责对当前时刻、过去和未来时刻的控制。

比例控制是对当前时刻的控制，从上面的式子可以看出比例环节就是对误差信号 $e(t)$ 进行放大，偏差一出现，比例环节会对当前误差信号瞬时做出反应，然后马上产生作用。比例控制作用的强弱由比例控制系数 K_P 决定，其值越大作用越强，但也不是值越大越好，如果取值太大会产生震荡，所以应合理取值，太大或太小都不行，比例环节经常与积分、微分环节配合使用。

积分环节进行的是积分运算，是对误差信号的累积求和，只有误差量 $e(t)$ 等于零，控制器的输出才可能保持在一个常值，使系统在给定输入 $r(t)$ 不变的情况下达到稳定状态。积分时间常数 T_i 越大，则积分控制常数 K_I 就越小，所以误差累积效果就会越弱。相反，如果增大积分控制常数虽然会延长调节的时间，但同时会使超调量变小甚至没有超调。积分环节主要影响系统的稳态性能，可以增强系统的抗高频干扰能力，但纯积分环节会导致相角滞后，减小系统的相角裕度，所以通常不单独使用。

微分控制是对未来时刻的控制，微分环节进行的是微分运算，可以根据误差信号的变化趋势进行控制，可以减小超调量，减少震荡，减小稳态误差。微分控制可以增大截止频率和相角裕度，加快调节时间，可以改善动态性能和稳定性。但输入信号的噪声对微分环节影响比较大，与积分环节一样一般也不单独使用。微分环节的引入会使仿真时间变长，所以应合理取值。

2）数字 PID

随着计算机的高速发展，在实际工程应用中都是通过计算机来完成对整个系统的控制。计算机只能处理数字量，所以连续时间信号必须经过采样和量化后才能进入计算机，所以这里就涉及采样周期。由于采样时间间隔往往比较小,所以在计算机中可以用和来近似积分,用差商近似微分。

采样时间间隔用 T 表示,n 对应采样序列,用离散采样时间用一系列矩形面积的和替代积分,用斜率替代微分运算。

$$t \approx nT \quad (n = 0,1,2,\cdots) \tag{5-26}$$

$$\int_0^t e(t)\mathrm{d}\tau = T\sum_{i=0}^n e(nT) \tag{5-27}$$

$$\frac{\mathrm{d}e(t)}{\mathrm{d}t} = \frac{e(nT) - e[(n-1)T]}{T} \tag{5-28}$$

将式(5-26)~式(5-28)代入式(5-20)有

$$u(nT) = K_\mathrm{P} e(nT) + \frac{K_\mathrm{P}}{T_\mathrm{i}} T \sum_{i=0}^n e(nT) + K_\mathrm{P} T_\mathrm{d} \frac{e(nT) - e[(n-1)T]}{T} \tag{5-29}$$

将 $u(nT)$、$e(nT)$ 分别记为 u_n 和 e_n,式(5-29)变为

$$u_n = K_\mathrm{P} e_n + \frac{K_\mathrm{P}}{T_\mathrm{i}} T \sum_{i=0}^n e_n + K_\mathrm{P} T_\mathrm{d} \frac{e_n - e_{n-1}}{T} \tag{5-30}$$

式(5-30)为离散 PID 输入输出关系,e_n 表示时刻 nT 的误差值,e_{n-1} 表示上一采样时刻的误差值。微分环节是用一系列矩形面积的和近似代替的,所以在计算时要用到当前时刻以前所有时刻的误差值,费时而且容易出错,为了克服这个缺点,采用增量式 PID 方法进行计算,推导如下:

$$u_{n-1} = K_\mathrm{P} e_{n-1} + \frac{K_\mathrm{P}}{T_\mathrm{i}} T \sum_{i=0}^{n-1} e_{n-1} + K_\mathrm{P} T_\mathrm{d} \frac{e_{n-1} - e_{n-2}}{T} \tag{5-31}$$

用式(5-30)减去式(5-31)可得

$$u_n - u_{n-1} = \Delta u_n = K_\mathrm{P}(e_n - e_{n-1}) + \frac{K_\mathrm{P}}{T_\mathrm{i}} T e_n + K_\mathrm{P} T_\mathrm{d} \frac{e_n - 2e_{n-1} + e_{n-2}}{T}$$

$$= K_\mathrm{P}\left(1 + \frac{T}{T_\mathrm{i}} + \frac{T_\mathrm{d}}{T}\right) e_n - K_\mathrm{P}\left(1 + 2\frac{T_\mathrm{d}}{T}\right) e_{n-1} + K_\mathrm{P} \frac{T_\mathrm{d}}{T} e_{n-2} \tag{5-32}$$

令

$$\begin{cases} A = K_\mathrm{P}\left(1 + \dfrac{T}{T_\mathrm{i}} + \dfrac{T_\mathrm{d}}{T}\right) \\ B = K_\mathrm{P}\left(1 + 2\dfrac{T_\mathrm{d}}{T}\right) \\ C = K_\mathrm{P} \dfrac{T_\mathrm{d}}{T} \end{cases} \tag{5-33}$$

将式(5-33)代入式(5-32)有

$$\Delta u_n = A e_n - B e_{n-1} + C e_{n-2} \tag{5-34}$$

$$\begin{cases} u_n = u_{n-1} + \Delta u_n \\ \Delta u_n = Ae_n - Be_{n-1} + Ce_{n-2} \end{cases} \qquad (5-35)$$

由式（5-35）可知，每次在计算时只用到了当前时刻和之前两个采样时刻的误差值，而不像上面方法中要用到之前所有时刻的误差值，所以实际控制时常常采用这种方法。

2. 干扰观测器

1）干扰观测器原理

获得被控对象的模型时有两种方法，一种就是根据相关知识进行理论推导，另一种就是通过实验的方法获得参数。通过这两种方法都无法获得与实际一样的模型，模型不准确肯定会影响对其的控制效果。系统在实际工作中常常存在一些干扰和不确定因素，包括一些非线性摩擦、干扰力矩等。因为模型不准确和无法测量的干扰因素的存在，所以常常无法获得满意的控制效果，为了解决这个问题，干扰观测器理论便产生了，随之发展并将其应用在控制领域。

图 5-6 为干扰观测器基本结构的示意图，通过添加该结构的干扰观测器，可以有效地抑制扰动的影响，图中 $G_p(s)$ 是被控对象的理想传递函数，u 为输入也就是控制器的输出信号，d 为等效扰动，$\hat{d}$ 是观测到的扰动的估计值。根据结构图，可以求得 $\hat{d}$ 的表达式：

$$\hat{d} = (e+d)G_p(s)G_p^{-1}(s) - e = d \qquad (5-36)$$

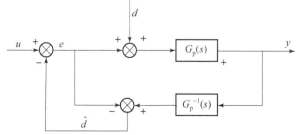

图 5-6　干扰观测器基本结构示意图

对于上面讲的结构在实际应用时会有一些问题而无法实现，因为被控对象的逆在物理上是不可实现的，说一个系统具有物理可实现性，从系统的传递函数来说，就是该拉氏变换传递函数分母的阶数要大于分子的阶数，而对于 $G_p^{-1}(s)$ 来说，分子阶数肯定大于分母阶次，该系统不是因果系统，所以是实际中是不可实现的；被控对象模型 $G_p(s)$ 无法获得；反馈回路信号在实际中是通过传感器测量得到的，所以常常会有测量噪声的影响。图 5-7 所示干扰观测器结构可以解决这些问题。

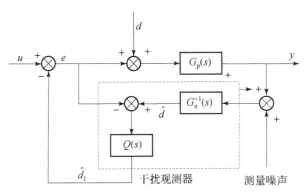

图 5-7 带低通滤波的干扰观测器结构

图 5-7 与图 5-6 相比，不同的是多了一个低通滤波器 $Q(s)$，用名义模型的逆 $G_n^{-1}(s)$ 代替了 $G_p^{-1}(s)$，经过这样的变换后，可以解决上面提出的问题。在实际中经常用到图 5-7 所示结构的等效变换结构，如图 5-8 所示。

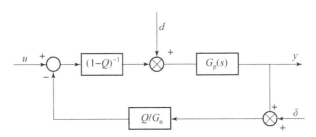

图 5-8 干扰观测器等效结构系统图

由梅森公式可计算如图 5-8 所示结构系统的传递函数是：

$$\frac{Y(s)}{U(s)} = \frac{G_p G_n}{G_n + Q(G_p - G_n)} \tag{5-37}$$

$$\frac{Y(s)}{D(s)} = \frac{G_p G_n (1-Q)}{G_n + Q(G_p - G_n)} \tag{5-38}$$

$$\frac{Y(s)}{\delta(s)} = \frac{G_p Q}{G_n + Q(G_p - G_n)} \tag{5-39}$$

从上面两个公式可以看出，输入和输出间关系式、输出和干扰间关系式都包含 Q，所以低通滤波器设计的好坏会直接影响抑制扰动和去除高频噪声的效果。设计低通滤波器时，应首先保证干扰观测器物理可实现，这就要求 $Q(s)$ 的分母分子最高次幂的差大于等于 $G_n(s)$ 的分母分子最高次幂之差。在高频时 $Q(s)$ 幅值为 0，在低频时幅值为 1；由式（5-38）可知，$(1-Q)$ 的幅值越小越好，也就是 Q 幅值越大越好，由式（5-39）可知 Q 的幅值越小越好，综合这两者考虑选择合适幅值大小的 $Q(s)$。

2）低通滤波器的设计

对于给定如式（5-40）所示的物理可实现系统，Umeno 和 Hori 提出了如下结构的 $Q(s)$。

$$G(s) = \frac{K \prod_{i=1}^{m}(1+p_i s)}{s^v \prod_{j=1}^{m}(1+t_j s)} \tag{5-40}$$

$$Q(s) = \frac{1 + \sum_{k=1}^{M} a_k (\tau s)^k}{1 + \sum_{k=1}^{N} a_k (\tau s)^k} \tag{5-41}$$

$$a_k = \frac{N!}{(N-k)! \; k!} \tag{5-42}$$

式（5-40）是被控系统的传递函数表达式，该系统为 v 阶系统。式（5-41）是低通滤波器的表达式，其中 a_k 是系数项，τ 表示滤波器的时间常数，表达式分母的最高阶次记为 M，分子的最高阶次为 N，N 和 M 的差称为相对阶次记为 r，由物理可实现性可知 N 肯定要大于 M，而且要求 $r \geqslant v + n - m$，常取 $r = N + 1/2$。在确定出合适的滤波器的阶次 N、相对阶次 r 和时间常数 τ 后便能设计出符合要求的低通滤波器。

由于干扰观测器可以去除干扰，常常将它与别的控制方法混合使用，图 5-9 是将其和 PID 控制综合在一起的系统结构图。但是因为在实际中无法获得精确数学模型 $G_p(s)$，所以实际应用时将图 5-9 中 $G_p(s)$ 替换为被控对象的名义模型，这样 G_p/G_n 就变成 1。

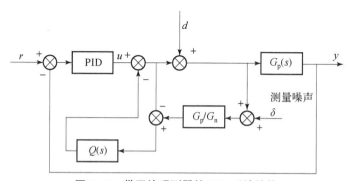

图 5-9 带干扰观测器的 PID 系统结构

3. 状态反馈控制

上面提到的控制都是基于传递函数进行研究的，用传递函数对系统的描述是一种外部描述，它只能反映出系统的输入输出之间的关系，是不完全的描述。如果用状态方程来表征系统，则是对系统的内部描述。反馈作为系统控制的主要方式，对于用传递函数描述的系统只能将输出量作为反馈量；而用状态方程描述的系统，除了可以将输出作为反馈量外，还可以将状态量作为反馈量，将状态量反馈到输入端称为状态反馈，状态反馈能更多地校正信息提供给系统，不仅可以改善系统的稳定性和动态性能，还能实现多变量解耦控制、形成最优控制规律。

$$\dot{x}(t) = A(t)x(t) + B(t)u(t), \ x(0) = x_0, t \geq 0 \quad (5-43)$$
$$y(t) = C(t)x(t) + D(t)u(t) \quad (5-44)$$

式（5-43）和式（5-44）为线性系统的状态空间描述。初始时刻，式（5-43）描述的是状态变量 x 与输入变量 u 之间的关系，称为状态方程；式（5-44）表征的是输出变量 y 与状态变量和输入变量之间的映射关系，此式称为输出方程。线性系统都可以用这两个方程来表示，设状态变量 x 的维数为 n，输入量 u 的维数为 p，输出 y 的维数是 q，矩阵 A 为 $n \times n$ 状态矩阵，B 为 $n \times p$ 阶控制矩阵，C 为 $q \times n$ 阶观测矩阵，D 为 $q \times p$ 阶前馈矩阵。当系数矩阵的各元素都是常数，称该系统为线性定常系统。

考虑到工程应用的广泛性，线性时不变被控系统的状态空间描述为

$$\begin{cases} \dot{x}_{n \times 1} = A_{n \times n} x_{n \times 1} + B_{n \times p} u_{p \times 1} \\ y_{q \times 1} = C_{q \times n} x_{n \times 1} \end{cases} \quad (5-45)$$

如果存在一个无约束的输入量 $u(t)$，能在有限的时间内（$t_0 < t < T$）将任意初始状态 $x(t_0)$ 转移到任何其他期望的位置 $x(t)$，则称系统是完全能控的或者说是状态可控的。如果系统的所有状态量的任意形式的运动都能通过输出完全地体现出来，也就是当且仅当存在有限的时间 T 使得在给定输入量为 $u(t)$ 的情形下，可以通过观测历史 $y(t)$ 来确定初始时刻状态 $x(0)$，则称该系统是状态完全能观的。通常是利用系数矩阵进行能控、能观性的判断，常用方法有格拉姆矩阵判据、秩判据、约当规范形判据、PBH 判据等，可以根据给定系数矩阵的不同形式选择合适的方法，下面两式是秩判据方法，因为该方法只涉及相乘和求秩运算而且是充要条件，所以在实际中经常使用。

通过下式判断是否完全能控：

$$\mathrm{rank}[B\ AB \cdots A^{n-1}B] = n \quad (5-46)$$

通过下式判断是否完全能观：

$$\text{rank}\begin{bmatrix} C \\ CA \\ \vdots \\ CA^{n-1} \end{bmatrix} = n \quad (5-47)$$

式（5-46）、式（5-47）中 n 为状态矩阵 A 的维数。

图 5-10 是状态反馈控制结构图，K 为 $p \times n$ 阶矩阵，r 为系统参考输入，状态反馈后被控制系统的输入 u 为

$$u = r - Kx \quad (5-48)$$

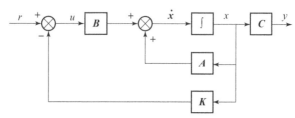

图 5-10　状态反馈框图（有输入）

联立式（5-45）、式（5-48）有

$$\begin{cases} \dot{x} = (A - BK)x(t) + Br(t) \\ y = Cx(t) \end{cases} \quad (5-49)$$

由式（5-49）可知在引入状态反馈后状态矩阵 A 变成了 $(A - BK)$，零初始条件下系统的传递函数是 $G_K(s) = C(sI - A + BK)^{-1}B$，通过引入不同的反馈矩阵 K 来改变整个闭环系统的特征值，从而达到期望的控制效果和性能。对于线性时不变系统来说，引入状态反馈后系统可控性保持不变，可观测性不一定保持不变。

状态反馈控制就是借助状态反馈矩阵来改变系统的极点，在进行极点配置前先要对系统的能控性进行判断，因为只有在完全可控的情况下系统的极点位置才可任意配置。对单输入连续时间线性时不变受控系统进行极点配置时可以采用三种方法，包括 Bass – Gura 公式法、阿克曼（Ackermann）公式法和梅纳 – 穆道奇（Mayne – Murdoch）公式法。在计算已知原有的和期望的特征多项式时用 Bass – Gura 公式法比较方便；Ackermann 公式法不需要计算特征多项式，一般用于理论分析比较方便；Mayne – Murdoch 公式法只需知道系统的特征值，更容易应用到实际中。常用的多输入系统的极点配置方法相比单输入系统要复杂一些，无论是单输入还是多输入系统在进行极点配置时都要确保该系统 $\{A,B\}$ 是完全能控的，通过计算来获得反馈矩阵 K 的值可能会比较麻烦一些，不过可以借助 MATLAB 提供的函数方便地进行极点配置，用 acker(A,B, p）函数可以获得单输入系统得反馈矩阵；用 place(A,B,p) 计算多输入系统的反馈矩阵。

实际使用状态反馈时，需要把测量得到的状态量反馈给输入才能实现状态反馈控制，但不是所有的状态变量都能通过测量得到，为了使用效果更好的状态反馈，用状态观测器去估算无法直接测量得到的状态量，然后将其回馈给输入进而实现状态反馈控制。

图 5-11 是状态观测器的结构图，从图中可看出该状态观测器是利用系统的输入信号 u 和输出信号 y 来进行构造的，可以这样构造的前提是系统是能观的。由图 5-11 可得被控系统状态空间描述如式（5-45）所示，状态观测器对状态量 x 的观测值 $\hat{x}$ 可由下式计算得到。

$$\begin{cases} \dot{\hat{x}} = Bu + L(y - \hat{y}) + A\hat{x} \\ \hat{y} = C\hat{x} \end{cases} \quad (5-50)$$

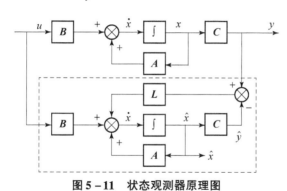

图 5-11　状态观测器原理图

联立式（5-50）与式（5-45）有

$$\dot{\hat{x}} - \dot{x} = (A - LC)(\hat{x} - x) \quad (5-51)$$

另 $e = (\hat{x} - x)$，则式（5-51）可得

$$\dot{e} = (A - LC)e \quad (5-52)$$

由式（5-52）可知只要选择合适的 L，可以使特征值具有负实部，从而当 $t \to \infty$ 时，$e \to 0$，所以状态观测器的设计就是像前面状态反馈计算反馈矩阵那样选择一个合适的矩阵 L 的问题。可以得到状态观测器的等效结构图，见图 5-12。

前面介绍过了状态反馈和状态观测器，实际中时常将这两者一块使用，将用状态观测器估计得到的状态量通过状态反馈矩阵返回给输入。基于状态观测器的状态反馈结构如图 5-13 所示，通过下面的推导可知，在状态反馈中引入状态观测器后不会改变原系统的特征值，反馈矩阵 K 无须重新设计。

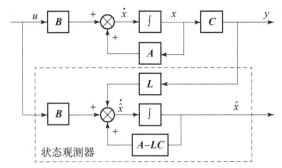

图 5-12　状态观测器等效结构系统图

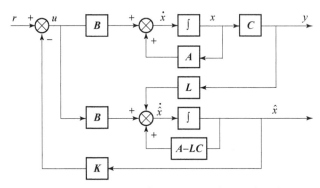

图 5-13　集成状态反馈和观测器的控制系统结构图

根据前面状态反馈和观测器的相关推导，分析图 5-13 所示系统：

$$\begin{cases} \dot{x} = (A - BK)x + Br - BKe \\ e = \hat{x} - x \end{cases} \quad (5-53)$$

状态观测器的作用是可使当 $t \to \infty$ 时，$e \to \infty$，所以上式变为

$$\dot{x} = (A - BK)x + Br \quad (5-54)$$

从式（5-54）可以看出引入状态观测器后系统的传递函数矩阵没有发生变化。

4. 模糊控制

模糊控制是以模糊数学为理论基础，利用人的经验与相关理论结合后进行控制的一种智能方法。以经典控制和现代控制理论为代表的传统控制理论和方法，都是在被控系统的数学模型已知的前提条件下进行控制的，但实际控制应用时由于外界的干扰或被控系统过于复杂等原因，无法建立出被控系统精确的数学模型，利用原来的方法就无法实现控制或控制效果较差，这时利用专家经验进行控制的模糊控制方法往往可以取得较好的控制效果，所以模糊控制可以

取代传统控制方法,在实际工业控制、大型生产过程和智能家用电器等领域都有重要应用。下面介绍如何实现模糊控制。

先选择控制器的结构和控制器的输入、输出变量。控制器结构是按维数划分的,通常把单变量控制器输入量的个数称为控制器的维数。通常选取被控量的实际值与期望输入间的偏差 e、偏差一阶导数 $\dot{e}$ 和偏差二阶导数以 $\ddot{e}$ 为输入量,取被控量为输出量。根据所选的控制器的维数来选输入变量的个数,二者相等。从理论上来讲所用控制器维数越高,控制越精细,控制效果越好,但是控制规则会随着维数的增加而变得更为复杂,不易实现。一般使用二维控制器,取 e 和 $\dot{e}$ 作为输入,它能比较好地反映出被控量的动态特性。

确定语言变量和其模糊论域。用模糊语言变量来表示输入输出量,例如用 E 来代表误差 e,用 EC 来代表 $\dot{e}$,用 U 来表示输出量,接着就是确定模糊语言变量的模糊论域并将其量化。实际中经常用的是 Mamdani 提出的方法,就是将偏差量 e 的变化范围也就是论域设定为 $[-6,6]$,将其离散化成包含 13 个整数元素的集合:$\{-6,-5,-4,-3,-2,-1,0,1,2,3,4,5,6\}$,也可采用非对称的量化方法。

设定语言值集合,就是将物理量分为几个等级。常用正大、正中、正小、零、负小、负中、负大这七个语言变量对输入输出量进行描述,有时也将零分为正零和负零。语言值集合包含的元素越多,建立的控制规则越细致,控制规则越复杂,控制效果越好,但计算越慢,所以应选择合适的语言值集合元素个数。

设定隶属度函数或给定隶属度函数分布表。分布表表征的是输入输出量模糊论域量化后的每个等级与语言值集合元素之间的关系。隶属度就是表示某元素隶属于一给定集合的程度,其值域为 $[0,1]$。可以用曲线表示隶属度,常用的隶属度函数的形状有三角形、梯形、高斯等,如图 5-14 所示。除了常用的函数也可自己设计,但应注意通常选取的隶属度函数形状是对称的且是凸的。

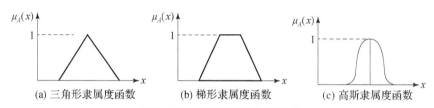

图 5-14 常用隶属函数的形状

确定量化因子和比例因子。设定输入模糊变量的模糊论域是 $[-n,n]$,实际论域是 $[-e,e]$,将实际论域变化到模糊论域的系数就称为量化因子,记为 k,而将输出量的模糊论域变换到实际论域的系数称为比例因子。量化因子是在模糊化时使用的,就是将实际输入量变成模糊控制器的输入量,比例因子是在解模糊时使用的,是将控制器的输出量变成实际可用的控制量。因子 k 可通过下式求得:

$$k = \frac{n-(-n)}{e-(-e)} = \frac{n}{e} \qquad (5-55)$$

确定模糊控制规则。控制规则是利用专家和实际操纵人员的经验和基本的控制理论相结合而获得的。控制规则用语句表示为:if E = NB and DE = PB then U = PB,该式表示的含义是当误差为负大,偏差一阶导数为正大时,输出控制量为正大,规则库就是由一条这样的语句组成。

通过规则库提供的控制规则可以得到控制器输入量与输出量的对应关系,给定输入经过推理可得到模糊控制器输出量,对其进行解模糊化后给入被控对象。通过上面的介绍给出常用的二维模糊控制器结构,如图 5-15 所示。

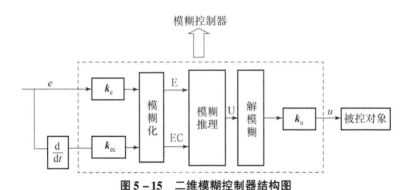

图 5-15 二维模糊控制器结构图

模糊控制可以单独使用,但单独使用时消除稳态误差的能力比较差,所以常常和其他的控制方法联合使用,比如 PID 控制、干扰观测器等控制方法。图 5-16 是参数自调节模糊 PID 控制原理图。

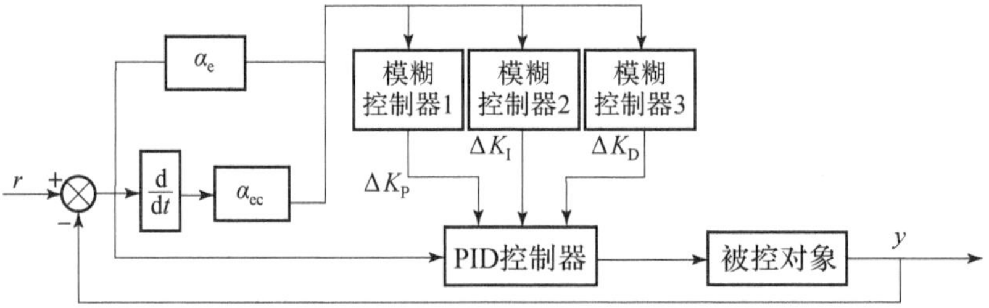

图 5-16 参数自调节模糊 PID 控制原理图

5.4 姿态运动模拟器关键技术

从国内外仿真姿态运动模拟器发展趋势来看,"高精度、宽频带、平稳性"是其主要发展方向,也是影响姿态运动模拟器性能的关键技术。其中,"高精度"是指系统跟踪指令信号的准确程度,通常采用相移和幅差两项指标来衡量。首先,系统的跟踪精度取决于传感器的精度。目前,中、低速系统通常采用感应同步器作为位置信号传感器;中、高速系统采用光电编码盘作为位置信号传感器;速度信号的检测通常采用测速发电机或光电码盘位置信号的差分来实现。但是,由于测速发电机的线性工作区为中速阶段,光电码盘信号有一低速段的测量死区,故速度信号的测量一直是姿态运动模拟器系统设计中令人头痛的问题。除传感器精度的影响以外,系统的精度还决定于台体的机械加工精度及系统的刚度,否则,将影响轴系间的垂直度和相交度,进而影响系统的性能。另外,影响系统精度的因素还有控制算法,这也是控制系统的一个核心问题;"宽频带"是反映姿态运动模拟器跟踪高频信号的能力,它主要取决于驱动器件的功率大小,由于受电子器件功率等级的限制,电动机的功率不可能很大,故高频、大功率的驱动常采用液压马达;"平稳性"反映了系统的平稳性,是一项十分重要的指标。影响平稳性的主要因素是机械摩擦,这是控制系统设计中比较棘手的问题,通常的解决方法或是采用气浮轴承(需要较大功率的气源)以减小摩擦,或是采用一定的控制方法加以补偿。

5.4.1 高精度的实现

伺服控制系统采用典型的位置、速度和电流三闭环控制方式。电机驱动电流与驱动单元构成电流闭环,形成电流型功率驱动,以改善电机的动态品质。测速信号经处理后进入轴控回路构成速率闭环,以改善机械结构的非线性影响、低速性能和系统的动态性能。光电增量角编码器产生与姿态运动模拟器轴角位移相关的正交脉冲信号和基准信号进入伺服控制器模板,正交脉冲信号经四细分解码后形成增量位置脉冲并记录在当前位置寄存器中,与计算机产生的数字指令信号比较产生位移误差码,再经过数字校正处理后由 D/A 产生模拟信号进入驱动器回路,构成整个控制系统的位置闭环。基于 DSP 的轴角运动控制器模板同时形成机械结构特征的补偿并形成前馈控制信号的解算及综合,以保证姿态运动模拟器动态性能要求的实现。

5.4.2 宽频带的实现

由于受到姿态运动模拟器机械结构固有谐振频率的限制，单纯的伺服控制方法很难实现姿态运动模拟器宽频带的动态性能指标。三轴姿态运动模拟器采用具有速率前馈的复合控制方法，见图 5-17，通过设计和调整前馈控制器、位置环控制器和速率环控制器实现宽频带。

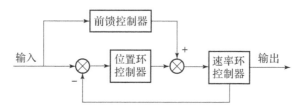

图 5-17 单输入单输出复合控制系统

为了保证频带指标的实现，一些条件还应得到满足：
(1) 台体旋转轴一阶扭振频率应足够大，谐振峰应足够小；
(2) 台体结构机械频率响应特性在一定范围内应平滑过渡；
(3) 调速伺服系统频率特性应尽可能匹配于二阶系统频率特性模型。

5.4.3 平稳性的实现

控制系统采用选择高分辨率的反馈测量部件、提高控制系统采样频率和指令分辨率、信号增益配置及最大限度地降低各种扰动力矩、死区影响的措施。

最高指令速率可由下式计算：

$$\dot{\theta}_{CM} = 2^{M-1} \times \Delta\theta / T_{-s} \tag{5-56}$$

式中：M 为指令速率格式中整数位的位数；T_{-s} 为离散伺服控制周期。显然最高指令速率应大于要求的系统最高速率。

指令速率分辨率可由下式计算：

$$\Delta\dot{\theta}_C = 2^{-m} \times \Delta\theta / T_{-s} \Delta\dot{\theta}_C = 2^{-m} \times \Delta\theta / T_{-s} \tag{5-57}$$

式中：m 为指令速率格式中小数位的位数。显然指令速率分辨率应小于要求的系统速率分辨率，甚至小于最小位移当量对应的速率，通过适当选择轴控器指令格式（一般为32位）的配置和离散伺服控制周期（百微秒量级），可以使上述条件满足。

为了保证低速性能，一些条件还应得到满足：
(1) 通过选用适当的电机和驱动方式，最大限度降低力矩波动；
(2) 通过台体结构的适当装配和调整，在保证结构精度要求的前提下，最大限度减少摩擦力矩的变化；

(3) 适当的控制系统参数。

5.5 姿态运动模拟器性能指标测试方法

姿态运动模拟器性能指标的测试方法主要依据 GJB 2884—97《三轴角运动模拟姿态运动模拟器通用规范》、GJB 1728—93《单轴伺服姿态运动模拟器通用规范》和 GJB 1807—93《速率姿态运动模拟器通用规范中的内容》。

5.5.1 检验内容

姿态运动模拟器检验项目见表 5-1 所列。

表 5-1 姿态运动模拟器检验项目

序号	检验项目	序号	检验项目
1	横滚轴线与纵倾轴线垂直度	6	角位置分辨率
2	纵倾轴线与偏航轴线垂直度	7	角速率范围
3	三轴交点偏差	8	最大角加速度
4	角位置控制精度	9	频率响应
5	角位置重复性		

5.5.2 检验方法及合格判据

1. 横滚轴线与纵倾轴线垂直度

1）检验仪器

光管、平面镜（双面镜）。

2）检验方法

偏航框架与底座之间牢固锁定，将光管置于横滚轴一侧。使光管通过横滚轴一侧轴孔对准双面镜一个面，调整此双面镜使之与横滚轴线垂直后，将纵倾（纵倾）框架与偏航（偏航）框架之间用插销牢固锁定。旋转横滚轴使其处于零位。

(1) 读取光管水平方向示数，记为 X_{11}；

(2) 使横滚轴按 45°间隔转动一周，记下光管水平方向示数 X_{12}、X_{13}、X_{14}；

(3) 将纵倾轴转动 180°后再次牢固锁定，这时光管通过横滚轴另一侧轴孔对准双面镜的另一面，读取光管水平方向示数，记为 X_{21}；

（4）使横滚轴按 45°间隔转动一周，记下光管水平方向示数 X_{22}、X_{23}、X_{24}。

3）数据处理

按照 GJB 1801—93 中"轴线垂直度测试"的数据处理方法，计算公式如下：

$$V_1 = \pm [(X_{11}+X_{15})/2 - (X_{21}+X_{25})/2]/2$$
$$V_2 = \pm [(X_{12}+X_{16})/2 - (X_{22}+X_{26})/2]/2$$
$$V_3 = \pm [(X_{13}+X_{17})/2 - (X_{23}+X_{27})/2]/2$$
$$V_4 = \pm [(X_{14}+X_{18})/2 - (X_{24}+X_{28})/2]/2$$

式中：V_1 为轴线垂直度；V_2 为纵倾轴与横滚轴在 X_{12}、X_{16} 相对位置下的两回转轴线垂直度；V_3 为纵倾轴与横滚轴在 X_{13}、X_{17} 相对位置下的两回转轴线垂直度；V_4 为纵倾轴与横滚轴在 X_{14}、X_{18} 相对位置下的两回转轴线垂直度。

取 V_1、V_2、V_3、V_4 四个数值中的最大值作为横滚、纵倾轴线的垂直度。

2. 纵倾轴线与偏航轴线垂直度

1）检验仪器

光管、平面镜。

2）检验方法

将光管置于纵倾轴一侧。使光管对准平面镜 2，调此平面镜 2 使之与纵倾轴线垂直，同样使光管对准平面镜 1，调此平面镜 1 使之与纵倾轴线垂直，再使纵倾轴处于零位，把偏航框架与底座之间牢固锁定。

（1）读取光管竖直方向示数，记为 Y_{11}；

（2）使纵倾轴按 45°间隔转动一周，记下光管竖直方向示数 $Y_{12},Y_{13},\cdots,Y_{18}$；

（3）将偏航轴转动一周 180°后再次牢固锁定，这时光管对准平面镜 2，读取光管竖直方向示数，记为 Y_{21}；

（4）纵倾轴按 45°间隔转动一周，记下光管竖直方向示数 $Y_{22},Y_{23},\cdots,Y_{28}$。

3）数据处理

按照 GJB 1801—93 中"轴线垂直度测试"的数据处理方法，计算公式如下：

$$V_1 = \pm [(Y_{11}+Y_{15})/2 - (Y_{21}+Y_{25})/2]/2$$
$$V_2 = \pm [(Y_{12}+Y_{16})/2 - (Y_{22}+Y_{26})/2]/2$$
$$V_3 = \pm [(Y_{13}+Y_{17})/2 - (Y_{23}+Y_{27})/2]/2$$
$$V_4 = \pm [(Y_{14}+Y_{18})/2 - (Y_{24}+Y_{28})/2]/2$$

式中：V_1 为偏航轴与纵倾轴在 Y_{11}，Y_{15} 相对位置下的两回转轴线垂直度；V_2 为偏航轴与纵倾轴在 Y_{12}，Y_{16} 相对位置下的两回转轴线垂直度；V_3 为偏航轴与纵倾轴在 Y_{13}，Y_{17} 相对位置下的两回转轴线垂直度；V_4 为偏航轴与纵倾轴在 Y_{14}，

Y_{18} 相对位置下的两回转轴线垂直度。

取 V_1、V_2、V_3、V_4 四个数值中的最大值作为 Y 纵倾、偏航轴线的垂直度 Y。

3. 三轴交点偏差（三轴线相交度）

1）检验仪器

准直望远镜、目标、光源。

2）检验方法

（1）测量横滚、纵倾轴线间距离 Y：

①将目标座通过一安装板固定在横滚轴中心。打开白炽灯光源，使光源从目标的背面照亮目标；

②将纵倾轴和偏航轴牢固锁定，使准直望远镜对准目标，转动横滚轴并反复调整目标，使目标中心画圆最小，如图 5-18（a）所示；

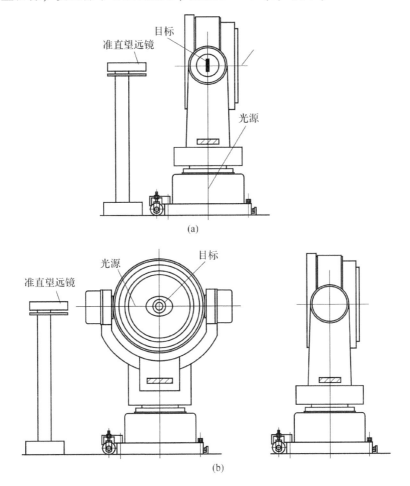

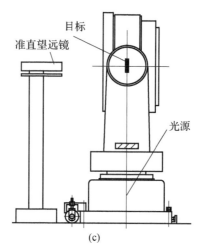

(c)

图 5-18 三轴交点偏差（三轴线相交度）检验示意图

③使准直望远镜对准目标，记下准直望远镜竖直方向示数 Y_1；

④转动纵倾轴180°使准直望远镜通过横滚轴一端轴孔对准目标，读出目标中心在竖直方向示数 Y_2。

（2）测量纵倾、偏航轴线间距离 X：

①将目标1通过一安装板固定在纵倾轴中心上，打开白炽灯光源，使光源从目标的背面照亮目标；

②将偏航框架与底座间牢固锁定，使准直望远镜通过轴孔对准目标，转动纵倾轴并调整目标，使目标中心圆最小，如图 5-18（b）所示；

③将偏航轴转180°，使准直望远镜通过轴孔对准目标，转动纵倾轴并调整目标，使目标中心画圆最小，如图 5-18（b）所示；

④反复进行②、③两项调整，直到在这两种情况下目标中心画圆均为最小；

⑤使准直望远镜对准目标，记下准直望远镜水平方向示数 X_1，见图 5-18（b）；

⑥转动偏航轴180°使准直望远镜对准目标，读出目标中心在水平方向示数 X_2。

（3）测量偏航、横滚轴线间距离 Z：

①将目标通过一安装板固定在横滚轴中心，打开白炽灯光源，使光源从目标的背面照亮目标；

②将纵倾轴牢固锁定，使准直望远镜对准目标，转动横滚轴并反复调整目标，使目标中心画圆最小，如图 5-18（c）所示；

③使准直望远镜对准目标,记下准直望远镜水平方向示数 Z_1,如图 5-18 (c) 所示;

④转动偏航轴 180°使准直望远镜对准目标,读出目标中心在水平方向示数 Z_2。

3) 数据处理

$X = (X_1 - X_2)/2$　注:计算 X 时,X_1、X_2 取平均值

$Y = (Y_1 - Y_2)/2$　注:计算 Y 时,Y_1、Y_2 取平均值

$Z = (Z_1 - Z_2)/2$　注:计算 Z 时,Z_1、Z_2 取平均值

三框轴线相交度为:$R = \sqrt{X^2 + Y^2 + Z^2}$ mm 半径球。

4. 角位置控制精度检验

1) 检验仪器

光管,24 面棱体。

2) 检验方法

(1) 横滚轴位置控制精度检验。

如图 5-19 所示,在横滚轴一端安装棱体,分别将偏航架与底座、纵倾轴框架与偏航轴框架用插销锁紧,调整光管与棱体使其准直。

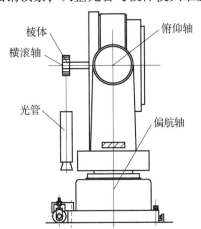

图 5-19　横滚轴位置精度检验示意图

①使横滚轴工作在定位工作状态,从角位置负限位为起始位置,调棱体使其第 1 面对准光管,记下光管读数 a_0。给定位置指令 $\theta_i (i = 1, 2, \cdots, 24; \theta = 360(°)/24)$,使姿态运动模拟器依次转过一个角度间隔 θ,最后使姿态运动模拟器运动到正限位位置,同时分别读取光管读数 a_i。

②方法同上,使横滚轴以数显正限位为起始位置,记下光管读数 b_0,给定位置指令 $\theta_i (i = 1, 2, \cdots, 24; \theta = 360(°)/24)$,使姿态运动模拟器依次转过一

个角度间隔 θ，同时分别读取光管读数 b_i，最后使姿态运动模拟器回到负限位位置，读取光管读数 b_{23}（$|b_{23}-a_0|$ 应不大于 2″）。

（2）纵倾轴位置控制精度检验。

如图 5-20 所示，在纵倾轴一端安装棱体，分别将偏航轴框架与底座、横滚轴框架与纵倾轴框架用插销锁紧，调光管与棱体使其准直。

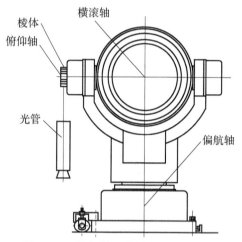

图 5-20 纵倾轴位置精度检验示意图

①使纵倾轴工作在定位工作状态，从角位置正限位为起始位置，调棱体使其第 1 面对准光管，记下光管读数 a_0。给定位置指令 θ_i（$i=1,2,\cdots,12;\theta=360(°)/24$），使姿态运动模拟器依次转过一个角度间隔 θ，最后使姿态运动模拟器运动到负限位位置，同时分别读取光管读数 a_i。

②方法同上，使纵倾轴以数显负限位为起始位置，记下光管读数 $b_0=a_{12}$，依次转过一个角度间隔 θ，同时分别读取光管读数 b_i，最后使姿态运动模拟器回到正限位位置，读取光管读数 b_{12}（$|b_{12}-a_0|$ 应不大于 2″）。

（3）偏航轴位置控制精度检验。

如图 5-21 所示，在偏航轴框架上安装光管，通过轴孔固定棱体，分别将纵倾轴框架与偏航轴框架、横滚轴框架与纵倾轴框架用插销锁紧，调光管与棱体使其准直。

①使偏航轴工作在定位工作状态，从角位置显示正限位开始，调棱体使其第 1 面对准光管，光管读数 a_0。给定位置指令 θ_i（$i=1,2,\cdots,24;\theta=360(°)/24$），使姿态运动模拟器顺时针依次转过一个角度间隔 θ，同时分别读取光管读数 a_i，最后使姿态运动模拟器回到负限位位置，读取光管读数 a_{23}（$|a_{23}-a_0|$ 应不大于 2″）。

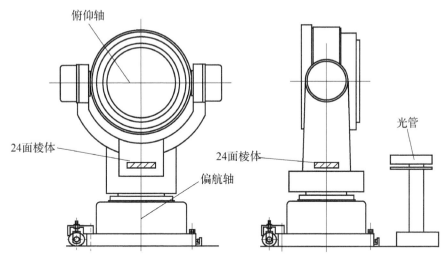

图 5-21 偏航轴位置精度检验示意图

②方法同上,使偏航轴以负限位位置为起始位置,记下光管读数 b_0,逆时针依次转过一个角度间隔 θ,同时分别读取光管读数 b_i,最后使姿态运动模拟器回到正限位位置,读取光管读数 b_{23}($|b_{23}-b_0|$ 应不大于 2″)。

3) 数据处理

定位精度计算公式如下:

$$e_{ai} = a_i - a_0 - \Delta i$$
$$e_{bi} = b_i - b_0 - \Delta i$$

式中:Δi 为棱体的修正值。

取 a 和 b 测试过程各点归零差 e_{ai},e_{bi} 中正的最大误差 U_a^+ 和负的最小误差 U_a^- 作为位置精度的检测结果,即位置精度为 (U_a^-, U_a^+)。

5. 位置重复精度

1) 检验仪器

光管,24 面棱体。

2) 检验方法

角位置重复性检验方法同角位置控制精度检验。

3) 数据处理

按以下公式计算各测点相邻差:

被测轴顺时针测量时,相邻测试点实测值之差:$E_{ai} = a_{i+1} - a_i$;

被测轴逆时针测量时,相邻测试点实测值之差:$E_{bi} = b_{i+1} - b_i$;

$i = 1, \cdots, N$;$N = 23$。

角位置重复性计算公式为

$$\varepsilon_1 = \pm 3 \sqrt{\frac{1}{2N} \sum_{i=1}^{N} (E_{ai} - E_{bi})^2}$$

ε_1 不大于 0.003 为合格。

6. 角位置分辨力检验

1）检测仪器

同角位置控制精度的检验。

2）检验方法

检验仪器安装与位置精度检测时相同，在各框轴位置精度检验后，在工作范围内选取一个位置，读取光管读数 a_{11}，然后输入一个该位置增量指令角度 0.001°的角度值，读取光管读数 a_{21}。重复上述测试三遍，分别记下光管相应读数 a_{1i}、a_{2i}，$i = 1,2,3$。同样输入一个该位置的反向增量指令角度（-0.001°）的角度值，重复上述测试，分别记下光管相应读数 b_{1i}、b_{2i}。

7. 速度范围检验

1）检验仪器

控制软件记录测试。

2）检验方法

姿态运动模拟器相应轴运行于速率状态，分别测试其最低角速率和最大角速度。由于姿态运动模拟器各轴运动范围有限，故在低速时利用定时测角法，高速时利用正弦摆动法。让姿态运动模拟器以给定速率运动，利用计算机控制软件采集姿态运动模拟器运动的实际位置值，低速时利用定时测角法计算对应速率的精度和平稳性，若速率精度和速率平稳性分别满足 0.1%（0.001(°)/s 为 0.5%）、1%，则低速范围合格；在高速时利用正弦摆动法计算在固定频率和幅度指令下姿态运动模拟器对应轴摆动的最大速率，若姿态运动模拟器实际正弦摆动的幅度误差不大于 5%，则高速范围合格。

（1）低速速率精度和速率平稳性检验方法。

采用定时测角法，对应轴工作于速率状态，使其按给定的速率指令稳定运转，用计算机控制软件采集姿态运动模拟器运动的实际位置值，根据定时时间隔，选取对应的连续 10 个角度间隔，得 $\theta_1, \theta_2, \cdots, \theta_{10}$。

（2）高速速率检验方法。

正弦摆动法：被检测轴工作于正弦摆动状态，使其按给定的摆动幅度和频率稳定运转若干周期。利用计算机控制软件采集姿态运动模拟器运动的实际位置值，计算稳定运行后三个周期的摆动幅度 A_1、A_2、A_3。

由于纵倾轴和偏航轴的最大速度和最大加速度均较大，而此两轴的运动范围有限，故在进行最大速度和最大加速度检验时，需放开限位。

3）数据处理

低速检测数据处理采用的计算公式为

$$\sigma_\omega = \frac{1}{T}\sqrt{\frac{1}{n-1}\sum_{i=1}^{N}(T_i - \overline{T})^2}$$

式中：T_i 为给定速率下被测轴在转过定角间隔所用时间；$\overline{T}$ 为给定速率下被测轴在转过定角间隔实测值的平均值；n 为按给定速率选定的测量次数。

高速检测数据处理采用计算公式为（正弦摆动法）

$$V_{max} = 2\pi f \times A$$

式中：f 为按给定正弦摆动下被测轴的摆动频率；A 为按给定正弦摆动下被测轴的最大摆动幅度。

实际最大摆动幅度为实测三个周期幅度的平均值：

$$A\text{ave} = (A_1 + A_2 + A_3)/3$$

8. 最大加速度检测

1）检测仪器

控制软件记录测试。

2）检测方法

正弦摆动法或梯形法：同最大速率检验。

3）数据处理

（1）正弦摆动计算方法：

$$a_{max} = (2\pi f)^2 \times A$$

式中：f 为按给定正弦摆动下被测轴的摆动频率；A 为按给定正弦摆动下被测轴的最大摆动幅度。

实际最大摆动幅度为实测三个周期幅度的平均值：

$$A\text{ave} = (A_1 + A_2 + A_3)/3$$

（2）梯形法：

运动加速度

$$a = \frac{\Delta V}{\Delta T}$$

式中：$\Delta V(°/s)$ 为速率变化；$\Delta T(s)$ 为时间间隔。

9. 频率响应检测

1）检测仪器

频率响应分析仪。

测试简图如图 5-22 所示。

图 5-22 系统频响测试简图

2）检验方法

用频响测试仪的信号发生端与 CH1 相联结，并与闭环系统的一输入端相连，系统测试点与频响测试仪 CH2 相联结，通过频响测试仪可以读出幅值 CH2/CH1 和相位误差。

第6章 辐射式仿真控制技术

半实物仿真即硬件在回路仿真,它是将系统的部分实物(如控制系统的测量传感器、控制计算机、伺服招待机构)接入回路进行的测试。对于雷达对抗辐射式仿真来说,本质上是计算机控制下的射频器件/模块按照一定的功能模拟产生各种电磁信号,与待测品进行信号级的交互连接。因此雷达对抗辐射式仿真技术的核心关键是仿真控制技术。本章首先分析了仿真控制在仿真测试中的功能需求,并对实现仿真控制的设计要点、技术要点进行分析;最后给出了仿真控制的典型应用实例。

6.1 仿真控制在雷达对抗辐射式仿真中的功能需求

仿真控制作为雷达对抗仿真测试的控制管理核心,在不同的仿真测试模式下,针对仿真测试需求,将各类实装、系统(设备)、模型、数据等仿真资源有机集成起来,为雷达对抗仿真测试提供虚拟战场环境和虚拟作战态势的战情想定设计,并按照选定的战情生成战情数据,在时统和网络管理控制下,控制各系统协同工作,并提供仿真过程中的综合显示,以模拟被试/被测设备接入的雷达对抗全过程,最终通过测试数据采集、处理,支撑雷达对抗仿真结果评估。

为了满足雷达对抗辐射式仿真的任务要求,仿真控制需具备以下主要功能。

(1) 实现想定设计、想定解算、战情设计、测试运行控制、战情解算、信息交互、测试数据处理与评估和状态监控等任务;

(2) 解算得到武器平台的运动参数和目标回波特征参数等信息,开展闭环仿真测试,能够加载满足接口协议的外部仿真模型;

(3) 能够对整个仿真测试过程中的战情态势、平台航迹、威胁目标以及仿真运行过程中各类数据进行可视化操作;

(4) 能够对全系统时间进行管理与控制,例如通过接收北斗系统/GPS时统终端产生的信号,并对其进行解码与发布,进而实现系统时统功能;

(5) 具备对测试数据的录入（导入）、查询、修改、删除、导出等功能，支持对数据、文件、图像、视频等的存储与查询。

6.2 设计要点

为实现 6.1 节分析的功能需求，仿真控制需软硬件结合才能发挥功能，软件的架构设计从技术体系层面来讲，自顶向下分为工具层、服务层和资源层，如图 6-1 所示。

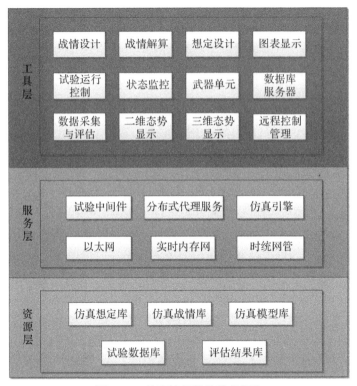

图 6-1 仿真控制软件技术架构

硬件主要是各种类型的计算机以及实时内存网、时统网管等。对软硬件应提出如下关键指标进行约束。

(1) 仿真解算周期。

①根据实际的测试需求，明确仿真控制的整体解算周期，即整个仿真测试更新各类数据的时间周期，一般是一个可调整的时间范围；

②针对所接入待测品自身的工作周期，提出实时仿真解算周期，即闭环测试所需的实时信息数据更新周期。

（2）参数解算能力。对需解算的参数类型提出具体要求，一般包括位置信息、姿态信息与速度信息：

①位置信息：经度、纬度、海拔；

②姿态信息：方位、俯仰、横滚；

③速度信息：平台坐标系下 X、Y、Z 三维速度（平台坐标系根据不同平台类型具体为弹体坐标系、机体坐标系等）。

（3）态势显示能力。对战场装备态势、电磁态势等的显示提出具体要求，一般包括二维态势显示与三维态势显示，规定引擎平台类型，显示的装备模型类型、自然环境等。

（4）数据采集录取能力。对数据采集录取能力提出具体指标要求，包括仿真测试过程中的各类测试数据，待测品输出数据和屏显信息，以及微波暗室等重要测试场所的视频监控信息。

（5）时统网管。对时间码类型、时间码通道数量、时间同步精度、中断信号周期等提出指标要求。

（6）实时内存网。对实时内存网的传输速率、连接节点数、网卡板载存储空间、节点间延迟时间等提出指标要求。

（7）硬件配置。对仿真控制所需的计算机配置做出具体要求，如中央处理器型号、网络接口、显示适配器、存储容量等。

下面结合各项功能设计实现的关键要点，进行进一步介绍。

1. 战情设计与解算

仿真控制要实现整个仿真测试任务的战情设计与生成、测试进程控制与监控、测试数据的采集与管理以及测试评估等，其中强大的战情设计与解算能力是决定系统是否好用的关键因素。为此在系统设计实现中要重点考虑以下几点。

（1）仿真模型开发的尽量采用组件化建模的方式，使模型开发工作变得相对简单化、专业化，提高模型的复用性，使用户可以专注于设计逻辑，忽视其他实现细节，能够完全满足用户对模型二次开发和算法嵌入的需求，并大大减少开发工作量，同时不需要了解模型的框架。

（2）战情态势编辑要直观、简洁、准确，提供基于地理信息系统的地图可视化操作，设计人员通过拖拽或坐标参数输入的方式，对各种红方、蓝方的空中、海面、地面实体进行部署，同时可以对实体基本信息、实体的搭载组件信息以及部署信息进行修改。

在装备部署时，可以通过设置相对基准装备水平距离、垂直距离进行部署，可以按指定阵型快捷部署指定装备。尤其在涉及大量有规律分布的装备部署时，要设计专门的辅助功能以方便操作。例如，设计部署 360 部以待测品为圆心、呈圆形分布的辐射源装备；设计部署呈矩阵分布的编队目标；设计部署在同一方位角、不同俯仰角上的多个目标；设计同一角度、距离等间距分布的多个目标等。

另外，需考虑具备接收外部战情文件，并在解析后支持二次开发设计的功能，设计人员可以对装备模型详细参数、机动计划、地形、气象等信息进行补充和编辑，这在联合仿真时是非常有必要的功能。

（3）战情解算主要功能是对战情配置文件解析后，在实时操作系统下按照仿真周期完成平台运动速度、姿态、位置等动态信息的实时解算与下发。战情解算最重要的关注点是对其实时性的要求，这决定了仿真的颗粒细致度。实时的定义为在仿真过程中事件与事件之间的时间间隔与真实世界中与之相似的事件之间的时间间隔相同。

2. 武器仿真机

该功能模块有的系统中称为"武器单元"，有的直接称为"仿真机"，主要用于武器仿真模型解算，通过获取待测品（如导引头等）或飞控的输出信息，实时解算下一周期武器的位置、速度、姿态等参数。武器仿真机主要由武器模型解算计算机、武器模型解算软件及仿真模型库组成。

由于待测品可能在不同的测试中是变化的，不同的装备其配套的半实物仿真模型也不同。因此武器仿真机要能够加载满足接口协议的外部仿真模型，仿真模型具备可重构功能，能够结合需求调用模型库中的模型，从而组合成一套适配于当前待测品的控制仿真模型。

同时，每次测试的待测品可能自带与之配套的半实物仿真机，此时，需要具备外接仿真机的功能，实现仿真控制系统驱动外接仿真机，实时开展仿真。武器仿真机还可以设计战情推演工作模式，在待测品还未参与测试时提前用仿真模型开展战情调试和测试；待待测品进场后，仿真模型用待测品代替，进行正式测试。

3. 态势显示

主要实现仿真过程中的二维态势显示、三维态势显示和图表显示功能。能够在仿真过程中将整个仿真测试过程中的战情态势、平台航迹、威胁目标以及测试运行过程中各类数据进行实时显示，为测试人员提供直观的监视仿真过程显示功能。

为了实现这个目的，态势显示首先通过加载对应的地图数据，为模型解算提供地理信息，然后获取对抗各方的初始部署态势，形成初始的静态装备态势，在仿真过程中，每个周期能够对基于接收到的关键事件、实体信息、装备等信息进行分类处理，基于收到的数据，进行态势的刷新、图表数据的更新显示。

态势显示的数据内容主要分为两个部分：战情态势、电磁态势。

被试实装在运行期间把波束指向信息发送给仿真控制系统，战情解算模块按照时统节拍，实时解算出动态战情数据，然后态势显示功能模块将其进行二维、三维显示。

图标显示功能也同样重要。在仿真过程中，图表显示实时获取动态战情数据等仿真测试相关数据，以曲线、表格、柱状图或饼图等形式进行实时更新显示，可以让测试人员随时了解系统的运行状况，了解装备在战情态势下的工作状态，从而为测试问题排查、结果评估等提供有力支撑。

6.3 实现及技术要点

6.3.1 典型实现方案

仿真控制主要负责仿真战情设计与生成、仿真进程实时推进、仿真时钟管理、仿真结果评估、仿真数据管理等工作。一种典型的实现方案由主控单元、武器单元、显示单元、时统网管单元和数据库服务器组成。

仿真控制系统配置战情设计与生成计算机、测试运行控制计算机、战情解算计算机、数据采集与评估计算机、武器模型解算计算机、态势显示计算机、三维态势显示计算机、图表显示计算机、时统网管计算机、一次信号采集计算机、数据库服务器和代理计算机，用于各功能单元软件运行。

1. 架构设计

主控单元主要负责实现战情设计、测试运行控制、战情解算、测试数据采集、处理与评估和状态监控与显示等任务。主控单元由模型开发与管理模块、想定设计模块、想定解算模块、战情设计模块、战情解算模块、测试运行控制模块、数据采集与评估模块组成，各模块功能如下。

（1）模型开发与管理模块运行于战情设计与生成计算机，具备战情实体/组件模型（飞机、舰艇等实体以及机动组件、传感器组件等）的开发和典型装备数据库的管理功能。

（2）想定设计模块运行于战情设计与生成计算机，能够以图形编辑和参数编辑的方式拟制战情想定，并对外部想定文件进行编辑，按照仿真实验系统要素规范生成本地想定文件。

（3）想定解算模块运行于战情设计与生成计算机，主要用于接收符合仿真实验系统要素规范格式的外部想定文件，对外部想定文件进行解析、数据转换等工作。

（4）战情设计模块运行于战情设计与生成计算机，能够以图形拖拽和参数编辑等可视化方式设置战场内双方装备实体的运行轨迹、地形、电磁环境、气象条件等战场环境。

（5）战情解算模块运行于战情解算计算机，主要功能是对战情配置文件解析后，按照仿真周期完成平台运动速度、姿态、位置等动态信息的实时解算与下发。

（6）测试运行控制模块运行于测试运行控制计算机，主要执行测试配置、仿真运行控制、测试导调、系统状态监控与显示等功能。测试运行控制模块具备日志记录功能，可详细记录使用人员在测试过程中的各种操作情况，形成测试操作日志。

（7）数据采集与评估模块运行于数据采集与评估计算机，能够实时采集仿真过程中战情解算、武器模型解算生成的数据，以及转台等设备产生的数据，根据测试战情和相关测试数据，完成测试数据分析、处理与测试结果评估；具备测试数据和评估结果对外输出能力；能够根据入库命令完成数据入库操作。

武器单元运行于武器模型解算计算机，由武器模型解算模块组成，主要功能包括实时获取导引头输出信息，基于弹体运动、弹上机、舵机等相关模型以及战情解算单元的目标运动数据，解算出武器平台的位置、姿态、速度等参数。武器单元采用模块化结构设计，能够加载满足接口协议的外部仿真模型。

显示单元由态势显示模块、三维态势显示模块和图表显示模块组成，态势显示模块主要对整个仿真测试过程中的战情态势、平台航迹等实时显示，三维态势显示模块以三维动画形式实时显示仿真过程中作战场景，图表显示模块以曲线和表格形式实时更新仿真过程中仿真实验系统、待测品等相关参数。

时统网管单元运行于时统网管计算机，由授时模块和网络管理模块组成，主要功能包括：产生统一的绝对时间和仿真帧时间，对全系统进行统一授时和仿真帧周期同步，并对全系统网络状态进行管理。

数据库服务器由高性能服务器和高性能磁盘阵列组成，主要为仿真测试中需要采集和访问的数据提供数据存储、数据转换、数据处理和数据推送服务，为仿真测试提供高性能的数据库服务能力支撑。可以实现测试数据（包括数据、文件、图像、视频等）的显示、查询、新增、编辑、删除、导出、导入、存储与查询等操作，实现对测试数据的管理，并具有容灾备份的功能。

系统执行各功能单元的计算机主要通过千兆以太网和实时内存网互联进行仿真数据与命令等信息的交互，其中想定文件、战情配置文件、测试配置文件等非实时数据和文件通过以太网进行传输，仿真过程中实时解算的动态仿真数据通过实时内存网进行传输。

2. 工作原理

依据测试方案，利用战情设计与生成计算机开发所需装备的模型组件，并装配成实体模型，应用相应的装备实体模型构建电子战情，也可以通过接收外部或调用已有战情配置文件，经格式转换、编辑后形成本次想定文件和战情配置文件。

战情设计完成后仿真测试人员可以按需以数字仿真形式开展战情推演，所有系统均进入仿真状态，按照战情进行实时解算。为了确保系统和待测品的安全，在战情推演过程中，转台接收指令但不执行，射频信号关断。战情推演结束后，对送入转台的运动姿态范围、姿态变化速度、加速度数据、辐射源是否在天线阵列角度范围内以及系统计算能力、辐射源脉冲丢失率等指标进行检查，验证战情的适用性，优化战情设计。战情满足测试要求后，将生成的战情配置文件存入战情库。

基于有效的战情配置文件，可以开展仿真测试，仿真过程中测试运行控制计算机负责下发测试运行控制指令，如测试配置、系统自检、战情配置、初值装订、仿真开始、测试冻结、测试恢复、仿真结束、异常终止等，仿真主控设备的各计算机根据测试运行控制指令完成以下任务。

测试配置：测试运行控制计算机根据测试方案生成测试配置文件并下发；

系统自检：测试运行控制计算机下发自检命令并接收设备自检结果回告；回告正常后，时统网管计算机下发系统绝对时间；

战情配置：战情设计与生成计算机下发战情配置文件，战情解算计算机和/或武器模型解算计算机接收战情配置文件并完成战情解析；

初值装订：战情解算计算机完成初始战情解算，生成初始战情数据及装备初始装订信息并下发给各设备；

仿真开始：时统网管计算机触发仿真帧周期同步信号，战情解算计算机按仿真周期完成战情解算，实时生成动态战情数据并下发；数据采集与评估计算机实时采集测试过程数据；显示单元（态势显示计算机、三维态势显示计算机、图表显示计算机）根据相关测试数据进行显示；

测试冻结：根据系统运行情况，测试运行控制计算机通过实时内存网向各设备发送"测试冻结"命令，同时停止战情解算，保持当前战情数据并按帧周期循环下发；各设备按帧周期接收战情数据并保持运行状态。

测试恢复：测试运行控制计算机根据实际测试情况，通过实时内存网发送"测试恢复"命令，仿真主控设备恢复战情解算，按帧周期发送战情数据；除转台外其他设备按帧周期接收战情数据并运行。

仿真结束：数据采集与评估计算机收集所需测试数据进行处理和评估，给出评估结果，按要求完成所有测试数据入库。

异常终止：测试过程中若出现异常（设备状态回告异常或通信监测异常等），则测试运行控制计算机通过实时内存网发送"异常终止"命令，停止仿真进程；各设备停止运行并完成复位。

仿真控制工作原理如图 6-2 所示。

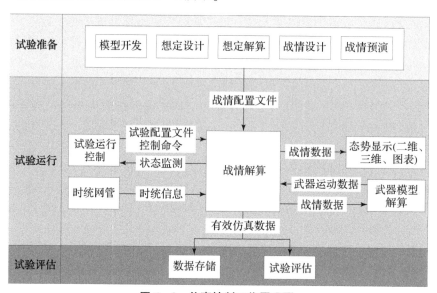

图 6-2 仿真控制工作原理图

6.3.2 技术要点

1. 组件化建模仿真技术

作战实体是战场空间中具有特定军事行为能力的对象，这些军事行为需要通过作战实体仿真模型实现。基于作战实体的各项能力，采用组件化建模思想，将作战实体具有的运动能力、感知能力、通信能力、干扰能力、行为能力、数据处理能力、资产管理能力等设计为功能组件，通过组件的合理装配得到作战实体仿真模型，如图 6-3 所示。

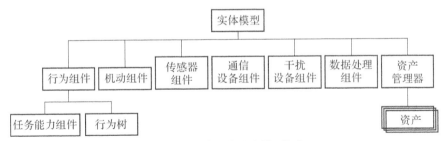

图6-3 作战实体仿真模型框架

实体模型是作战实体的集成平台（就像计算机的主板），提供其他组件的集成交互接口以及作战实体与外界的交互接口。

行为组件实现作战实体的指挥决策能力（实现指挥决策过程）及作战行动能力（实现任务执行过程）。行为组件的开发，需要实体建模人员利用模型设计工具生成的代码框架中添加相应的代码来处理来自本作战实体所带传感器的感知报告、来自通信网络的由上/下/平级发送的命令/报告/请求消息、来自事件管理器的"非感知事实"态势事件（如想定初始化、被销毁、机动到指定地点等）。在这些情况的处理过程中可以调度其他任务组件并与之进行交互。

行为组件分为任务能力组件和行为树组件。

任务能力组件是对作战实体某种特定行动或决策实施过程的描述，主要实现相关活动的执行逻辑、流程及异常的处理，如空域巡逻、对地突击、防空指挥、海军搜潜反潜任务能力以及其他各类指挥、作战任务能力。开发任务能力组件前，模型设计人员需事先明确某特定作战实体能够执行的特定行动和决策任务类型。若多个作战实体（如不同类型飞机或水面舰艇等）均具备某种类似的指挥决策能力或作战行动能力（如机动、巡逻等），可以将这种能力抽象设计成任务能力组件，通过为作战实体配置/移除任务组件而不是将某些能力固化在模型内部，能更灵活地赋予或限制实体的能力。

任务能力组件适合规则非常确定且流程复杂的行为建模，如空域巡逻、对地突击等，而对于规则多变、流程短小的行为模型，则可通过行为树模型来实现。行为树组件本身提供了一套完备的行为建模体系，它由一系列原子节点和子行为树组合而成，行为树编辑工具提供了各节点的可视化编辑，包括节点的调用流程及数据流向的可视化编辑，模型开发人员只需描述清楚原子节点的输入和输出参数以及任务的执行逻辑、流程及异常的处理，再由模型使用人员根据实际任务需要，组合出特定的行为树，再装配到实体中即可使用，因此行为树节点越丰富，涵盖的任务越广，可复用程度也越高。

机动组件模拟作战实体的空间移动能力。开发机动组件时，模型设计人员需事先明确某特定作战实体的战场空间（如地面、空中、空间、水面、水下等），实体运动的特性、精细程度、环境因素等，选择合适的运动外推算法，完成相应机动组件的开发。实体建模人员只需根据实际情况让作战实体挂载所使用的机动组件并提供必有的驱动数据，作战实体及其所属组件可以在任何需要在有运动需求时通过实体向机动组件发送机动控制指令，机动组件根据该需求来完成作战实体在空间上的移动，同时也会主动将运动过程中的一些情况（如路径点变化）通过事件通知作战实体，并将最新的位置状态信息（如速度、位置、姿态等）更新至所属的作战实体；作战实体及其所属组件也可以在任何有运动信息需求的地方调用实体的查询接口来获取关注的信息（如速度、位置等）。

传感器组件模拟作战实体的探测能力，是对雷达、可见光、红外、声呐、人体感知器官等类型探测设备的功能模拟。传感器组件的发现/丢失目标事件是其本身通过周期性的探测来获得的，并将发现的目标上报实体模型，由实体模型负责对目标进行下一步处理。开发传感器组件时，模型设计人员需事先明确要开发的传感器类型及相应的探测算法等，完成开发实现，建模人员需根据实际情况让作战实体挂载所使用的传感器组件并提供必有的驱动数据，同时处理传感器发送的探测报告。

通信设备组件是实体间完成通信的重要设备组件，模拟了作战实体的通信能力，是对有线、无线（微波、超短波、短波、高速电台等）通信设备等的功能模拟。当作战实体需要向其他实体发送消息时，在指定消息类型、消息内容及消息接收者后直接调用实体模型的消息发送接口；当其他作战实体向自己发送消息时，目标实体模型将通过通信设备的入网情况，模拟网络传输延迟后将消息送至本实体的消息处理接口，建模人员需要在各消息处理接口（作战实体可以委派其所属行为组件来处理消息，因此这些接口可以分布在作战实体的行为组件中）中添加处理逻辑。通信设备组件让实体拥有收发消息的能力，但实体间的通信效果（联通性及延迟）不取决于通信设备组件本身而取决于网络仿真模型。

干扰设备组件模拟作战实体的电子干扰能力，主要针对传感器、通信设备、GPS等的干扰功能模拟。干扰设备组件通过周期性的向指定方向发送辐射数据，通过底层提供的辐射源注册机制，将干扰设备注册成为辐射源，目标电子设备通过搜索周围的辐射源，通过调用干扰处理算法计算辐射数据对自己的干扰效果。因此，开发干扰设备组件时，模型设计人员确定辐射数据的构成，并将自身注册为辐射源，被辐射电子设备给出对自身辐射计算的效果算法，完成该模型及相关模型被干扰计算的开发实现,建模人员需根据实际情况让作战实体挂载所使用的干扰设备组件并提供必要的驱动数据。

数据处理组件模拟作战实体的情报数据处理能力,主要针对传感器探测、下级上报的情报信息进行数据融合处理。数据处理组件管理未处理情报数据表和已处理情报数据表,通过周期性地检查所在实体自身发来的和所在实体传感器探测产生的情报数据,调用数据融合算法(如完美关联算法、非完美关联算法等),来处理情报,生成或更新已有情报数据。开发数据处理组件时,模型开发人员需在模型设计工具提供的建模框架的基础上,添加相应的数据融合算法,即可完成数据处理组件的开发,底层建模框架已完成数据处理交互实现。

资产管理器管理作战实体所拥有的资产(如装备、物资、设施、人员等),实现资产的查询、存储、消耗和预留等管理功能。战场空间中所有被作战实体持有、占据、存储、装载和使用的资源,被称为作战实体的资产,例如:作战飞机装载的弹药和油料即作为其资产。资产在仿真过程中的存在形态仅是资源的属性数据集。资产作为作战实体所持有和使用的资源,体现和约束了作战实体的军事行为能力。作战实体建模时可通过资产管理器配置不同类型和数量的资产,以体现作战实体本身所应具备的打击、探测、运输、通信等各种行为能力。资产管理器由底层建模框架提供,作战实体及其所属组件可以通过资产管理器的接口来"增删改查"资产,资产信息发生变化时资产管理器也会主动报告给作战实体。

2. 高性能仿真引擎驱动技术

仿真引擎基于组件化建模与离散事件仿真技术,采用基于时间和离散事件混合推进的方式,使用了事件同步机制和多线程并发技术,能够充分利用物理计算机资源,是一个可集中、可分布的通用仿真引擎,既支持超实时的自动化运行,也支持人在回路的实时干预。

为了满足整个仿真实验系统内不同时间约束层之间的时间同步以及与外界其他装备或系统的时间同步,仿真引擎每个解算周期完成后,等待时统服务器发送的仿真实验系统帧时间到达后进行下一个解算周期的计算。其主要工作流程如图6-4所示。

仿真引擎主要由时间管理器、事件管理器和其他管理器及服务组成。引擎运行时,仿真模型向事件管理器提交仿真事件,事件管理器请求时间管理器批准其执行仿真事件,时间管理器负责裁决所有事件管理器提交事件的时间有效性,并通知符合执行条件的事件管理器执行其请求的事件。随着仿真事件的不断执行,从而推动着仿真时间的前进,直到仿真结束。

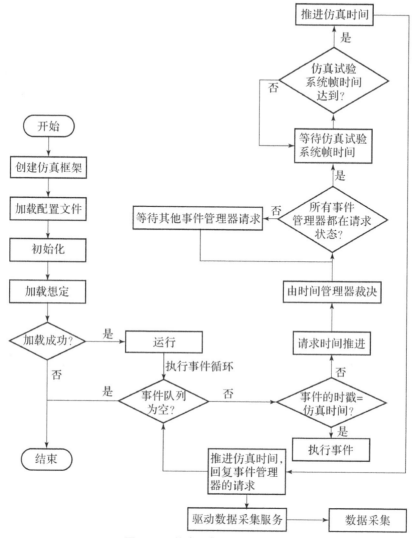

图 6-4 仿真引擎的主要工作流程

仿真引擎同时负责系统其他管理器和服务的创建和维护工作。其中包括：标识管理器、战场管理器、服务管理器、对象管理器、仿真监视器、数据采集服务、毁伤裁决服务、异步 I/O 服务、调试服务、地形服务等，这些服务和管理器在引擎运行过程中负责为模型和仿真数据提供支撑。

模型是驱动仿真引擎运行的源头，管理器和服务均围绕模型展开工作。系统采用了组件化建模思想，通过将复杂的真实对象拆分为不同的组件分别建模（图 6-5），使模型开发工作变得相对简单化、专业化，再通过组装机制，完成模型的组装工作,组装后的实体模板对应真实的作战装备,最后部署实体模板,形成实体。在想定场景中完成对真实装备的模拟研究。

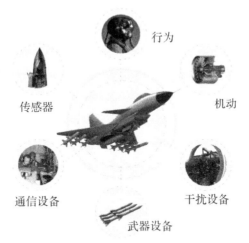

图6-5　组件化建模

引擎通过对仿真模型的周期性和非周期性事件调度,达到推进仿真时间的目的。仿真引擎可以存在多个事件管理器,每个事件管理器对应一个独立的事件队列。仿真引擎运行机制如图6-6所示。

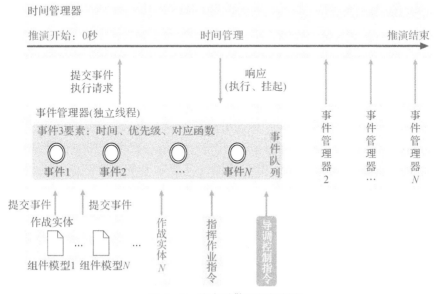

图6-6　仿真引擎运行机制图

仿真引擎中的每个事件管理器维护着一个独立的事件队列。每个事件队列中可存在多个仿真实体，每个仿真实体包含多个组件模型，每个组件模型都可以向所属事件队列提交事件，事件管理器对提交的事件进行排序，安排到事件队列的合适位置。

仿真引擎启动后，每个事件管理器都会进入执行状态，事件管理器的执行过程就是不断地循环获取事件队列的第一个事件，向时间管理器发送执行请求：如请求不通过，则该事件挂起，事件管理器处于阻塞状态，直到时间管理通知其执行当前请求的事件；如果请求通过，将该事件从事件队列中移除，并立刻执行该事件（事件执行过程可能又提交新的事件）。事件执行完毕后，继续获取事件队列的第一个事件，继续向时间管理器发出执行请求。

时间管理器扮演着仲裁者的角色，负责协调多个事件队列的时间同步，待执行的事件都必须向时间管理器提交执行请求，时间管理器对请求的多个事件进行评估（评估标准：事件时间、优先级），决定让哪些事件执行、哪些事件挂起。如果多个事件的时间、优先级一样时，事件管理器将通知多个事件同时执行。多事件队列的并发设计，可以最大限度发挥多 CPU、多核计算机的硬件优势，提高仿真运行效率。

由于 XSIM 引擎是基于离散事件的并发仿真，因此仿真执行过程即事件的处理过程。在 TSITimeManager：：Run 接口被调用开始执行时，就进入了仿真引擎的事件循环。仿真执行过程时序如图 6-7 所示。

3. 实时战情解算分析架构设计技术

传统的操作系统虽然是多任务系统，但是各个任务调度的时间和精度不高，无法满足高性能和高精度的计算需求。为了能够在仿真周期内完成平台运动速度、姿态、雷达/目标回波实时位置等信息实时解算与下发工作，需要保证相关模块的计算性能。

可采用实时子系统机制来解决战情解算的性能需求。实时子系统通过在 Windows 系统下扩展 HAL 层实现基于优先级的抢占式实时任务管理和调度，实时子系统的线程优先级高于所有的操作系统本身的线程优先级，提供对 IRQ、I/O、内存的精确直接控制，以确保实时任务的 100% 可靠性。通过高速的 IPC 通信和同步机制子系统可以方便地实现与 Windows 之间的数据交换。其定时器精度可以达到 100ns，最低定时周期为 100μs。同时支持以太网和 USB 通信。使用了反射内存网的通信方式，这是一种基于高速网络与共享存储器技术的实时网络。与传统的通信技术相比，具有严格的传输确定性和可预见性，还具有速度高、通信协议简单的特点，具有强大的数据传输能力，配合实时子系统可以满足高速、实时响应的需求。

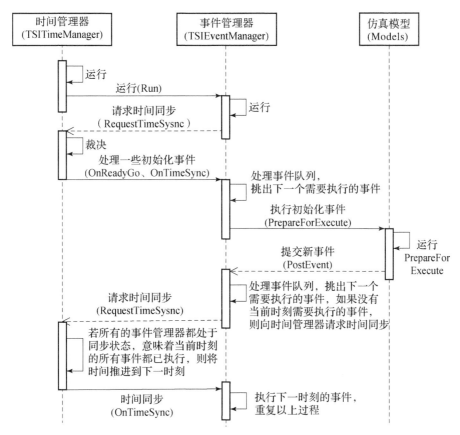

图 6-7 仿真执行过程时序图

对性能要求较高的计算模型都放置于实时子系统内部进行解算,并通过反射内存网通信方式将数据实时传输到数据展示模块等子系统。

4. 高性能地理信息空间框架设计技术

1) 数据无缝化数据组织技术

由于地理信息框架数据按图幅划分,按一定的标准,人为地将连续的地表空间划分成若干相互链接的子空间,使同一地物可能被划分成分别落在不同的图幅中的多个部分,从而产生缝隙,同时在数字化过程中,由于设备的精度或采集的精度使图幅在接边处或节点处产生缝隙。

要解决地理空间框架数据的无缝化组织问题以及无缝化组织所带来的海量数据存储、高效访问等问题,必须从数据模型、数据存储、数据引擎等多方面对系统进行重新设计。本系统拟采用以下技术。

(1) 逻辑无缝技术。系统通过矢量对象复合化技术实现空间数据的无缝组织。对象复合算法包括对象复合的数据结构、地理位置信息的复合和属性信息的复合。系统根据地理对象的类别、空间参考、属性数据、地理位置等信息对图幅边界的数据进行自动复合处理以及人机干预的复合处理。每当数据更新时，矢量对象复合化处理对已经更新的数据启动自动化的处理，由此保证已经入库的数据都已经满足了无缝组织的要求。

（2）基于网格的高效索引技术。基于传统的 HHCode 的空间索引方式，很难满足海量数据的高效访问，因此本系统采用了基于瓦片数据模型的空间索引算法。数据采用统一的空间索引机制即基于网格的空间索引，基于网格坐标进行数据的空间定位，这种索引的算法代价远远小于传统的空间索引方式。

（3）多级缓存与调度。为了提升海量数据的高效访问，系统采用了客户端内存缓存、磁盘缓存、服务器端高效缓存的多级缓存相结合的多级缓存算法。数据访问引擎首先检查内存中是否有符合要求的矢量数据，如果有，则直接返回，反之检索本地缓存，如果本地缓存中有所请求的数据，则将相应数据返回给用户，同时在内存中缓存该数据（页面淘汰机制同时作用）。在以上两级缓存检索失败的情况下，系统向后台数据服务器提交数据检索请求，后台服务首先检索服务器端的内存缓存，该缓存采用 Key – Value 的内存映射数据库技术，实现高效、高并发的数据缓存功能。

2）矢量数据瓦片多尺度自动构建与高速绘制技术

传统矢量绘制主要有以下几个问题。

（1）多尺度矢量数据在集成显示时，无法做到数据根据矢量数据的地理范围自动获取对应比例尺的数据，目前只能做到根据显示比例尺调阅对应数据比例尺的数据。

（2）绘制速度很慢，特别是在绘制数据量比较大时，如大比例尺的"陆地地貌与土质"，每次绘制时间超过 2s。

（3）绘制和交互完全同步。用户执行一次漫游操作，必须等数据查询、坐标转换、符号绘制、注记绘制这些内部处理全部完成以后才能继续漫游。当绘制较慢时，漫游操作就会被阻塞，用户会感到"卡顿"现象。

（4）由于绘制架构及其他多种原因，无法使用多核 CPU 进行并行处理优化，并且无法使用 GPU 加速绘制，因此没有太高的性能提升空间。

要解决传统矢量绘制的问题，必须对整个绘制架构进行重新设计和实现。在新的绘制架构中拟采用以下技术：

（1）多尺度自动构建技术。在地图显示过程中，系统根据显示比例尺自动选取合适的数据比例尺，如果该数据比例尺在显示范围内的数据不存在，系统会自动调度上一级数据比例尺的数据，直到查询到数据为止。为了更快速查找到矢量数据，系统为每个矢量层以数据比例尺对应的图幅为单位建立数据分布索引，以达到数据快速定位的目的。

（2）矢量瓦片化。把矢量数据按照固定的分块规则来进行查询、缓存和绘制，这样有利于数据调度的并行处理，数据缓存也可以很方便地按瓦片方式进行。

（3）异步矢量处理。数据调度、坐标转换、符号搭配处理等在后台进行，交互操作无须等待这些后台处理全部完成就可以继续。当数据未被完全调度时，可暂时绘制已经调度的部分数据，等数据逐步调度到后再进行逐步更新。

（4）GPU 加速符号化与绘制。通过 GPU 的可编程图形管线技术，尽可能在 GPU 里面完成绝大多数较简单符号的符号化，并通过 CPU 辅助 GPU 实现复杂符号的符号化。

6.4 平台运动学模型

半实物仿真是一种硬件在环仿真技术，通过接口把实物接入仿真系统，实现系统软硬件的互动，实现对实物实际运行的仿真。一般来说，半实物仿真系统由仿真机、物理效应设备、接口设备组成。其中仿真机是仿真系统的核心部分，它运行实体对象和仿真环境的数学模型和程序。传统的仿真机一般由计算机实现，随着高性能计算工作站、DSP、FPGA 等设备的发展，它们也越来越多地应用到仿真系统的计算工作中。对于复杂的大型仿真系统，可用多种类型、多台套仿真机联网实时运行。

仿真控制一般在仿真机中实现，其中最重要的实时结算内容是平台运动。这一模型主要是根据平台/目标运动参数，按仿真测试的数据更新周期计算离散的目标空间坐标、速度及其空间姿态。

设 $H(t)$ 为特定坐标系下的目标弹道数据，经坐标变换运算转化为雷达直角坐标系中的航迹文件：$[x(t),y(t),z(t)]$，进而转化为雷达球坐标系下的航迹文件：$[R(t),\theta(t),\phi(t)]$，其中 $R(t)$ 表示目标距雷达的距离，$\theta(t)$ 和 $\varphi(t)$ 分别为以雷达天线为中心的大地球坐标系中的俯仰角和方位角。

采用多项式插值的方法对弹道数据内插，可增加采样点数；还可以采用曲线拟合的处理方法得到关于飞行时间 t 的近似轨迹方程，从而可以得到连续的航迹数据，如最小二乘法拟合或样条函数拟合。

目标作等高直线航行时，其运动方程为

$$\begin{cases} x_i(\Delta t) = x_i + V\Delta t\sin\varphi_i \\ y_i(\Delta t) = y_i + V\Delta t\cos\varphi_i \end{cases} \quad (6-1)$$

式中：φ_i 为目标的航向角；V 为目标速度；Δt 为目标出现时间到目标坐标点的飞行时间；x_i、y_i 为目标的坐标点。

等高平面内的机动飞行，经坐标旋转得到

$$x_i(\Delta t) = x_i + R\left\{\sin\left(\frac{V}{R}\Delta t\right)\sin\varphi_i + k_1\cos\varphi_i\left[1 - \cos\left(\frac{V}{R}\Delta t\right)\right]\right\} \quad (6-2)$$

$$y_i(\Delta t) = y_i + R\left\{\sin\left(\frac{V}{R}\Delta t\right)\cos\varphi_i + k_2\sin\varphi_i\left[1 - \cos\left(\frac{V}{R}\Delta t\right)\right]\right\} \quad (6-3)$$

式中：R 为机动半径，有

$$R = \frac{V^2}{kg} \quad (6-4)$$

式中：V 为目标航速；k 为过荷系数，通常 $k < 8$；g 为重力加速度，$g = 9.8\text{m/s}^2$。当机动后航向角减小时：$k_1 = -1$，$k_2 = +1$；当机动后航向角增大时：$k_1 = +1$，$k_2 = -1$。

直线跃升或直线俯冲的机动时，则有

$$\begin{cases} h_i(\Delta t) = h_i + k_3 R\left\{\sin\left(\frac{V}{R}\Delta t\right)\cos\varphi_i + k_5\sin\varphi_i\left[1 - \cos\left(\frac{V}{R}\Delta t\right)\right]\right\} \\ z_i(\Delta t) = z_i + k_4 R\left\{\sin\left(\frac{V}{R}\Delta t\right)\sin\varphi_i + k_6\cos\varphi_i\left[1 - \cos\left(\frac{V}{R}\Delta t\right)\right]\right\} \end{cases} \quad (6-5)$$

当由直线跃升再进一步跃升机动时：

$$K_3 = +1, K_4 = +1, K_5 = -1, K_6 = +1, E_j \text{ 为跃升角}$$

当由直线跃升转为飞平或俯冲机动时：

$$K_3 = +1, K_4 = -1, K_5 = +1, K_6 = -1, E = E_j$$

当由俯冲转为平飞或跃升时：

$$K_3 = +1, K_4 = +1, K_5 = +1, K_6 = +1, E = E_D(\text{俯冲角})$$

当由直线俯冲进一步俯冲机动时：

$$K_3 = +1, K_4 = -1, K_5 = -1, K_6 = +1$$

对于斜平面的机动运行，可以分解成水平面和垂直面的投影来计算，斜平面内的圆方程在水平面或垂直面内的投影为一椭圆方程。

目标在机动雷达运载平台坐标系中的位置为

$$\begin{bmatrix} x \\ y \\ z \end{bmatrix} = \boldsymbol{T} \begin{bmatrix} X \\ Y \\ Z \end{bmatrix} \quad (6-6)$$

式中：$\boldsymbol{T} = \boldsymbol{\phi\theta\sigma}$；$\boldsymbol{\sigma}$ 为偏航动作的变换矩阵；$\boldsymbol{\theta}$ 为俯仰动作的变换矩阵；$\boldsymbol{\phi}$ 为

横滚动作的变换矩阵。

雷达天线在大地坐标系内的指向可取其逆变换为

$$\begin{bmatrix} X \\ Y \\ Z \end{bmatrix} = \boldsymbol{T}^{-1} \begin{bmatrix} x \\ y \\ z \end{bmatrix} \tag{6-7}$$

目标运动轨迹扰动的数学模型：对于规则扰动，可以用一个具有方差为 σ 为正态分布的随机函数来表示，即

$$P(x) = \frac{1}{\sqrt{2\pi}\sigma} e^{-\frac{(x-x_0)^2}{2\sigma^2}} \tag{6-8}$$

$$N(f) = \sigma^2 \frac{2B}{\pi(B^2+f^2)} \tag{6-9}$$

式中：σ^2 为姿态扰动的方差；B 为扰动的带宽；f 为扰动频率。

6.5　典型仿真应用实例

下面针对侦察设备侦察能力半实物仿真测试这一典型仿真应用实例，结合 6.4 节提出的实现方案，描述仿真控制的具体应用。为描述方便，下文敌我双方用蓝方及红方表述。

侦察设备侦察能力测试用于考核陆基和机载电子情报侦察装备、电子（战）支援侦察装备、雷达告警装备、干扰引导装备的侦察能力。

侦察设备侦察能力测试的开展包括测试准备、测试运行、测试评估三个阶段。

6.5.1　测试准备

根据测试任务，测试准备阶段需要提供战情设计平台、战情数据库和典型装备数据库，实现战情想定、规划、设计和模拟。

1. 模型开发与装配

侦察设备侦察能力测试仿真场景中的作战模型主要包括对应于待测品的红方雷达（固定雷达、雷达车、机载雷达）以及蓝方搭载雷达组件的实体，包括战斗机、预警机、舰船、地面侦察雷达、主动制导导弹等。

根据侦察设备侦察能力测试仿真模型需求，利用组件化建模工具进行雷达仿真模型开发，构建侦察设备侦察能力测试所需的实体模板。在仿真平台中，雷达模型用雷达传感器组件表示，将雷达传感器组件与机动组件（包括飞行

机动组件、地面机动组件、导弹机动组件）装配完成仿真实体建模。完成雷达传感器组件开发后，根据测试规划完成传感器组件参数设置。组件开发完成后，按需为实体搭载机动组件和多个不同的雷达组件，完成组件装配，形成实体模型。

完成蓝方模型开发后，还需开发红方被试雷达对应的影子模型，用于推动仿真引擎解算，红方雷达影子模型根据被试雷达类型的不同，选择不同的机动组件（机载雷达–飞行机动组件、雷达车–地面机动组件、地面固定雷达–不选择机动组件）与雷达传感器组件装配形成仿真所需模型。

2. 战情想定及战情设计

模型开发完成后开始创建及编辑战情想定，首先设置战情想定基本信息，包括仿真步长、作战区域、测试模式描述等信息，然后根据测试任务信息，在二维态势图中拖拽布置红蓝双方雷达作战单元，按需设置其机动路线并完成和外部待测品关联关系等参数设置，使用手动/批量/按阵型部署实体，设置其不同雷达组件的辐射源参数信息，按需设置其机动路线，最后设置战场环境参数。基于提供的模块功能，完成被测实体部署、战场环境设置、行动方案、测试参数等战情想定内容设计生成对应的战情想定文件，该文件可作为模板保存。

3. 战情预演

战情想定完成后，以数字仿真形式开展战情推演，战情推进过程中，对送入飞行转台的运动姿态范围、姿态变化速度、加速度数据以及辐射源是否在天线阵列角度范围内进行检查，验证转台和战情的适用性，如果飞行转台姿态运动超出转台的指标性能，则调整战情设计。战情满足测试要求后，将生成的想定文件存入战情库。

6.5.2 测试运行

测试运行阶段，解析战情想定文件，并实时解算平台运动参数以及待测品（对应影子模型）的运动参数、仿真设备的控制参数，并实现测试运行流程控制和过程监测。

1. 测试配置

根据测试方案完成相应仿真资源配置，生成仿真配置文件，包括仿真设备数量及状态、接口种类及状态、馈电系统、测试要素、测试编号等信息。随后向各仿真系统发送"测试配置"命令及测试配置文件，各系统完成相应的软硬件配置并回告状态。

第6章 辐射式仿真控制技术

2. 系统自检

完成测试配置后仿真主控系统下发"系统自检"命令,各仿真系统完成BIT自检后回告自检状态及故障字。

3. 战情配置

系统自检通过后,战情想定模块(战情设计与生成计算机)通过以太网向战情解算模块、雷达信号模拟系统、天线阵列与馈电控制系统下发战情想定配置文件。战情解算模块完成战情解析并回告状态。

4. 初值装订

下发初值装订指令,战情解算模块完成初始战情解算,生成待测品平台初始姿态信息、辐射源相对待测品的初始角位置信息、辐射源相对待测品的初始位置和速度信息等写入实时内存网,供飞行转台(针对机载雷达)、天线阵列与馈电控制系统、雷达信号模拟系统进行读取。

5. 实时仿真

在收到各系统"初值装订"命令回告后,仿真控制系统选定定时方式并触发同步时钟,启动战情解算,发送"仿真开始"命令,并按仿真周期下发动态战情数据(各辐射源相对被试侦察装备的径向速度、距离、方位角、俯仰角信息,以及被试雷达侦察装备载体运动姿态信息等),各系统收到"仿真开始"命令后,进入仿真实时运行模式。

时统网管单元按照配置好的仿真时钟开始周期性地通过实时网发送定时中断,同时通过以太网向全系统发送绝对时间。

战情解算模块则根据战情想定配置文件,开始实时解算红蓝双方作战态势变化。在一个仿真帧周期内,战情解算模块实时解算被试雷达和蓝方目标实体的运动信息,并将作战场景内所有运动实体的运动和姿态信息发送到雷达信号模拟系统,同时解算每个辐射源在阵面的相对位置信息并送给天线阵列与馈电控制系统,由雷达信号模拟系统与天线阵列与馈电控制系统配合完成辐射源信号释放。在解算辐射源相对位置信息时,根据仿真配置状态,叠加计算位置误差。如果被试雷达为机载雷达,还需同时解算飞行转台的控制指令。如果被试雷达为车载侦察雷达,则测试过程中平台不运动。测试过程中仿真控制系统需按接口协议给被试侦察雷达装备装订载体(车载、机载)的导航定位信息。

6. 测试过程监测与显示

仿真过程中,测试运行控制模块实时接收各仿真系统发送的心跳信息和故障代码,在仿真运行控制界面显示,帮助测试人员掌握各仿真系统运行状态。态势显示单元利用二维、三维、图表显示相结合的方式,立体展示仿真推进过程，帮助测试人员更直观地掌控仿真节奏，对仿真过程中的异常状态提前预判。

二维态势显示：在仿真过程中，在二维军标地图上实时显示通过仿真数据驱动的红蓝双方目标运动态势，以及双方雷达电磁态势。

三维态势显示：在仿真过程中，实时显示通过仿真数据驱动的红蓝双方目标运动态势。

图表显示：以图表和曲线显示的方式，展示当前作战场景下的雷达辐射源数量、工作状态、侦收状态等。

被试雷达界面显示：通过视频信号采集设备将被试雷达屏显信号转换为数字信号，通过视频监控系统实现被试雷达屏显在主控室显示，帮助测试人员掌握被试雷达工作状态。

7. 测试结束

仿真控制系统完成末帧战情数据下发后，等待一个周期后发送"仿真结束"命令；各仿真系统收到"仿真结束"命令后，控制设备复位，等待下一次仿真。

8. 仿真测试数据上传

仿真过程中，各仿真系统计算生成的仿真数据以格式化文件保存在本地，待仿真结束后将有效仿真数据文件上传数据库。

6.5.3 测试评估

测试运行结束后，收集仿真过程中产生的模型解算数据、各仿真系统工作状态数据、待测品工作状态数据，测试人员利用所采集到的数据，对测试场景所需评估的指标进行常见的数据统计处理，用图形、表格、文字等多种方式给出处理结果。

该测试模式下需要评估的指标如下：

（1）信号环境适应能力；

（2）信号分选识别能力；

（3）信号截获能力；

（4）反应时间；

（5）对同时到达信号的分辨能力；

（6）动态精度测试；

（7）脉内细微特征分析能力；

（8）侦收距离和空间覆盖范围；

（9）信号侦收准确度等。

第7章 辐射式仿真精度分析

雷达对抗辐射式仿真的精度是以信号的角位置模拟精度来表征的。"角位置"是指天线阵列所辐射的目标信号的视在相位中心位置,通常用方位角和俯仰角来表示。"角模拟精度"是指目标信号的视在相位中心位置与目标位置控制指令所规定的目标位置之间的误差大小,通常以毫弧度(mrad)为单位进行衡量。

如前面章节所述,雷达对抗辐射式仿真所需的功能单元较多,结构复杂,影响目标角模拟精度的因素很多,分析计算也比较复杂。本章分析了导致角模拟误差的主要因素,重点介绍了天线阵列与馈电控制引入的误差因素、暗室多路径传输、被试/待测装备天线与天线阵列不同心、转台动态精度等因素对角模拟精度影响的分析方法。

7.1 精度影响因素

影响射频目标仿真系统角模拟精度的误差因素很多,这里对各项主要误差因素进行梳理和分类。

1. 天线阵列与馈电控制误差因素

这类误差是由天线阵列和馈电控制的不完善带来的。它包括天线安装的误差,或者通道幅相控制的误差,此类误差有以下几种。

(1) 通道幅相不平衡引起的误差。

通道幅度控制误差主要受下列因素影响:程控衰减器和移相器幅度控制的重复性;馈电系统馈线及接头的插入衰减值的稳定性等。通道相位控制误差主要受下列因素影响:程控移相器和衰减器插入相移的重复性;馈电系统馈线及接头的插入相移的稳定性。

(2) 衰减器最小可分辨率引起的误差。

(3) 天线阵列上天线位置误差。天线之间的间距不符合理论要求,这里所说的单元间距是主要指辐射单元相位中心的间距,而不是机械中心的间距。此项误差取决于:用于校准天线位置的校准系统的精度;六自由度调整结构的调整分辨率；校准操作的仔细程度。

（4）天线阵列上天线电轴指向误差。天线阵列在安装过程中，天线电轴不能真正指向天线阵列球心会引入误差。

（5）电磁泄漏引起的误差。此项误差主要来源于目标阵列开关矩阵的开关隔离度不高，馈电系统中存在较严重的射频泄漏而产生的寄生辐射信号对目标信号的干扰作用。

2. 暗室多路径传输误差

由于暗室内吸波材料性能的不理想，导致射频信号在暗室内存在多条反射路径，对目标的模拟形成多路径干扰，导致模拟目标位置出现误差，该误差称为瞄视误差。该误差主要取决于暗室静区的反射率指标。

3. 待测品天线与天线阵列不同心

天线阵列中天线位置的精细调整，天线电轴的精细调整等都是为了保证单天线或三元组天线模拟目标相对于阵列球心的精确角位置。如果待测品天线回转中心与阵列球心不重合，则必然后引起角模拟的误差。

4. 转台动态精度

雷达对抗辐射式仿真时，主控计算机将目标的空间姿态信号传送给转台，转台电机驱动偏航、俯仰、横滚三轴转动，输出实际姿态角。期望姿态角与仿真测试实际输出姿态角之间存在误差，误差的大小反映了仿真运动与实际运动的接近程度，它将直接影响仿真测试的测试精度和测试结果可信度。

7.2　天线阵列与馈电控制误差因素分析

影响天线阵列角模拟精度的因素众多，包括通道幅相不平衡误差、三元组辐射天线定位误差、电磁泄漏等。本节将对这些误差因素进行一一分析，给出各误差因素导致的角模拟误差分析方法和典型误差结果。

7.2.1　通道幅相不平衡引起的误差分析

雷达对抗仿真实验系统天线阵面及转台回转中心的关系如图7-1所示。阵列由按一定排列规律安装在一个球冠上的辐射单元阵组成，所有辐射单元都指向位于球冠球心处的三轴飞行转台的回转中心。按照一定的规律在阵面上选择一组辐射单元（一般为位于近似正三角形三个顶点上的单元），这组单元在转台回转中心处合成场的方向可以通过控制组中每一单元辐射信号的幅度来实现。

第7章 辐射式仿真精度分析

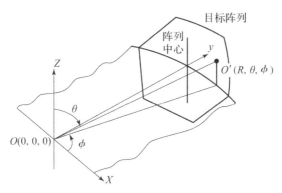

图 7-1 天线阵面及转台回转中心的关系

如图 7-2 建立坐标系,将坐标原点 $O(0,0,0)$ 放在三轴转台的回转中心。假设三元组三个辐射单元的位置分别为:$A(R,\theta_1,\phi_1)$,$B(R,\theta_2,\phi_2)$,$C(R,\theta_2,\phi_2)$,如图 7-2 所示。要求的视在辐射中心为 $O'(R,\theta,\phi)$,E_1、E_2、E_3 分别为三元组的三个天线辐射信号的振幅,R 为阵面上三元组天线口径面

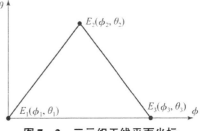

图 7-2 三元组天线平面坐标

到转台回转中心(即坐标原点)的距离(该距离必须使阵列天线到待测品口径面的路径长度满足远场条件)。

设 α_1、α_2、α_3 分别为该三个信号在待测品天线口径面上的相位误差(理想情况下,将该三个信号在待测品口径面上的相位控制到相等,即 α_1、α_2、α_3 均为 0),此时,三元组三个天线辐射信号在待测品天线口径面上的电场可表示为

$$\boldsymbol{E}_A = E_A \mathrm{e}^{\mathrm{j}(\omega t + \alpha_1)} \hat{\theta}_1 \qquad (7-1)$$

$$\boldsymbol{E}_B = E_B \mathrm{e}^{\mathrm{j}(\omega t + \alpha_2)} \hat{\theta}_2 \qquad (7-2)$$

$$\boldsymbol{E}_C = E_C \mathrm{e}^{\mathrm{j}(\omega t + \alpha_3)} \hat{\theta}_3 \qquad (7-3)$$

磁场可表示为

$$\boldsymbol{H}_A = -H_A \mathrm{e}^{\mathrm{j}(\omega t + \alpha_1)} \hat{\phi}_1 = -\frac{E_A}{\eta} \mathrm{e}^{\mathrm{j}(\omega t + \alpha_1)} \hat{\phi}_1 \qquad (7-4)$$

$$\boldsymbol{H}_B = -H_B \mathrm{e}^{\mathrm{j}(\omega t + \alpha_2)} \hat{\phi}_2 = -\frac{E_B}{\eta} \mathrm{e}^{\mathrm{j}(\omega t + \alpha_2)} \hat{\phi}_2 \qquad (7-5)$$

$$\boldsymbol{H}_C = -H_C \mathrm{e}^{\mathrm{j}(\omega t + \alpha_3)} \hat{\phi}_3 = -\frac{E_C}{\eta} \mathrm{e}^{\mathrm{j}(\omega t + \alpha_3)} \hat{\phi}_3 \qquad (7-6)$$

其中,用球坐标表示的矢量可以表示为笛卡儿坐标系的矢量:

$$\begin{cases} \hat{\theta} = \hat{x}\cos\theta\cos\phi + \hat{y}\cos\theta\sin\phi - \hat{z}\sin\theta \\ \hat{\phi} = -\hat{x}\sin\phi + \hat{y}\cos\phi \end{cases} \quad (7-7)$$

根据电磁场理论,平均坡印廷矢量可表示为

$$\boldsymbol{S}_{av} = \frac{1}{2}\mathrm{Re}(\boldsymbol{E}_{\bullet} \times \boldsymbol{H}_{\bullet}^{*}) = \frac{1}{2}\mathrm{Re}((\boldsymbol{E}_{A}+\boldsymbol{E}_{B}+\boldsymbol{E}_{C})\times(\boldsymbol{H}_{A}+\boldsymbol{H}_{B}+\boldsymbol{H}_{C})^{*}),\quad 即$$

$$\begin{aligned}
\boldsymbol{S}_{av} = \frac{1}{2}\mathrm{Re}\{ & \hat{x}\,(E_1\sin\theta_1 \mathrm{e}^{j\alpha_1} + E_2\sin\theta_2 \mathrm{e}^{j\alpha_2} + E_3\sin\theta_3 \mathrm{e}^{j\alpha_3}) \times \\
& (H_1\cos\phi_1 \mathrm{e}^{-j\alpha_1} + H_2\cos\phi_2 \mathrm{e}^{-j\alpha_2} + H_3\cos\phi_3 \mathrm{e}^{-j\alpha_3}) + \\
& \hat{y}\,(E_1\sin\theta_1 \mathrm{e}^{j\alpha_1} + E_2\sin\theta_2 \mathrm{e}^{j\alpha_2} + E_3\sin\theta_3 \mathrm{e}^{j\alpha_3}) \times \\
& (H_1\sin\phi_1 \mathrm{e}^{-j\alpha_1} + H_2\sin\phi_2 \mathrm{e}^{-j\alpha_2} + H_3\sin\phi_3 \mathrm{e}^{-j\alpha_3}) + \\
& \hat{z}\,[(E_1\cos\theta_1\cos\phi_1 \mathrm{e}^{j\alpha_1} + E_2\cos\theta_2\cos\phi_2 \mathrm{e}^{j\alpha_2} + E_3\cos\theta_3\cos\phi_3 \mathrm{e}^{j\alpha_3}) \times \\
& (H_1\cos\phi_1 \mathrm{e}^{-j\alpha_1} + H_2\cos\phi_2 \mathrm{e}^{-j\alpha_2} + H_3\cos\phi_3 \mathrm{e}^{-j\alpha_3}) + \\
& (E_1\cos\theta_1\sin\phi_1 \mathrm{e}^{j\alpha_1} + E_2\cos\theta_2\sin\phi_2 \mathrm{e}^{j\alpha_2} + E_3\cos\theta_3\sin\phi_3 \mathrm{e}^{j\alpha_3}) \times \\
& (H_1\sin\phi_1 \mathrm{e}^{-j\alpha_1} + H_2\sin\phi_2 \mathrm{e}^{-j\alpha_2} + H_3\sin\phi_3 \mathrm{e}^{-j\alpha_3})]\} \quad (7-8)
\end{aligned}$$

由于三元组辐射单元到待测品口径面上的路径长度相等,故有:$E_1/E_A = E_2/E_B = E_3/E_C$。由于 $-\boldsymbol{S}_{av}$ 即为视在辐射中心的方向,则由式(7-1)可得出视在辐射中心的方向 θ 和 ϕ 的值。假设此时相位误差为0,即 α_1、α_2、α_3 均为0,只考虑幅度误差。由式(7-8),可推出 θ 和 ϕ 的正切值:

$$\mathrm{tg}\phi = \frac{E_1\sin\phi_1 + E_2\sin\phi_2 + E_3\sin\phi_3}{E_1\cos\phi_1 + E_2\cos\phi_2 + E_3\cos\phi_3} \quad (7-9)$$

$$\begin{aligned}
\mathrm{tg}\theta = \{ & (E_1\sin\theta_1 + E_2\sin\theta_2 + E_3\sin\theta_3)[(H_1\cos\phi_1 + H_2\cos\phi_2 + H_3\cos\phi_3)^2 + \\
& (H_1\sin\phi_1 + H_2\sin\phi_2 + H_3\sin\phi_3)^2]^{1/2}\}/ \\
& [(E_1\cos\theta_1\cos\phi_1 + E_2\cos\theta_2\cos\phi_2 + E_3\cos\theta_3\cos\phi_3) \times \\
& (H_1\cos\phi_1 + H_2\cos\phi_2 + H_3\cos\phi_3) + \\
& (E_1\cos\theta_1\sin\phi_1 + E_2\cos\theta_2\sin\phi_2 + E_3\cos\theta_3\sin\phi_3) \times \\
& (H_1\sin\phi_1 + H_2\sin\phi_2 + H_3\sin\phi_3)] \quad (7-10)
\end{aligned}$$

由式(7-9)、式(7-10)两式,即可求出已知三元组三个辐射单元振幅情况下的 θ 和 ϕ(不考虑相位误差)。

因为观测点远离三元组辐射天线,则各天线相对于观测点的俯仰角和方位角均很小,得到近似的重心公式,并可求得合成场的辐射中心解:

$$\phi = \frac{\sum_{i=1}^{3}\phi_i E_i}{\sum_{i=1}^{3}E_i}, \quad \theta = \frac{\sum_{i=1}^{3}\theta_i E_i}{\sum_{i=1}^{3}E_i} \quad (7-11)$$

令 $\sum_{i=1}^{3} E_i = 1$，则得

$$E_1 = 1 - \phi - \frac{\theta}{2}, E_2 = \theta, E_3 = \phi - \frac{\theta}{2} \qquad (7-12)$$

式（7-12）即是用近似的重心公式来求得三元组天线辐射信号的幅度。

假设三元组各天线对应的通道幅相完全平衡的前提下，利用式（7-5）即可控制三元组各天线的幅度值，从而控制电磁波的方位向和俯仰向分别为 ϕ 和 θ。在仿真分析中，假设天线阵列距离球心处35m，天线间距24mrad。给三元组各天线分别引入随机幅度误差和相位误差，分别为服从（0,0.5dB）和（0,5°）的正态分布。利用式（7-3）计算电磁波实际来波方向，与由式（7-4）计算得到的电磁波期望来波方向比较，得出其一次差。对每个期望方向仿真1000次，统计一次差的均值和均方差。

1. 三元组中心点幅相不平衡引起的角模拟误差

1）幅度不平衡

只存在幅度不平衡时，仿真结果如图7-3所示；可见，方位角和俯仰角模拟误差约为0.8mrad；角度模拟误差随通道幅度不平衡程度的不同而变化的情况如图7-4所示，可见基本呈线性变化。

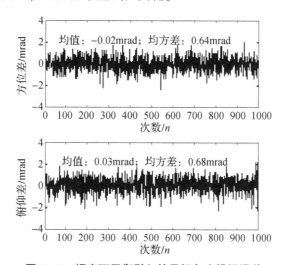

图7-3 幅度不平衡引入的目标角度模拟误差

2）相位不平衡

只存在相位不平衡时，仿真结果如图7-5所示；可见，方位角和俯仰角模拟误差都为0.07mrad，比幅度不平衡引起的角模拟误差小一个数量级；角度模拟误差随通道相位不平衡程度的不同而变化的情况如图7-6所示。

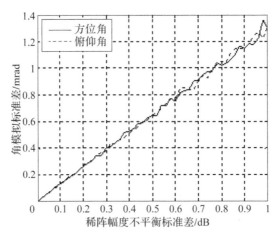

图 7-4 角度模拟误差与通道幅度不平衡程度关系

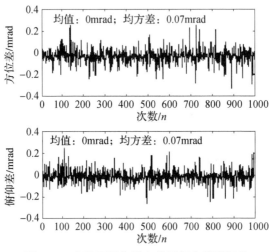

图 7-5 相位不平衡引入的目标角模拟误差

3）幅相不平衡

由于幅度不平衡导致的角模拟误差比相位不平衡导致的误差大一个数量级，因此幅相不平衡导致的角模拟误差与只存在幅度不平衡时基本一致。

2. 三元组内任意点幅相不平衡引起的角模拟误差

在三元组范围内选取 441 个点，覆盖整个三元组组成的三角形，计算各点由于幅相不平衡引起的目标角模拟误差（这里指标准差）。

1）幅度不平衡

幅度不平衡对方位角、俯仰角的模拟误差情况分别如图 7-7（a）和图 7-7（b）所示，图 7-7（c）给出了方位-俯仰角模拟综合误差。结论如下：

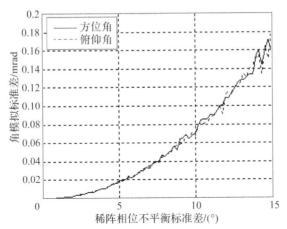

图 7-6　角度模拟误差与通道相位不平衡程度关系

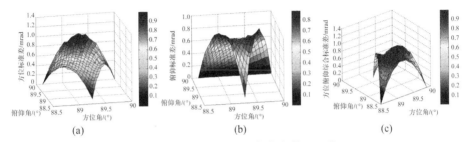

图 7-7　幅度不平衡引起的角模拟误差

方位角模拟误差分布：平边中部误差最大，三个角部误差最小。

俯仰角模拟误差分布：斜边中部误差最大，平边附近和角部误差最小。

方位-俯仰角模拟综合误差分布：中心及三个边中部误差最大，三个角部误差最小。

2）相位不平衡

相位不平衡对方位角、俯仰角的模拟误差情况分别图 7-8（a）和图 7-8（b）所示，图 7-8（c）给出了方位-俯仰角模拟综合误差。结论如下：

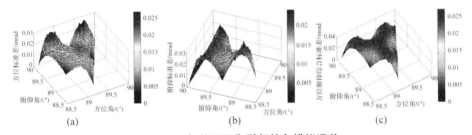

图 7-8　相位不平衡引起的角模拟误差

方位角模拟误差：平边 1/4 和 3/4 处误差最大，三个角部及三边中心处误差最小。

俯仰角模拟误差：斜边 1/4 和 3/4 处误差最大，三个角部及三边中心处和整个平边附近处最小。

方位-俯仰角模拟综合误差：中心及三个边 1/4 和 3/4 处误差最大，三个角部和三边中心处误差最小。

3) 幅相不平衡

由于幅度不平衡导致的角模拟误差比相位不平衡导致的误差大一个数量级，因此幅相不平衡导致的角模拟误差与只存在幅度不平衡时基本一致。

综上所述，可知：模拟三元组内不同角位置时，幅相不平衡导致的方位角、俯仰角模拟误差是不同的，且有些位置相差很大。

7.2.2 衰减器最小可分辨率引起的误差分析

由式（7-12）可知，根据给定的方位 ϕ 和俯仰 θ 值可求出三元组各天线的幅度值。在各微波通道中，幅度值主要是由程控衰减器来控制的，因此衰减器控制误差必然会导致幅度控制的误差。衰减器幅度控制误差主要由最小分辨率决定，系统中通道的程控衰减器的典型分辨率为 0.1dB。

衰减器分辨率引起的误差引起各天线辐射电磁波幅度值的误差，该误差导致的角模拟误差的分析方法见 7.2.1 节。

7.2.3 天线阵列上天线位置误差分析

天线阵列上天线位置的调整步骤为：首先利用激光跟踪仪粗定位，再利用标校系统调整。标校系统通过比相方式调整阵列上各天线的 x、y、z 三维坐标位置。因此通过分析激光跟踪仪粗定位误差和标校系统相位测量精度引起的定位误差，结合实践经验，可以得出天线阵列上天线位置误差引起的角模拟误差。

1. 标校系统相位测量误差引起的误差分析。

如图 7-9 所示，天线 a、b 是标校系统的两个天线，c 为天线阵列的天线。

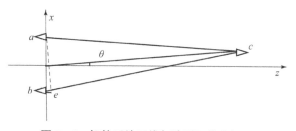

图 7-9 标校系统天线与阵列天线坐标系

第7章 辐射式仿真精度分析

则天线 c 与 a、b 的距离为

$$d_a = \sqrt{(l/2)^2 + R^2 - lR\cos(\pi/2 - \theta)} \qquad (7-13)$$

$$d_b = \sqrt{(l/2)^2 + R^2 - lR\cos(\pi/2 + \theta)} \qquad (7-14)$$

式中：l 为标校系统两天线的间距。

则光程差为

$$d = d_a - d_b。$$

标校时，转台都是尽量对准天线的，因此 θ 很小，有下列近似：

$$d \approx l \times \sin\theta \qquad (7-15)$$

而引起的相位差为

$$\phi = \frac{2\pi d}{\lambda} = \frac{2\pi l \sin\theta}{\lambda} \qquad (7-16)$$

对其取微分可得误差传递公式：

$$d\theta = \frac{\lambda}{2\pi l \cos\theta} d\phi \qquad (7-17)$$

从式 (7-17) 可以看出，当阵列上天线固定，标校系统相位测量误差会导致测向误差。在标校过程中，是通过比相方式来对天线位置进行标定的，标校系统相位测量误差会导致天线位置标定的不准确，从而最终导致出现角模拟误差。

仿真分析中，令 $l = 30\text{cm}$，阵列半径为 40m，相位测量精度为 1°，则对于不同频率的电磁波，角模拟误差如表 7-1 所示。

表 7-1　相位测量误差引入的角模拟误差

频率/GHz	2	4	8	16
角模拟误差/mrad	1.39	0.69	0.35	0.17
对应的球面位置切向偏差/mm	55.6	27.8	13.9	6.9

可见，比相法调整天线位置时所用频率越高，引起的角模拟误差越小，对应的球面位置切向随机偏差也越小，反过来这个偏差在其他频点引起的角模拟误差也越小。在实践中，综合考虑后选择的频点为 16GHz。利用 16GHz 校准天线位置后，对应的球面位置切向偏差为 8.7mm，在引入的角模拟误差通过几何关系计算后为 0.25mrad，它不再与频率相关。

2. 激光跟踪仪定位误差及总定位误差引起的角模拟误差分析

三元组辐射天线进行位置标定时，首先用激光装置对每个辐射天线的三维坐标位置进行粗定位，保证其线偏差在 2mm 之内。假设天线阵半径为 40m，

所以角模拟误差为 0.05mrad。

由前面分析可知，由标校系统对天线定位引起的典型角模拟误差为 0.17mrad，远大于激光装置引起的误差。实践也验证了，一般经过激光定位后，再利用标校系统验证时基本满足两比相天线相位差处于 1°的要求，不需要对天线位置再进行调整。因此，综合考虑认为天线定位误差引起的角模拟误差小于 0.1mrad。

7.2.4 天线阵列上天线电轴指向误差分析

天线阵列上天线电轴指向的调整步骤为：首先利用激光跟踪仪粗调整，再利用标校系统调整。标校系统是通过比幅方式调整阵列上天线电轴指向的。因此通过分析激光跟踪仪调整天线指向误差和标校系统幅度测量精度引起的天线指向误差，结合实践经验，可以得出天线阵列上天线电轴指向误差引起的角模拟误差。

1. 标校系统幅度测量误差引起的误差分析

假定阵列上天线的 x、y、z 三维坐标位置已经标定完毕，现在标校系统通过比幅方式来标定天线的电轴指向。如图 7-10 所示，天线电轴偏离阵列球心的夹角为 θ，则标校系统两个接收天线接收的信号幅度将不相同。现在研究两个天线接收信号的幅度差与 θ 的关系。

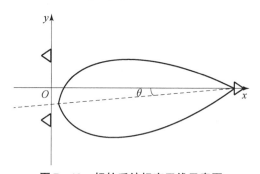

图 7-10 标校系统标定天线示意图

天线方向图用高斯函数表示

$$F(\theta) = e^{-1.3863\left(\frac{\theta}{\theta_{0.5}}\right)^2} \tag{7-18}$$

式中：$\theta_{0.5}$ 为 $F(\theta)$ 的半功率波束宽度。系统中，两天线间距为 $l = 0.3$m、球面阵半径为 $R = 40$m。则标校系统两接收天线接收的信号功率差为

$$\Delta\text{AmpdB} = 20\log\left(e^{-1.3863\left(\frac{l/2R+\theta}{\theta_{0.5}}\right)^2}\right) - 20\log\left(e^{-1.3863\left(\frac{l/2R-\theta}{\theta_{0.5}}\right)^2}\right) \tag{7-19}$$

当工作于 10GHz 时，阵列上天线的 E 面半功率波束宽度为 32°，H 面为

25°。当阵列天线的半功率波束宽度分别为32°和25°时，随着天线电轴偏离阵列球心角度的不同，标校系统两个接收天线的幅度差的变化情况如图7－11所示。

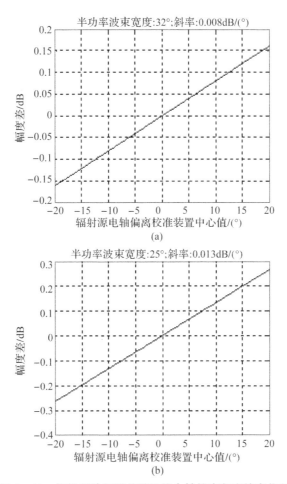

图7－11　标校系统幅度差随天线电轴偏离角度的变化图

标校系统的功率测量精度为0.1dB。如图7－11所示，当阵列天线的半功率波束宽度分别为32°和25°时，天线电轴的随机偏差范围分别为±10°和±6.2°。天线电轴指向的随机偏差将导致三元组各天线在阵列球心方向的方向图随机变化，引起辐射信号幅度的随机变化，从而会产生角模拟误差。该分析方法同7.2.1节。分析结果表明，在三元组中心点，标校系统幅度测量误差导致的方位角和俯仰角模拟误差大约为0.6mrad和0.9mrad。

2. 激光跟踪仪调整误差及总电轴指向误差引起的角模拟误差分析

三元组辐射天线进行电轴指向标定时，首先用激光装置对每个辐射天线的几何轴指向进行粗标定。标定时在天线口面上套一个平面工装，发射的激光经平面工装反射后，保证反射点落在以发射点为中心、半径为10cm的球面内，由于天线阵半径为40m，所以天线几何轴指向偏差为0.14°。天线电轴指向的随机偏差将导致三元组各天线在阵列球心方向的方向图随机变化，引起辐射信号幅度的随机变化，从而会产生角模拟误差。如果认为几何轴向与电轴向重合，则根据7.2.1节分析方法可知，三元组中心点的方位角和俯仰角模拟误差大约为0.002mrad。

由前面分析可知，由标校系统对天线电轴指向调整引起的角模拟误差为1.2mrad，远大于激光装置引起的误差。实践也验证了，一般经过激光调整后，再利用标校系统验证时基本满足两比幅天线功率差小于0.1dB的要求，不需要对天线轴指向再进行调整。因此，综合考虑认为天线轴指向误差引起的角模拟误差为0.1mrad。

7.2.5 电磁泄漏引起的误差分析

电磁泄漏误差主要来源于目标阵列开关矩阵的开关隔离度不高，馈电系统中存在较严重的射频泄漏而产生的寄生辐射信号对目标信号的干扰作用。

可认为同辐射有用信号的天线相邻的天线产生泄漏对测试精度影响最为严重。假设天线 A 发射有用信号，电场表示为 E_a；从天线 B（或 C）泄露出去部分信号，电场表示为 E_b，$E_b = bE_a e^{j\varphi}$，泄露信号电场强度为有用信号的 b 倍，相位超前 φ。三元组天线阵列单元分布如图7-12所示。

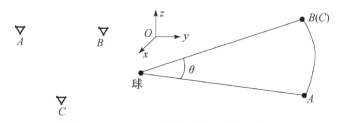

图7-12 三元组天线阵列单元分布示意图

电磁泄漏引起的角模拟误差，分析方法基本同7.2.1节，不同之处在于：三元组变成了二元组，即把第三个天线的信号幅度设置为0；角模拟的真值是天线 A 的方向；角模拟误差为二元组合成模拟方向与真值方向的差。图7-13和图7-14分别给出从 C 和 B 天线泄漏信号时方位角、俯仰角模拟误差情况。

当天线阵列开关矩阵的开关隔离度达到 -35dB 时,方位和俯仰角模拟最大误差为 0.37mrad。

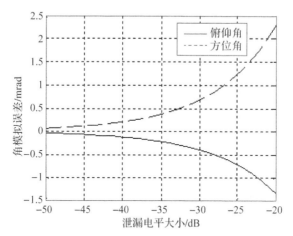

图 7-13　C 天线泄漏时的角模拟误差

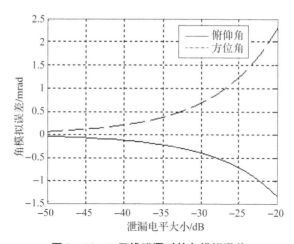

图 7-14　B 天线泄漏时的角模拟误差

7.3　暗室多路径传输误差因素分析

设置微波暗室的目的是为目标模拟信号提供一个无反射回波的自由传播空间。但由于暗室吸波材料性能有限,无法实现真正的无反射,因而会引入一些反射回波,对目标的模拟形成多路径干扰,导致模拟目标位置出现误差,该误差称为瞄视误差。对于最常见的长方形截面暗室而言，反射路径包括两个侧墙反射、顶面反射、地面反射和后墙反射等五条反射路径。因此反射波的电场和磁场都可以表示为直射波和五条反射波的矢量叠加。但实际情况下的暗室反射波很复杂，反射导致的相位跳变很难准确获得，因此矢量叠加就失去了意义。如果按最严重的情况作最保守的估算，可以把静区的反射信号视为某一个墙面产生的，这样可以大大简化计算。

设 E_a 为直射波信号，E_b 为反射波干扰信号，且干扰信号场强幅值为直射波信号的 b 倍（该值取 20 倍对数即为暗室静区反射电平），a、b、球心 O 三点分布于 xy 平面，几何关系如图 7-15 所示。

假设 a、b 两点电场方向为 z，电波向静区中心 O 辐射，各参量表示为

$$E_a = z \times e^{jkr} \tag{7-20}$$

$$\varpi(°/s) \tag{7-21}$$

$$E_b = z \times b e^{j(kr+\phi)} \tag{7-22}$$

$$H_b = \frac{b}{\eta} e^{j(kr+\phi)} (y \times \cos\theta - x \times \sin\theta) \tag{7-23}$$

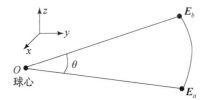

图 7-15 几何关系示意图

由于受到 E_b 信号的干扰，等校辐射中心有所偏移，信号位置可以通过计算能量流方向得到，坡印廷矢量为

$$\begin{aligned}
S_{av} &= \frac{1}{2}\mathrm{Re}(E \times H^*) = \frac{1}{2}\mathrm{Re}\{ze^{jkr}(1+be^{j\varphi}) \\
&\quad \times \frac{e^{-jkr}}{\eta}[y(1+be^{-j\varphi}\cos\theta) - xbe^{-j\varphi}\sin\theta]\} \\
&= \frac{1}{2}\mathrm{Re}\left\{\frac{1}{\eta}[(1+be^{j\varphi})(1+be^{-j\varphi}\cos\theta)(-x) + be^{-j\varphi}\sin\theta(1+be^{j\varphi})(-y)]\right\} \\
&= \frac{-1}{2\eta}\{x[1+b^2\cos\theta + b(1+\cos\theta)\cos\varphi] + y[\sin\theta(b^2+b\cos\varphi)]\}
\end{aligned} \tag{7-24}$$

信号偏角为

$$\alpha = \arctan\frac{\sin\theta(b^2 + b\cos\phi)}{1 + b^2\cos\theta + b(1+\cos\theta)\cos\phi} \tag{7-25}$$

在研究瞄视误差 α 与反射波干扰信号之间关系时,通常假设最坏情况,即 $\varphi = 180°$,表达式(7-25)简化为

$$\alpha = \arctan \frac{b\sin\theta}{b\cos\theta - 1} \qquad (7-26)$$

因为 $\alpha \approx 0$,所以

$$\alpha \approx \frac{b\sin\theta}{b\cos\theta - 1} \qquad (7-27)$$

需要注意的是,在实际计算时,b 的取值要考虑天线阵列辐射天线和待测品天线的天线方向图因子的加权作用,并且反射波的入射角不同也会影响吸波材料的反射率。做个简单的估算,反射波方向发射天线的电场方向图因子为 0.3,接收天线的电场方向图因子为 0.4,吸波材料垂直入射时的反射率为 $-45\mathrm{dB}$,反射时入射角为 $50°$ 时导致反射率恶化为 $-32\mathrm{dB}$,则 b 的取值为 $-50.4\mathrm{dB}$。若取值 $\theta = 15°$,则 $\alpha \approx 0.8\mathrm{mrad}$。

7.4 待测品天线与天线阵列不同心

如图 7-16 所示建立"暗室笛卡儿坐标系",$O(0,0,0)$ 点为静区中心(球面阵球心),阵列"零位"天线方向为 y 轴方向,向上为 z 轴方向,x 轴方向由右手法则确定。则阵列"零位"天线笛卡儿坐标为 $F(0,R,0)$。$B(x_1,y_1,z_1)$ 点为目标源的位置,极坐标为 (R,θ_1,φ_1)。$A(x_0,y_0,z_0)$ 点为待测品天线回转中心点,矢量 $\boldsymbol{AF}$ 相对于矢量 $\boldsymbol{OF}$ 的夹角为 $\Delta\varphi$ 和 $\Delta\theta$。

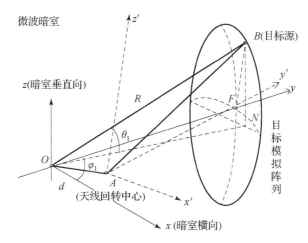

图 7-16 天线阵列与待测品不同心示意图

待测品测试前天线指向的标定方法为：电轴指向阵列"零位"天线时的方位角和俯仰角为 0。为分析方便，定义被试天线笛卡儿坐标系。被试天线笛卡儿坐标系的形成方法：首先平移暗室笛卡儿坐标系原点到 (x_0, y_0, z_0) 点，再旋转方位角 $\Delta\varphi$，最后旋转俯仰角 $\Delta\theta$ 后即可。因此若待测品的天线回转中心与静区中心重合，则两种笛卡儿坐标系完全吻合；否则，被试天线笛卡儿坐标系为暗室笛卡儿坐标系平移和二维旋转的结果。若目标源的位置相对于暗室坐标系为 (R, θ_1, φ_1)，则目标源的方位角和俯仰角真值为 θ_1 和 φ_1；当不同心时，待测品测量得到的目标源方位角和俯仰角（针对被试天线坐标系）分别为 φ_2 和 θ_2。则不同心导致的方位角和俯仰角误差分别为

$$\begin{cases} \delta\varphi = \varphi_2 - \varphi_1 \\ \delta\theta = \theta_2 - \theta_1 \end{cases} \tag{7-28}$$

目标源 B 点的坐标常用方位 - 俯仰角表示为 (R, θ, ϕ)，有

$$\begin{cases} x_1 = R\cos\theta\cos\phi \\ y_1 = R\cos\theta\cos\phi \\ z_1 = R\sin\theta \end{cases} \tag{7-29}$$

则在平移坐标系中的位置为

$$\begin{cases} x'_1 = x_1 - x_0 \\ y'_1 = y_1 - y_0 \\ z'_1 = z_1 - z_0 \end{cases} \tag{7-30}$$

可得出在平移坐标系中的方位角和俯仰角分别为

$$\varphi'_2 = \arccos\left(\frac{x'_1}{\sqrt{x'^2_1 + y'^2_1 + z'^2_1}}\right)$$

$$\theta'_2 = \begin{cases} \arctan\left(\dfrac{y'_1}{x'_1}\right) & 0 < \theta'_2 < \dfrac{\pi}{2} \\ \arctan\left(\dfrac{y'_1}{x'_1}\right) + \pi & \theta'_2 > \dfrac{\pi}{2} \end{cases} \tag{7-31}$$

又有

$$\begin{cases} \varphi_2 = \varphi'_2 + \Delta\varphi \\ \theta_2 = \theta'_2 + \Delta\theta \end{cases} \tag{7-32}$$

将式（7-29）~式（7-32）代入式（7-28）就可以得到由于对心不准产生的测向误差的计算模型。

选择的天线阵列中发射天线的位置为如图 7-17 所示的 A、B、C、D 位置。依据不同心不大于 5mm 来计算,分别在 $z=0$mm 和 $z=5$mm 平面上 ±5mm 范围内均匀取点作为被试天线回转中心,计算不同心导致的方位角和俯仰角误差,当发射天线在 A 位置,且 $z=5$mm 时的仿真结果如图 7-18 所示,误差最大值如表 7-2 所列。可见,不同心导致的方位角和俯仰角最大误差大约在 0.3mrad。

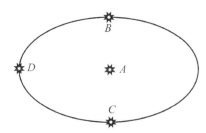

图 7-17 天线阵列中目标源位置环境

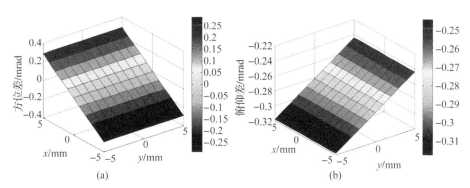

图 7-18 不同心导致的方位角和俯仰角误差

表 7-2 不同心导致的方位角和俯仰角最大误差绝对值

发射天线位置	方位角误差/mrad		俯仰角误差/mrad	
	$z=0$mm	$z=5$mm	$z=0$mm	$z=5$mm
A	0.29	0.29	0.04	0.32
B	0.3	0.3	0.06	0.33
C	0.29	0.29	0.01	0.30
D	0.33	0.33	0.02	0.33

7.5 转台动态精度分析

雷达对抗辐射式仿真时,主控计算机将目标的空间姿态信号传送给转台,转台电机驱动偏航、俯仰、横滚三轴转动,输出的实际姿态角被转台上的角度传感器所感知并反馈给主控计算机,完成目标的跟踪。转台作为一个姿态运动转换装置,会使期望姿态角与仿真测试实际输出的姿态角之间存在误差,误差的大小反映了仿真运动与实际运动的接近程度,它将直接影响仿真测试的测试精度和测试结果可信度。

转台运动控制系统性能的评价指标主要表现在快速响应能力、动态跟踪精度、静态跟踪精度和系统稳定性等几个方面,如表 7-3 所列。快速响应能力是指系统从接收输入指令到稳定输出的时间要短,在频域内体现为系统截止频带宽。动态跟踪精度是指转台在运动过程中,转台的测角位置传感器得到的位置与当前时刻的输入位置值的误差。静态跟踪精度是系统静止后实际输出量与理想值之间的偏差。系统稳定性是指系统有足够的相位裕度和幅值裕度。

表 7-3 转台性能指标

频域指标	截止频率	反映闭环系统的通频带,影响对输入作用的响应速度
	相位裕度	系统的稳定程度,一般希望大于 60°
	自然频率和阻尼	决定了闭环系统频率特性的近似形状
	低频区平直段	即在满足一定的幅值误差和相移误差的条件下复现正弦信号的频率范围,也称"双十"指标
时域指标	过渡过程时间	一般要求过渡过程时间短,能较快进入稳定区域
	超调量	5%~20%
	振荡次数	0.5~1 次

某时刻的瞬时动态测角误差主要由静态测量误差、速度引入的动态测量误差和加速度引入的动态测量误差综合产生。

7.5.1 转台传递函数模型的建立

理想的伺服转台是一个无惯性的放大倍数为 1 的纯比例环节,这样的转台引入仿真回路,能够准确地复现姿态角的运动。但由于系统的非线性因素,这就造成幅值衰减和相位滞后,因此转台会有一个带宽的要求。带宽是指相位滞后 90°或幅值衰减 3dB 时的频率值。宽频带控制技术是运动仿真设备的关键之一,三轴仿真转台规定了以带宽指标为特征的控制系统频域指标,国内通常用 10°相移和幅值误差小于 10% 的"双十"指标来衡量转台系统频带。

伺服控制系统采用典型的位置、速度和电流三闭环控制方式,一般要求转台的机械固有频率为系统工作带宽的 10 倍左右,由于受到转台机械结构固有频率限制,低的固有频率将限制系统带宽的扩展,仅仅采用速度、位置反馈环节控制很难实现转台宽频带的动态性能指标,三轴转台增加了具有速率前馈的校正环节进行复合控制,见图 7 – 19。复合控制的优点在于可以将精度指标和稳定性分开。因为应用复合控制,传递函数的特征方程的根是不变的,因此不影响系统的稳定性,也不影响系统的响应速度,同时利用前馈速度、加速度补偿或者反馈校正,可以大大提高系统的精度,减少稳态误差。

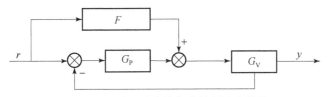

图 7 – 19 单入单出的复合控制动态结构

整个控制系统采用工控 PC 计算机与专用 DSP 轴控系统相结合的多机数字位置闭环复合控制结构,由于转台各个轴在输入、输出上各自独立(不考虑运动上的耦合),所以其控制结构相同。

复合控制系统闭环传递函数:

$$\varphi(s) = \frac{G_P(s)G_V(s) + F(s)G_V(s)}{1 + G_P(s)G_V(s)} \quad (7-33)$$

式中:$G_P(s)$ 为位置环控制器传递函数;$G_V(s)$ 为速率环控制器传递函数;$F(s)$ 为前馈控制器传递函数。

$$G_V(s) = \frac{K_V}{(1 + T_V s)s} \quad (7-34)$$

$$F(s) = K_s s \quad (7-35)$$

式中:K_V 为放大系数;T_V 为时间常数。

基于 DSP 的轴角运动控制模板其中的一项技术特征就是 32 位浮点数可编程系数向前(前馈)通道 PID 数字滤波器,相当于 PID 调节器。

对转台系统假设 PID 调节器为

$$G_P(s) = K_P + K_D s + K_I/s \qquad (7-36)$$

式中：K_P 为位置系数；K_D 为微分系数；K_I 为积分系数。

将式（7-34）～式（7-36）代入式（7-33）中，化简可得

$$\varphi(s) = \frac{b_2 s^2 + b_1 s + 1}{a_3 s^3 + a_2 s^2 + a_1 s + 1} \qquad (7-37)$$

式中：$b_1 = K_P/K_I$，$b_2 = (K_D + K_S)/K_I$；$a_1 = K_P/K_I$，$a_2 = (K_D K_V + 1)/(K_I K_V)$，$a_3 = T_V/(K_I K_V)$。

PID 参数 K_P，K_D，K_I 的选择有两种可用方法，即理论设计法和测试确定法。理论设计法确定 PID 控制参数的前提，是要有被控对象准确的数学模型，往往很难做到，一般只能获取近似模型和参考模型；测试确定法是通过在系统调试中多次改变 PID 参数来确定的。当把速度环（包含电流环）近似为一阶系统时，可获得系统模型为一个近似三阶的结构形式。

7.5.2 转台动态误差模型的建立

当转台输入信号的角速度和角加速度限制在转台最大角速度和最大角加速度范围内时，转台对于任意输入信号 $\theta_i(t)$ 的动态误差 $e(t)$ 可表示为

$$e(t) = \theta_i(t) - \theta_0(t) = k_0 \theta_i + k_1 \dot{\theta}_i + k_2 \ddot{\theta}_i + k_3 \dddot{\theta}_i + \cdots \qquad (7-38)$$

式中：$\theta_i(t)$ 为输入驱动信号；$\theta_0(t)$ 为转台响应输入驱动输出的角位置；k_0 为转台角位置误差系数；$\dot{\theta}_i$ 为输入信号的角速度，$\dot{\theta}_i = \dfrac{\mathrm{d}\theta_i(t)}{\mathrm{d}t}$；$k_1$ 为转台的角速度误差系数；$\ddot{\theta}_i$ 为输入信号的角加速度，$\ddot{\theta}_i = \dfrac{\mathrm{d}^2 \theta_i(t)}{\mathrm{d}t^2}$；$k_2$ 为转台的角加速度误差系数；………

转台最大角速度和最大角加速度是反映转台性能的两个参数，实际上是对驱动电机额定转速、转矩和最大承载能力的设计约束，转台动态精度是反映转台各转轴对特定输入驱动信号的相应能力，由转台各转轴的开环幅频特性决定，角误差系数 $k_1, k_2, k_3, \cdots$ 等由转台的开环幅频响应特性确定，是转台的固有属性。

由于高阶系统复杂，且类型很多，在工程上常利用一些近似公式和经验公式进行设计计算，这些公式都是针对某些典型的特性总结出来的，其计算结果与实际系统的接近程度取决于实际系统和典型模型的接近程度。

典型一阶无差系统的开环传递函数为

$$G(s) = \frac{K(T_1 s + 1)}{s(T_2 s + 1)(T_3 s + 1)} \qquad (7-39)$$

此系统的斜率为(-20,-40,-20,-40),其开环对数幅频特性如图7-20所示。

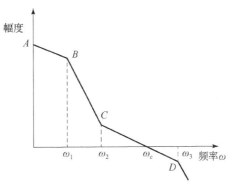

图 7-20 典型一阶无差系统的开环对数幅频特性

转台误差模型展开成幂级数形式的各阶动态误差系数中,其他更高阶角误差系数远小于角加速度误差系数,随着阶次的增高而减小,同时当转台作为载机姿态复现或跟踪器使用时,通常输入控制指令的二阶导数以上分量很小。这样,高阶误差系数引入的误差分量可以忽略,为分析转台的动态性能,获得二阶的转台动态误差系数就足够了。

其位置误差系数:$k_0 = 0$;

速度误差系数:$k_1 = \dfrac{1}{K}$;

加速度误差系数:$k_2 = 1 \Big/ \left(2 \dfrac{\dfrac{1}{\omega_1} + \dfrac{1}{\omega_2} - \dfrac{1}{\omega_3}}{K} - \dfrac{2}{K^2} \right)$。

对转台控制系统,为提高转台刚度,控制系统增益 K 一般较大,这样加速度误差系数可进一步简化为

$$k_2 \approx \frac{1}{K\omega_1}$$

这样转台的动态误差计算模型为

$$e(t) = k_1 \dot{\theta} + k_2 \ddot{\theta} \tag{7-40}$$

7.5.3 基于频率特性的转台动态精度分析

由于动态误差同角误差系数和输入驱动信号的形式有密切关系,因此,确定了角误差系数和输入驱动信号形式才能确定对规定输入信号的动态标定精度。

在转台的精度主要体现在正弦振荡的单纯性上，即 3 个正交轴应具备包括角位置、角速度和角加速度在内的单纯性好的正弦基波，任何运动曲线都可以通过傅里叶分解成若干个正弦运动之和，因此可以用一个或几个正弦运动代替刚体复杂运动，检测时采用典型的正弦函数作为输入指令。

设给定的正弦指令函数为

$$f(t) = A\sin\omega t$$

式中：A 为正弦函数的振幅；$\omega = 2\pi f$ 为正弦函数的角频率。

由自动控制原理可知，线性系统在正弦函数作用下，其稳态输出反映了系统对正弦信号的同频、变幅、相移三大传递能力。因此经转台系统响应后，得到的转台响应函数为

$$f_0(t) = A_o \sin(\omega t - \phi)$$

式中：A_o 为响应正弦函数的幅值；$\omega = 2\pi f$ 为正弦函数的角频率；ϕ 为相角滞后。

则此时的动态误差为

$$\begin{aligned}
e(t) &= f(t) - f_0(t) = A\sin\omega t - A_o \sin(\omega t - \phi) \\
&= A\sin\omega t - A_o \sin\omega t \cos\phi + A_o \cos\omega t \sin\phi \\
&= (A - A_o \cos\phi)\sin\omega t + A_o \cos\omega t \sin\phi \\
&= \sqrt{(A - A_o \cos\phi)^2 + (A_o \sin\phi)^2} \sin(\omega t + \gamma) \\
&= A\sqrt{1 - 2\frac{A_o}{A}\cos\phi + \left(\frac{A_o}{A}\right)^2} \sin(\omega t + \gamma)
\end{aligned} \tag{7-41}$$

其中，$\gamma = \arctan\dfrac{A_o \sin\phi}{A - A_o \cos\phi}$，且 $A - A_o \cos\phi \neq 0$。

设 $\alpha = \dfrac{A_o}{A}$，则

$$e(t) = A\sqrt{1 - 2\alpha\cos\phi + \alpha^2}\sin(\omega t + \gamma) \tag{7-42}$$

由式（7-42）可以看出在角频率 $\omega = 2\pi f$ 下正弦信号的动态误差为同频率的周期信号，动态误差的幅值与给定正弦的幅值 A、控制系统的幅值变化量 α 及控制系统的相位滞后量 ϕ 有关。可见，系统的动态误差并不是由某一参数唯一决定。它不仅与系统的频率特性（幅值变化和相位变化）有关，还与给定信号的频率和幅值有关。系统的频率特性和给定信号确定后，对应的动态误差 $e_g(t)$ 也唯一确定，其值为

$$e_g(t) = \text{Max}[e(t)] = A\sqrt{1 - 2\alpha\cos\phi + \alpha^2} \tag{7-43}$$

α、ϕ 反映三轴转台跟随指令的能力，分别对应角度差与响应速度。当

$\phi=0$ 时，输出相对于输入无滞后，动态误差最小，即为 $|1-\alpha|$。宽的系统带宽会加快系统的响应速度，从而提高系统的动态精度，可从采用高刚度结构以提高谐振频率，采用大功率力矩驱动电机和提高反馈系统的采样频率等来提高系统带宽。

结合这种方法，可以计算转台满足"双十"带宽频率特性的动态误差。"双十"带宽频率特性为：在1°峰－峰输入正弦信号，在3Hz带宽内，其频率特性在幅值变化 $|\Delta A/A|$ 不大于10%、相移 $|\Delta\phi|$ 不大于10°时。

根据式（7-43）可以得到此转台的动态误差为

$$e_g(t) = 0.5\sqrt{1 - 2\alpha\cos\phi + \alpha^2} \quad (7-44)$$

式中：$\alpha = [0.9, 1.1]$；$\phi = [-10°, 10°]$。

其误差范围曲线如图7-21所示。

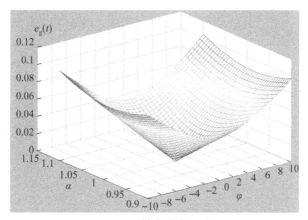

图7-21 转台动态误差图

由图7-21可知其动态误差范围为：$0 \leq e_g(t) \leq 0.104°$。

7.5.4 转台对反辐射武器作战性能测试精度影响分析

反辐射武器的作战性能测试包含反辐射无人机测试和反辐射导弹导引头测试。在进行反辐射无人机测试时，转台模拟无人机飞行的运动姿态。在进行反辐射导弹导引头测试时，转台模拟导弹飞行的运动姿态。

反辐射武器的仿真测试分为两个阶段：巡航、搜索及选定被攻击雷达阶段和对雷达跟踪攻击阶段。其仿真测试功能框图见图7-22和图7-23。

在巡航搜索目标阶段，反辐射武器按战情设定的航线飞行，由RTSS系统为反辐射武器提供一个包括雷达诱饵的逼真的雷达辐射电磁环境，并通过天线阵列和馈电控制系统将模拟反辐射武器导引头的接收天线测试信号辐射给被试

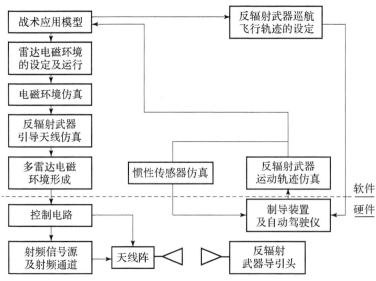

图 7-22 反辐射武器巡航阶段的仿真测试功能框图

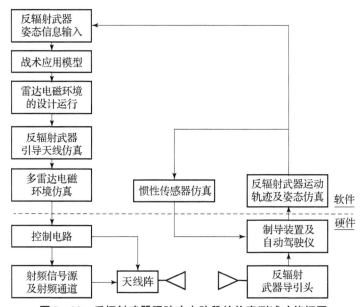

图 7-23 反辐射武器跟踪攻击阶段的仿真测试功能框图

反辐射武器的导引接收机。此时,反辐射武器导引头的功能仅作为雷达侦收设备使用,对雷达电磁环境进行分选、识别和测向,以判定反辐射武器是否转入跟踪攻击阶段。在该阶段,导引头侦收信息不控制反辐射武器的运动姿态。

第7章 辐射式仿真精度分析

在选定攻击目标后,反辐射武器自动转入对被攻击雷达的跟踪,在该阶段由导引头测量雷达的位置,并由制导装置根据所测雷达位置及反辐射武器自身的位置及运动参数输出反辐射武器的航向和姿态信息,产生对舵伺服系统的控制信号,该控制信号经I/O适配计算机送入武器计算机,控制反辐射武器的飞行姿态。由武器计算机建立舵伺服系统、空气动力学、运动学、动力学及惯性传感器的数学模型,产生反辐射武器的六自由度运动姿态数据。其姿态控制信息送自动驾驶仪,控制反辐射武器的姿态。其飞行姿态是反辐射武器对制导装置输出的反辐射武器位置的闭环响应,它仿真了反辐射武器对目标的攻击过程。

为了分析转台对反辐射武器的作战效能测试精度影响,下面利用某导弹仿真模型,仿真导弹攻击一个目标的全过程。该目标的运动参数如下:

(1)运动速度:200m/s;
(2)初始高度:1100m;
(3)初始距离:40km;
(4)航向:20°;
(5)俯仰角:5°。

首先不引入转台时,单独仿真导弹攻击目标的过程。然后把转台偏航轴传递函数和转台俯仰轴传递函数分别串入弹体偏航角和俯仰角姿态输出端(因弹体横滚角为零,不模拟),模拟引入转台后对测试的影响。

图7-24表示出导弹在攻击目标的过程中,弹体偏航角和俯仰角随时间的变化。图7-25表示出转台偏航角和俯仰角引入的动态误差。

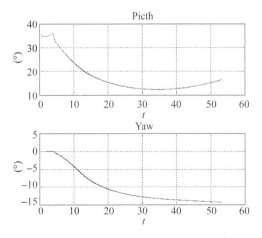

图7-24 弹体俯仰角和偏航角随时间的变化图

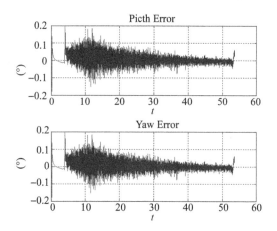

图 7-25　导弹攻击目标时，偏航角和俯仰角动态误差图

可以看出，在导弹发射后 13s 以内，由于需要迅速地调整角度，其偏航角和俯仰角有逐渐增大的角加速度分量，转台动态误差逐渐增大。在接近目标前 10s，转台动态误差已接近 ±0.01°。在导弹发射 13s 以后，角度已基本调整到位，需要调整的角度变小，其偏航角和俯仰角有逐渐减小的角加速度分量，转台动态误差逐渐减小。当导弹至目标的距离很近时，大角误差所对应的线性偏差很小，对命中精度的影响甚微。

第 8 章 未来技术发展趋势和展望

8.1 宽带信号模拟技术

随着电子信息技术的快速发展，世界上各个领域都对电子信号极为看重。为了应对现代复杂环境下的电子设备要求，就需大幅度提高电子设备性能，这不但要求在研发上持续投入大量的人力与物力，严控生产设备的各个环节和提升雷达信息技术，也需要给予相应设备所需的实验条件和方法正确性、可行性和有效性的验证。在高技术产品复杂度日益提升的大环境下，对待测参数数量、种类、精度与时间的要求也日益严格。

宽带雷达信号的产生在现代雷达战中起着极大的作用。宽带雷达信号的产生因为其硬件和软件上的局限性，使得宽带信号实现变得较为困难。雷达信号的时域与频域的分析对雷达信号产生起着关键性作用。在宽带雷达研究中产生幅度、频率和相位可控的多调制类型信号在工程上具有极高的适用价值，复杂多种模式的调制类型能提高设备的抗干扰性能和模拟信号能力并为科学研究提供更多方便。所以对于宽带雷达信号产生的技术研究就有很大的工程意义。在未来战场上，宽带信号的组合调制方式可以利用各种调制方式的优点来提高信号在雷达战中的抗干扰的能力。

针对宽带雷达信号的产生方法，通常采用以下三种实施方案。

(1) 模拟方法。

模拟方法是早期宽带雷达信号产生所采用的方法，因为国外在宽带雷达信号包括宽带雷达信号源方面起步较早，该方法也是最先在国外被提出和应用到雷达系统当中。早在 20 世纪 70 年代，美国麻省理工学院的林肯实验室就建造出世界上第一部宽带雷达 ALCOR，该雷达采用声表面波（SAW）无源器件产生工作频率 5.6GHz、工作带宽 512MHz 的宽带线性调频信号，距离分辨力可达 0.5m，专门用于宽带目标识别的研究，但受因于材料和制作工艺的限制，实际的时宽带宽积只能达到几百到几千量级。1976 年，美国的 Raytheon 公司采用压控振荡器（VCO）产生了载频 1.275GHz、带宽 200MHz、时宽 1000μs

的宽带线性调频信号，该方法利用声压材料实现声电转换，虽然能获得较大信号带宽，但难以获得较大的信号时宽特性，因此同样存在时宽带宽积有限的缺陷。

(2) 专用集成电路芯片。

随着数字技术和超大规模集成电路技术的飞速发展，数字方法逐渐取代了模拟方法，得到了越来越广泛的应用。为了产生宽带的数字信号，逐渐出现了一些专用的 ASIC（application specific integrated circuit）芯片，因为集成度高、稳定性好、速率快等优点而得到广泛的应用。20 世纪 90 年代初期，英国卢瑟福阿普尔顿实验室通过专用 FFT 处理器产生了最大时宽 384μs、带宽 600MHz 的大时宽带宽雷达数字信号。1996 年，瑞典的国防军事委员会研制出 CARABAS 传感器，能够产生带宽可达 20~90MHz 的线性调频信号。1971 年 3 月，Tierney 等人首先提出采用全数字方式合成所需波形的直接频率合成技术（DDS），宽带数字信号的波形产生技术也因此得到了飞速发展。美国 Analog Device 公司、Qualcomm 公司、Stanford 大学纷纷推出自己的 DDS 专用芯片，并且芯片的性能也一直在提高。如 ADI 公司的 AD98XX 系列，最高工作频率可达 1GHz，ADC 输出位宽可达 14bit，还有它的 AD99XX 系列在兼顾 AD985X 系列高性能的同时，又进一步降低了功耗，在便携式设备中应用较为广泛。国内研究专用集成电路芯片产生宽带信号起步较晚，在性能上目前还无法与国外的产品相媲美。例如南京优杰电子公司推出 YJDDS-002 型专用 DDS 芯片，能够产生信号带宽可达 1.6GHz 的基带线性调频信号。南京盛谱推出的 SP1461-V 型数字合成高频信号发生器，输出带宽 100μHz~300MHz，最低频率分辨率可达 1μHz。

(3) 通用集成电路芯片。

尽管专用集成电路芯片特别是 DDS 芯片的工作频率高、输出带宽宽，但全数字结构会带来杂散电平高的缺点，而且专用芯片的输出信号频率样式有限，缺乏灵活性也进一步限制了它的应用。随着超大规模逻辑器件集成电路技术的飞速发展，特别是随着 FPGA（field-programmable gate array）、DSP（digital signal processor）等通用芯片性能的不断提升，通过这些通用的集成电路芯片配合外围高性能 DAC、DAC 已经可以产生性能较为理想的宽带数字信号。在国外，一些著名的芯片供应商比如 Xilinx、Altera 等都在各自的高性能 FPGA 芯片上集成了基于 DDS 方法的知识产权（IP）核并已经通过了可靠性测试，广泛应用在各种数字波形产生领域。在国内，通过一些通用的集成电路芯片产生宽带数字信号的方法研究也较早，并取得了一些成果。1997 年，电子科技大学的蔡英杰等利用基带存储+倍频的方式产生了信号带宽 70MHz、时宽23μs、载频220MHz的线性调频信号。1998年，国防科技大学采用类似的方法产生出信号带宽为300MHz的工作在P波段的宽带数字信号。2013年，中国科学院电子学研究所采用FPGA+频率扩展组件的架构研制出用于机载SAR宽带数字信号源，经倍频后可得到频率范围为（14.8±1.6）GHz的宽带数字信号。上述宽带数字信号的产生虽然是采用FPGA、SRAM、DSP等通用数字芯片，但原理上都是基于直接数字频率合成（DDS）原理，该方法虽然速率快、实现简单，但是也存在实时性差、波形格式固定、占用资源过多等问题。因此基于实时产生思想的宽带数字信号波形产生方法逐渐成为了人们研究的课题。在1959年，J. Volder在航空系统设计中就提出CORDIC算法，从而为宽带数字信号的实时产生提供了理论支撑。随着集成电路技术的发展，人们才将这一算法应用到硬件的超越函数实现中，之后也有许多人对该算法提出优化并应用到宽带雷达信号的实时产生中。2013年，美国的Joseph Cali等利用CORDIC的实时产生方法研制出带宽650MHz的宽带频率合成器。同年，西安电子科技大学的王艳龙等人也是利用实时产生的方法产生了带宽900MHz、时宽40μs的宽带线性调频信号。

面对复杂的电磁环境，设计出一款能够模拟众多调制类型和较为真实的战场环境的雷达信号模拟器在雷达对抗领域中起着相当大的作用。雷达信号模拟器为验证被动系统的雷达信号检测能力提供测试源，给予被动系统性能测试的多样性需求与高保真需求。在雷达信号模拟器中能模拟出复杂的电磁环境，如天线发射、噪声和环境失真等，大大增加宽带雷达信号产生的适用性和真实性。在宽带雷达信号产生领域中，传统的雷达信号产生方式无法满足复杂环境的雷达信号测试需求。在雷达信号合成的技术上，通过对信号产生的方式来获得多种模式雷达信号产生，雷达信号产生就是以直接数字频率合成技术为核心来产生宽带雷达信号。直接数字频率合成技术存在着许多矛盾，如提高时钟采样率、改善信号输出质量、多通道输出达到相位同步等。

针对提高采样率问题，在工程中受杂散和滤波输出的影响，一般输出频率选取采样频率的40%；对于宽带雷达信号，产生技术采样率越高，其能产生雷达信号的带宽也就越高。DDS最高采样率能到1G，但电路实现一般选取的采样率不高于300MHz，受DDS的采样率影响，那么输出信号频率范围就不高于150M，远远不能满足宽频带要求，那么采用并行方式就能将150M频率带宽并行16路达到2.4G的带宽；为了获取更高的输出频率信号，通常会在输出后对中频信号进行倍频或混频处理来获得更高的输出频率，但会增加硬件实现的难度和混频后引入的其他频率造成波形失真，所以如何提高采样率一直都是宽带雷达信号产生技术研究的热点方向。

对于如何改善信号输出质量的矛盾，在数字频率合成的过程中有着很多的内部误差来源，DDS 频率合成的误差原因有很多，如相位截断、幅度量化、DAC 特性和内部时钟等，在输出结果上就表现为信号的幅频响应失真、输出信号的信噪比降低。在相位截断误差上可以由幅度公式 $20\lg 2N$ 得出相位截断每减少一位，幅度值将会提高 6dB 左右，对于信号的杂散也将改善 6dB。针对幅度量化，可以由相位截断的方式来讨论，量化位数每多一位，信号的信噪比也将提高 6dB。所以在改善信号输出质量上也是宽带雷达信号产生技术领域中的一个难点。

国外在宽带雷达信号产生技术的问题处理上，Steven Eugene Turner 对 DDS 进行改进，采用 INP DHBT 技术使得信号产生的采样率达到 24GHz，因为是通过使用查找表的方式设计，所以在多模式信号的类型上不能满足。此外，一些文献提出使用储存器来对信号进行并行合成的技术，先将预生成信号的多路相位值进行储存，然后通过多路复用的方式来提取出各路的幅度值，最后对各路的信号进行波形合成，这种并行方式在工程中并不适用，因为针对宽带信号来说储存的幅度值数据十分庞大，用储存方式来进行波形合成的技术在实现上也就变得尤为困难。还有通过伪插值技术来对信号进行拼接，利用两路伪插值使得采样率倍增，但该方法只进行两路伪插值，只使得采样率提高了一倍，并不能满足宽带要求。对于输出信号失真处理上，国外 J. Tierncy 等就早已对 DDS 合成波形的误差进行探索并对相位截断误差进行分析，指出 DAC 在非理想状态下会给信号带来额外的杂散，信号通过滤波器会引起幅度与相位上的误差；然后就由 Z Pipay 等在 J. Tierncy 基础上对 DDS 下的误差来源进行进一步探索并提出了误差来源模型。J. Vankka 等在相位截断误差上提出了误差的反馈结构来对相位截断误差进行补偿，Hong–Wei Wang 等通过增加 DAC 分辨率的方式来对幅度量化误差进行校正，H. W. Paik 采用低通滤波器对 DAC 零阶保持下进行预失真处理，对失真进行补偿。

虽然国内在宽带雷达信号的研究上起步较晚，但在国际上我国的宽带雷达信号在诸多研究领域已达到了世界领先水平，众多高校与科研院所在国防科技领域做出了极大的贡献。南京电子技术研究所研制的实时雷达电磁环境模拟器采用了计算机仿真技术和数字电路模拟技术来产生不同速度、批次、调制频率、脉宽和重复频率的实时雷达环境模拟信号，该环境模拟器生成调制类型较少，不能满足电磁环境下的任意类型信号的产生要求。我国在宽带雷达信号产生的问题上有着较为深入的研究，在采样率问题上田书林等就提出了通过使用分相储存的方式来将伪插值数据进行存储，然后通过波形合成的方式合成采样率较高的信号，通过伪插值将采样率提高到了 500M，解决了硬件上工作速率的限制。在对 DDS 误差分析中，张玉兴用近似公式来描述相位截断对 DDS 频谱上的误差。对于幅度的量化问题，田新广等提出了通过提高 DAC 的分辨率来弥补幅度量化上的失真。在 DAC 处在零阶保持特性下，信号跨奈奎斯特区引起的波形衰落问题，周鹏等采用椭圆滤波器方式对正弦信号跨奈奎斯特区进行补偿。王文梁等对 sinc 特性进行分析，通过 LC 电路特性设计出反 sinc 衰落滤波器的方法来对信号进行补偿滤波。

经国内外发展现状的分析，在宽带雷达信号产生的方式上采用并行方式是能提高输出信号频带宽度的有效实现方法；DDS 的合成对输出信号的性能起着至关重要的作用，如何对信号的杂散进行抑制也是研究的热点之一；针对 DAC 输出器件，对于中频信号输出跨奈奎斯特区引起的波形失真，采用补偿滤波的方法可以有效地对经 DAC 输出信号幅度衰落问题进行校正；对于双通道输出的幅度相位相差很大的问题，采用 FFAs 优化结构来实现 2.4G 带宽宽度的滤波器从而对双通道输出结果进行统一校正，可有效解决上述问题。

8.2　天线阵列数字化技术

20 世纪 60 年代以后的雷达领域，由于相控阵天线理论与实践的快速进步，对远程高速武器探测追踪的需求，以及计算机技术的飞速发展，诞生了相控阵雷达。从一开始的模拟相控阵雷达到如今的数字阵列雷达（digital array radar，DAR），从军用到民用，相控阵雷达得到了飞速发展。伴随着国际军备竞赛加剧、高超声速武器和超声速隐形战机的进一步研究与迭代更新，对军用雷达提出了更加严苛的要求。以往的有源相控阵雷达通常采取增大峰值功率和提高功率孔径积来探测具有较小雷达散射截面（radar cross section，RCS）的目标，但这样会对系统相位噪声、ADC 的动态范围、通道隔离度等一些硬件参数提出更高要求。为了解决上述问题，数字阵列雷达的概念被提出，DAR 是一种收、发均采用数字波束成形技术（digital beam forming，DBF）的全数字化相控阵雷达。在通信方面，以往的通信基站主要为高基站塔进行广播形式，基站无法感知用户的具体位置，造成信道与射频能量的大量损失，如今，通信相控阵已广泛用于军用测控站、通信站中；而民用通信部分，自 2018 年以来，许多国家开始为第五代移动网络系统推出商业服务。接入移动互联网的设备数量呈指数级增长，智能城市、智能家居、物联网等新兴技术即将成为现实。为了应对数据速率的爆炸性需求（millimeter wave，mmWave）、大规模多输入多输出（massive multiple input multiple output，Massive MIMO）和微小区（small cells，SC）技术即将成为这种高数据需求的答案。

数字阵列雷达是一种接收和发射波束都以数字方式实现的全数字相控阵雷达。由于数字处理具有的灵活性，因此数字阵列雷达拥有许多传统相控阵雷达所无法比拟的优越性，主要体现在以下几个方面：

（1）瞬时动态范围大。雷达瞬时动态范围主要由单路接收机动态、接收机路数等因素决定。传统相控阵雷达通过模拟合成网络形成波束后通过接收机接收，接收通道数有限，通常为和波束通道接收机、俯仰差波束接收机、方位差波束接收机等，其瞬时动态范围由单路接收机决定。数字阵列雷达先接收后合成，每个天线单元有一个接收机，在形成和波束、差波束时通过将每路接收信号进行不同的数字加权运算实现，因此数字阵列雷达接收机路数比传统相控阵雷达多得多，由于波束形成是通过数字运算实现，其运算位数可根据需要进行扩展，因此其瞬时动态范围比传统相控阵雷达大得多。

（2）空间自由度高。传统相控阵雷达天线单元数多，但通过模拟合成网络后，接收通道数有限。而数字阵列雷达的天线单元和接收通道通常是一致的，依靠发射波束进行发射多波束控制，提升发射波束的空间自由度，依靠接收波束的运算可形成独立的接收波束。

（3）易于实现超低副瓣。常规相控阵雷达使用数字移相器的位数受到限制，高位数移相器的移相精度很难得到保证，需采用虚位技术且副瓣电平受到影响，另外移相器和衰减器的精度和量化误差影响了副瓣电平，而数字阵列雷达有高的幅相控制精度，所以可获得更高的天线性能。天线副瓣低，降低了雷达副瓣杂波强度，提升了强杂波背景下检测目标的能力。

（4）易实现多波束及自适应波束形成。空间探测、导弹预警等情况下雷达需采用多波束工作方式，这样可以充分利用能量。以模拟方式形成多波束硬件复杂度高，数字阵列雷达每个天线单元均采用数字化接收，在数字域实现多波束比较容易。另外，为了满足高精度和高搜索、跟踪的数据量，也需要多波束。由于数字阵列雷达拥有充分的自由度，因此实现自适应波束形成也是相对容易的。

（5）宽带宽角扫描情况下，容易解决孔径渡越问题。常规体制的相控阵雷达一般是在子阵加实时延迟线来实现宽带宽角扫描，因而系统非常复杂，而数字阵列雷达很容易在数字域利用调整时序来解决孔径渡越问题。

在军用雷达领域，有源电子扫描阵列（active electronically scanned array，AESA）大量替换传统雷达体制应用于各个平台上，目前雷达领域正处于固态有源相控阵向数字阵列雷达过渡阶段，如美国于2008年服役的末端高空区域

第8章 未来技术发展趋势和展望

防御系统（terminal high altitude area defense，THAAD）的核心组件 AN/TPY-2 X 波段固体有源相控阵雷达搭载了 72 个具有 44 个 T/R 组件的子阵列。

2018 年 1 月，美国国防高级研究计划局发起了数字阵列计划，开发工作于 18~50GHz 的多波束、数字相控阵技术，以增强小型机动军事平台间的安全通信能力。硬件上数字阵列计划将开发一种通用的单元级数字相控阵瓦片阵面，软件上开发适用于频段的自适应波束形成方法，实现多波束定向通信。2019 年 4 月，西班牙与纳梵蒂亚集团签订合同采购新一代海军护卫舰 F110，其集成桅杆包括了 S 波段的 SPY-7 有源相控阵雷达和 X 波段的 Prisma 25X 有源相控阵雷达。

国内，1993 年，中电科 38 所提出了"直接数字波束控制系统"的概念，其后对基于直接数字频率综合技术的数字 T/R 组件进行了深入研究。1998 年，研制出 4 单元基于直接数字频率综合技术的 DBF 发射阵。2004 年，该所完成了 64 个阵元的二维数字阵列雷达演示验证系统的研发，该系统工作在 S 波段。通过对 20 多个批次的民航测试目标进行了连续跟踪测试，充分验证了系统功能。目前该所正在研究和测试核心为高度集成和可靠的数字阵列模块的 512 阵元演示验证系统，这是一型缩小版的数字阵列雷达。2021 年珠海航展上，中电科 14 所展出了最新型 YLC-8E 型 UHF 波段机动式反隐身雷达，作为 YLC-8B 型雷达的改进，该雷达采用直接数字波束控制技术，具备抗扰能力强、可靠性强、阵地适应能力强等特点。

在通信领域，近些年主要是 4G 通信技术向 5G 通信技术的更新所带来的一系列变化。在 4G 向 5G 通信技术演进的过程中，由于通信频率的进一步提升，天线阵面得以在相同阵面下大规模集成。在传统多进多出（multiple input multiple output，MIMO）技术中，所使用的天线单元最大数目为 8 个，而 5G 通信中所使用的 Massive MIMO 技术最大支持天线数为 256 个。通过增加天线阵元的数量，显著提高了蜂窝网络的吞吐量和覆盖率。

亚德诺半导体有限公司（Analog Devices Inc，ADI）针对 5G 应用场景预发布了新一代射频捷变收发器 ADRV9040 芯片，该芯片拥有 8 个接收通道和 8 个发射通道，最高支持 6GHz 频率输入输出，其内部集成了多个射频器件，相比前代 ADRV9026，除了通道数提升，还增加了对数字预失真技术的支持，更加适合大规模阵列应用。德州仪器（Texas Instruments，TI）公司发布了 12 位精度、高达 10.4GSPS 采样率、JESD204C 接口的射频采样 ADC，其全功率模拟带宽达到了 8GHz，最高输入频率达到了 10GHz，使得 L、S、C 和 X 波段直接射频带通采样以及更大带宽数据通信成为了现实。Xilinx 公司则针对 FPGA 大量应用于现代通信系统中的机会，推出了新一代 RFSOC 芯片。Xilinx 公司最新推出的 ZCU11 系列 RFSOC 芯片搭载了 Xilinx 公司推出的 XCZU67DR 型号集成了 8 通道、14 位、2.95GSPS 采样率的 ADC 和 8 通道、14 位、10GSPS 采样率的 DAC。同时在这款芯片内部还集成了双核 Cortex – R5F 处理器、四核 Cortex – A53 处理器和 UltraScale + 系列可编程逻辑单元。这种芯片设计极大程度提高了硬件板卡的集成度，为高速阵列进一步小型化打下了基础。

综上所述，宽带数字阵列已经在各个领域大规模应用，人们未来对于此类高速多通道采集系统的需求会越来越高，通道数将以千甚至万计算，数据吞吐量也将达到百 Gbps 量级甚至 Tbps 量级。

8.3 射频信号光传输与控制技术

光载射频传输系统是微波光子学的一个重要应用领域，利用光纤或者自由空间进行光信号的传输。光载射频技术是将射频信号直接加载到光载波上进行传输，实际上是一个副载波调制过程，可以实现射频信号的透明传输。基于光纤的光载射频传输系统也被称为 ROF 系统，可以实现射频信号的长距离低损耗透明传输，系统性能主要受到光纤色散和非线性失真的影响。

光载射频系统可以分为直接调制系统和外调制系统，其中直接调制系统具有结构简单易于实现的特点，但是系统性能较差。外调制系统则是利用外调制器对光信号进行调制，可以实现丰富的调制格式，消除调制过程中的啁啾效应，能够实现较好的传输性能。因此，在对性能要求较高的应用场景中，外调制方案得到了广泛的应用。近年来，随着微波光子学的不断发展，根据应用场景和需求的不同，不断有新的技术和设计方案应用于光载射频系统，用于提高光载射频链路的传输性能或者降低系统的成本。ROF 系统主要面向的是地面的民用领域，用于实现分布式基站，降低成本成为了十分关键的因素。而天基光载射频传输系统由于需要进行长距离空间传输，需要较高的系统传输性能和工作稳定性。

为了提高光载射频传输系统的性能，文献中提出了多种不同的设计方案，主要可以分为直接调制和外调制、直接检测和相干检测等不同类型。早在 1987 年，直接调制直接检测的系统方案设计被提出，直接调制是利用 RF 信号直接改变激光器的注入电流从而引起输出光信号强度的变化，利用光电探测器直接将光信号转变为电信号。直接调制直接检测系统设计方案实现简单且成本较低，但是直接调制激光器调制速率较低，且激光器的工作状态不稳定，限制了系统的传输性能。1989 年，一部分研究人员提出利用外调制

第 8 章
未来技术发展趋势和展望

器实现电光调制过程，不影响激光器的工作状态，可以获得较好的传输性能。

当前，外调制光载射频系统既可以实现强度调制，也可以实现相位调制。强度调制可以利用马赫曾德调制器（Mach–Zehnder modulator，MZM）或者电吸收调制器（electro–absorption modulator，EAM）实现，其中 MZM 调制器可以实现光双边带、单边带和抑制载波等不同的调制格式。为了提高 ROF 系统的动态范围，一些学者分别提出了光前馈线性化技术、光注入锁定技术、线性化光调制技术以及预失真和后补偿技术等。光前馈线性化技术在光域中对调制过程中引入的非线性效应进行补偿，同时可以进一步减少输出噪声功率。光注入锁定技术的主要目的是产生具有低强度噪声和低相位噪声的输出光载波信号，主要包括光边带注入锁定和光注入锁定环两种方案。线性化光调制的原理是利用特殊的调制结构方案来减少已调光信号中的偶数阶失真产物和三阶失真产物，主要包括并行或者串行的马赫曾德调制器、双波长均衡和偏振混合等方案。随着系统二阶和三阶交调失真产物受到抑制，系统的动态范围可以进一步得到提高。预失真和后补偿两种方案主要是利用电滤波器对数字基带信号进行处理，在发射机中进行预失真或者在接收机中进行后补偿，主要目的都是针对整个传输系统的非线性进行补偿。此外，为了减轻 ROF 系统中光纤色散和受激布里渊散射效应的影响，文献中也提出利用双臂 MZM 实现光单边带调制和载波抑制调制。以上方案虽然提高了系统的传输性能，但是都不同程度地增加了系统的复杂性，降低了系统工作的稳定性。

当前，基于强度调制直接检测的光载射频系统当前已经得到了充分的研究，但是系统性能受到电光调制器和光电检测器非线性效应的严重影响，是传统光载射频传输系统的主要问题之一。近年来，基于相位调制器（phase modulator，PM）的相位调制系统得到了广泛的关注，是光载射频传输系统的研究热点。基于相位调制的 ROF 系统不需要直流偏置且输出光信号具有恒包络特性，可以极大地减少光纤非线性效应的影响，减少了多路 RF 信号同时传输条件下的交调失真产物，提高 ROF 系统的传输距离和动态范围。虽然相位调制光载射频系统的发射机结构简单，但是已调光信号不能直接利用光电探测器恢复出原始 RF 信号。对于相位调制 ROF 系统，当前的接收机方案主要分为以下三种类型：光谱滤波、干涉检测、相干检测。

光谱滤波方案可以实现相位调制到强度调制的转变，主要的方法是利用光色散器件、光频率鉴别器或者光滤波器去改变相位调制光信号的频谱，通常利用光纤布拉格光栅（optical fiber Bragg gratings，FBG）来实现。利用特殊设计的 FBGs 作为光频率鉴别器或者光滤波器可以明显提高光载射频传输链路的性能。但是，基于 FBGs 或者光滤波器体制的转换方案需要固定光频带的范围，不能够灵活地进行调制，导致系统不能灵活增加传输业务。干涉检测方案利用对称的马赫曾德干涉仪（Mach-Zehnder interferometer，MZI）和平衡探测器实现自零差探测，可以利用一根光纤实现平衡探测且不需要本地振荡器。然而，干涉检测方案也存在一定的不足，在解调的过程中引入了严重的非线性失真，同时系统的 RF 响应存在周期性的零点导致系统的传输带宽受限。相干检测主要是利用本地振荡激光器实现相位调制信息的直接解调，可以分为模拟相干接收机和数字相干接收机。模拟相干接收机可以利用光锁相环实现 LO 光信号与接收光信号的相位同步，也可以利用额外一根光纤传输未调制的光载波信号。数字相干接收机首先对输出的光电流进行采样得到数字信号，然后利用数字信号处理的方法消除 LO 光载波与接收光信号之间频率差和相位差的影响。数字相干接收机需要对 RF 信号进行带通采样并且进行复杂的数字信号处理过程，当进行多子带传输时系统的复杂性很大，不适合天基环境的特殊应用。因此，研究基于相位调制模拟相干接收体制的天基光载射频传输系统具有十分重要的意义，可以明显提高系统的传输性能。

传统的强度调制和相位调制系统中已调光信号具有很大的光载波分量，容易导致光功率放大器和光电探测器的饱和，引起光纤的各种非线性效应，同时降低了系统电光转换的功率效率。此外，载波抑制调制还可以减少与光载波分量相关的噪声成分，提高整个系统的动态范围。因此，当前载波抑制技术也是光载射频系统研究的一个重要领域。光载波抑制可以减少光载波相比于调制边带的功率比，进而增加系统的调制深度和接收灵敏度，其中典型的载波与边带之间的功率比为 0dB。载波抑制可以通过光循环器和 FBG 滤波器组合来实现，也可以通过控制双臂 MZM 的偏置点来实现。利用光循环器和 FBG 滤波器来实现光载波抑制增加了系统的复杂度，而基于双臂 MZM 的光载波抑制方案实现简单并且具有较高的灵活性。对于直接检测系统，光载波抑制调制不能完全消除光载波分量，否则光信号边带将无法与载波之间进行相互拍频，从而输出原始的 RF 信号。

从国内对高性能光载射频信号传输及处理技术研究单位数量的不断增加和研究范围广度深度的不断扩展可以看出，未来光载射频信号传输及处理技术将继续成为研究的热点，但从科研实力、科研成果以及资金投入方面与国际先进水平差距仍然较大，仍需要加强这方面的研究。特别是对面向大动态模拟光纤链路及高精细、宽带可重构的信号处理研究方面，其不乏理论创新性，亦有很强的实用性，对其持续研究具有重大意义。

8.4 多暗室协同联动仿真测试技术

多种类型的仿真系统在多个暗室（如低频、高频、光学等）开展复杂电磁环境构建，开展多装备联动的联合仿真测试、虚实结合 LVC 混合仿真测试，是未来测试发展的重要趋势。

通过跨域时空统一和实时战情解算等实现多暗室不同仿真系统间信息实时共享和数据及时回馈，构建逻辑一体、形式分布的联合测试环境，在统一时空、统一战情下实时控制多暗室不同仿真系统测试进程，实现对多种装备联动的充分测试。

联合仿真实验系统各测试节点间的数据传输可以采用基于数据分发服务（DDS）标准的运行支撑框架，采用以数据为中心的发布 – 订阅机制，规范数据发布、传递、接收的接口和行为，提供一个与仿真组网形式无关的数据分发模型。图 8 – 1 即为一个跨测试区域红蓝对抗仿真通信组网架构，以此为例说明开展跨实验室的联合仿真通信与信息发布流程。

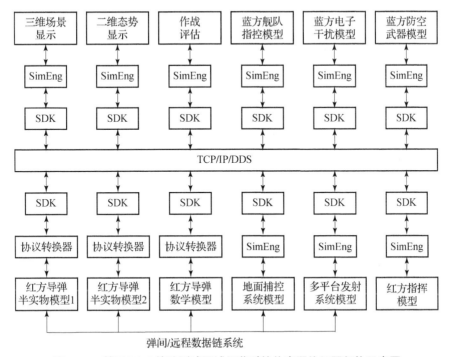

图 8 – 1　基于 DDS 的跨测试区域红蓝对抗仿真通信组网架构示意图

系统由若干个仿真节点构成，每个仿真节点实现一个或多个不同的仿真对象，每个半实物实验室作为一个节点参加仿真。除了半实物节点外（半实物节点上由协议转换器完成类似功能），每个仿真节点上维护有一个仿真引擎（SimEng）进程，用来完成模型的实例化、仿真推进和节点信息监控等三项功能。仿真开始后，SimEng 按照仿真步长周期性地调用实例化对象模型，对象模型以订阅数据为参数完成一次循环，并对外发布相应的数据。

SDK 模块负责数据通信和时间服务管理功能。SDK 根据想定文件，会记录每个仿真节点所提供的订阅或发布信息，当有与节点所要求的信息相匹配的节点出现时，会自动将发布节点和订阅节点进行配对。配对完成后，订阅节点和发布节点之间就建立起数据传输连接。当发布节点发布新的数据对象时，订阅方就会立即收到数据通知，然后对收到的数据进行处理。每个仿真节点都可以发布或订阅数据，也可以根据网络分布情况或实际的仿真需要选择不同的数据传输方式。仿真过程中，可以根据需要增加或减少仿真节点的数量而不影响整个仿真网络的运行。

协议转换器为需要接入到联合仿真环境中的各个专业仿真系统提供仿真运行监控和数据协议转换，保证各专业仿真测试子系统的时间一致性，在统一的综合调度和管控下，进行对象定义、交互接口定义、通信数据传输、运行控制、时间同步、空间统一等系统处理，在不同的仿真子系统或运行环境间建立无缝连接，实现不同领域、不同部门之间分布式联合仿真。协议转换器上部署的软件包括：仿真监控软件、数据实时采集模块和数据协议转换模块等三个公用软件模块，以及面向各个专业仿真子系统的功能插件。公用软件模块适用于所有需要接入联合仿真仿真环境的专业仿真子系统，面向各个专业仿真子系统的功能插件为专门定制开发，被公用软件模块调用。

协同制导半实物仿真主要面向协同探测、协同感知、编队控制等设计正确性验证。结合协同制导控制仿真实验系统的基本组成，仿真节点分为两大类，即弹上分系统级仿真设备和围绕仿真资源类节点。其中仿真设备节点包括信息处理设备、执行机构、战场信息敏感单元、数据链终端、地面发控单元、捕控单元等弹上分系统或设备级节点；仿真资源类节点包括导弹武器运行学模型、飞行控制算法、导航算法、执行机构/传感器/链路/电气等分系统功能模型、转台/气压高度模拟器/雷达回波模拟器等各类物理场效应模拟设备。多节点联合仿真引擎针对上述测试节点进行推进控制和节点动态生消管理。节点状态迁移控制主要面向仿真资源类模型、算法或接口类节点，对模型类节点随战场态势变化进行生消管理，对仿真资源类节点运行与退出的工作时序按预设测试条件或节点状态变化进行动态控制。节点状态迁移控制技术主要进行两部分功能设计:基于设定测试条件的节点状态控制功能。按照初始测试设计条件,进行任务解释,指定仿真设备、需选用的数字化虚拟设备、仿真资源类设备、仿真模型与算法等,并生成模拟业务流程和模拟战场环境等测试要素的规划文件(含驱动脚本);同时,设定仿真资源类设备工作时序和其他各节点接入、变化与退出的条件判据。

在系统运行过程中,基于信息一致性约束数据集实现节点信息的在线管理,当一个节点状态出现变化时,其最小数据集中设定的有依赖关系的节点也发生状态迁移,由测试控制系统对其发布变更指令,已实现仿真组网内节点的动态管理。

时间服务系统主要用于为测试设备提供统一的时间基准,为仿真设备的协同工作奠定基础。该系统具有以北斗授时、地基光缆网授时为主的高精度、全覆盖时间保障能力,具备在复杂电磁环境下最大限度地为各作战单元、各业务领域的横向要素、纵向各级之间提供独立自主的高精度时间频率服务能力。系统主要由主站时频同步、从站时频同步、监测维护及网络管理、用户接入等四部分组成。

主站时频同步设备具备接收 GNSS 系统授时信号功能(包括北斗/GPS),具备向下级站点传送时频信号功能;主站可向本地用时用户提供 IRIG – B 码、PTP、NTP、1pps + ToD 等多种授时服务,可提供标准 10MHz 频率信号输出。PTP 用于为从站时频同步设备以及有高精度时间同步要求的设备授时,NTP 用于主站附近计算机终端及业务应用系统授时。在没有 GNSS 系统授时信号时,主站可自主守时。

从钟时频同步设备能够接收 GNSS 系统授时信号以及主站通过光缆通信网传送来的地面授时信号,同步自身时间,并向连接到从站的本地用户设备提供 IRIG – B 码、PTP、NTP 等多种时频信号服务。

用户接入设备包括时频终端、时码板卡以及其他授时手段(电话授时系统、电台授时系统)。时频终端、时码板卡可从光缆通信网接收来自从站的地面授时信号,为其本地用时设备提供高稳定度时频服务。

监测维护及网络管理设备,可对主站时频同步设备、从站时频同步设备以及各终端用时设备进行实时监控和管理维护。

系统实时性问题通常可以分为两个部分,即时钟同步和时间延迟补偿。时钟同步是指同一个平台下,所有参与测试的仿真节点的仿真时钟保持统一;时间延迟则是因为网络延迟或者硬件本身计算开销等方面引起的数据传输的迟滞。

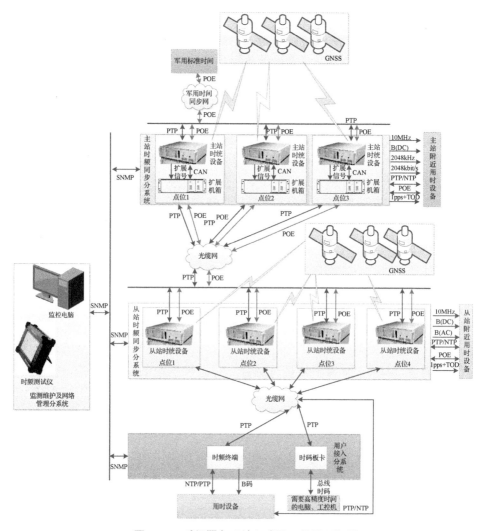

图 8-2 时间服务系统组成及工作原理框图

参 考 文 献

[1] 王国玉, 肖顺平, 汪连栋. 电子系统建模仿真与评估 [M]. 长沙: 国防科技大学出版社, 1999.
[2] 王国玉, 汪连栋, 阮祥新, 等. 雷达对抗试验替代等效推算原理与方法 [M]. 北京: 国防工业出版社, 2002.
[3] 丁鹭飞, 耿富录. 雷达原理 [M]. 3版. 西安: 西安电子科技大学出版社, 2002.
[4] 赵国庆. 雷达对抗原理 [M]. 西安: 西安电子科技大学出版社, 2012.
[5] 刘晓平, 郑利平, 路强, 等. 仿真 VV&A 标准和规范研究现状及分析 [J]. 系统仿真学报, 2007, 19 (2): 456-460.
[6] 邓洪涛. 基于 HLA_某导弹系统半实物实时视景仿真研究 [D]. 上海交通大学硕士论文, 2011.
[7] 张海明. 雷达目标与干扰信号模拟设备研究 [J]. 无线电工程, 2000, 30 (8).
[8] 朱宁龙, 王柏杉, 张胜光. 通道复用对降低脉冲丢失概率的影响 [J]. 舰船电子对抗, 2010, 33 (2): 37-39.
[9] 姜道安, 石荣, 程静欣, 等. 从电子战走向电磁频谱战—电子对抗史话 [M]. 北京: 国防工业出版社, 2023.
[10] 曹旭源. 基于 DRFM 的雷达干扰技术研究 [D]. 西安电子科技大学硕士学位论文, 2013.
[11] 常文革, 祝明波. 宽带线性调频信号产生技术研究 [J]. 信号处理, 2002, 18 (2): 113-117.
[12] 隋起胜, 袁健全, 等. 反舰导弹战场电磁环境仿真及试验鉴定技术 [M]. 北京: 国防工业出版社, 2015.
[13] 孙仲康, 郭福成, 冯道旺, 等. 单站无源定位跟踪技术 [M]. 北京: 国防工业出版社, 2008.
[14] 单月晖, 孙仲康, 皇甫堪. 单站无源定位跟踪现有方法评述 [J]. 航天电子对抗, 2001, (6): 4-7.
[15] 阿达米. 电子战原理与应用 [M]. 王燕, 译. 北京: 电子工业出版社, 2011.
[16] 何明浩. 雷达对抗信息处理 [M]. 北京: 清华大学出版社, 2010.
[17] Lum Z. Killint: EW on the offensive [J]. Journal of Electronic Defense, 1997, 20 (7): 37-39.
[18] Ho K C, Xu W. An Accurate Algebraic Solution for Moving Source Location Using TDOA and FDOA Measurements [J]. IEEE Transactions on Signal Processing, 2004, 52 (9): 2453-2463.
[19] 王国玉, 汪连栋. 雷达电子战系统数学仿真与评估 [M]. 北京: 国防工业出版社, 2004.